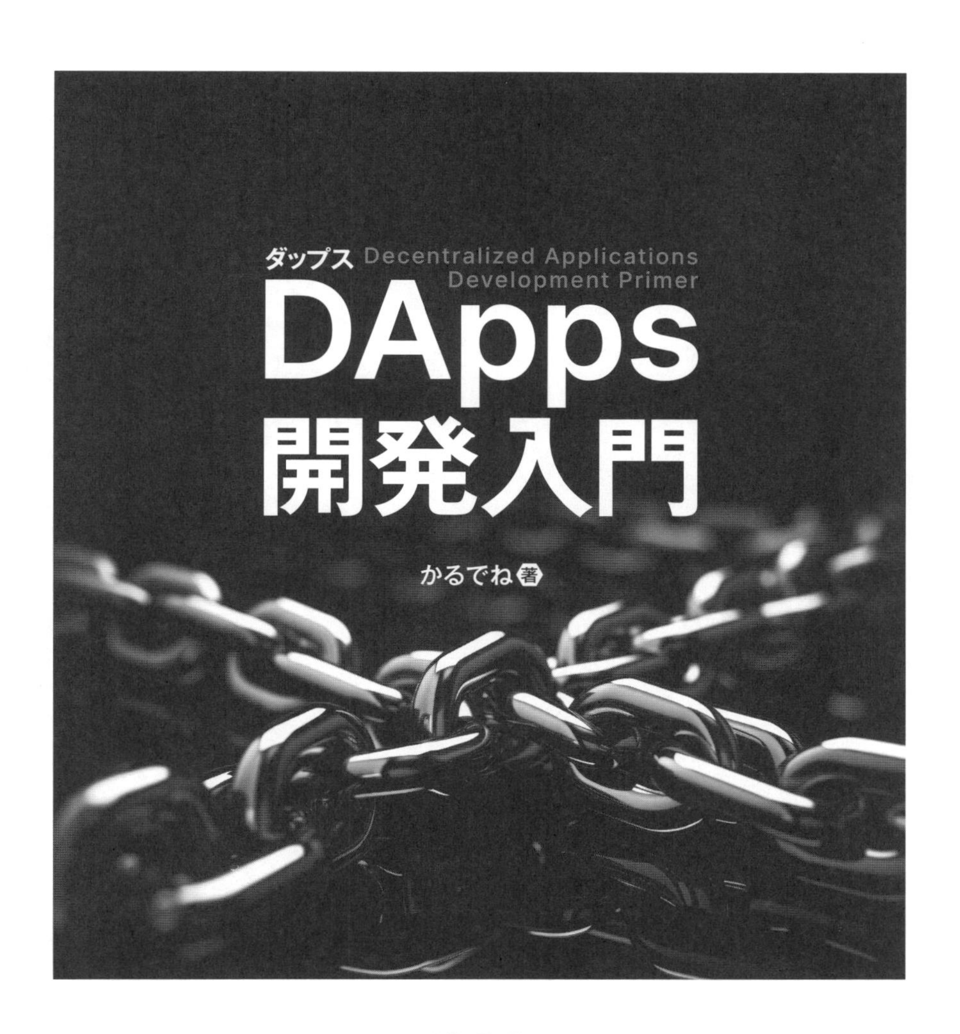
ダップス Decentralized Applications Development Primer
DApps
開発入門
かるでね 著

JN221598

C&R研究所

■権利について

- 本書に記述されている社名・製品名などは、一般に各社の商標または登録商標です。
- 本書では™、©、®は割愛しています。

■本書の内容について

- 本書は著者·編集者が実際に操作した結果を慎重に検討し、著述·編集しています。ただし、本書の記述内容に関わる運用結果にまつわるあらゆる損害・障害につきましては、責任を負いませんのであらかじめご了承ください。
- 本書については2024年12月現在の情報を基に記載しています。

■サンプルについて

- 本書で紹介しているサンプルコードなどは、筆者のGitHubリポジトリから利用することができます。詳しくは5ページを参照してください。
- サンプルコードの動作などについては、著者・編集者が慎重に確認しております。ただし、サンプルコードの運用結果にまつわるあらゆる損害・障害につきましては、責任を負いませんのであらかじめご了承ください。

■読者特典のPDFについて

- 読者特典のPDFについてはC&R研究所のホームページからダウンロードすることができます。詳しくは6ページを参照してください。

●本書の内容についてのお問い合わせについて

この度はC&R研究所の書籍をお買いあげいただきましてありがとうございます。本書の内容に関するお問い合わせは、「書名」「該当するページ番号」「返信先」を必ず明記の上、C&R研究所のホームページ(https://www.c-r.com/)の右上の「お問い合わせ」をクリックし、専用フォームからお送りいただくか、FAXまたは郵送で次の宛先までお送りください。お電話でのお問い合わせや本書の内容とは直接的に関係のない事柄に関するご質問にはお答えできませんので、あらかじめご了承ください。

〒950-3122 新潟県新潟市北区西名目所4083-6　株式会社 C&R研究所　編集部
FAX 025-258-2801
『DApps開発入門』サポート係

PROLOGUE

ブロックチェーン技術は、ここ数年で急速に発展を遂げ、金融、エンターテインメント、さらには公共サービスにまでその影響を広げています。このような変化の中心にあるのがDapps(分散型アプリケーション)です。従来の中央集権的なシステムに依存せず、透明性と信頼性を兼ね備えた仕組みを提供するDappsは、今後さらに盛り上がりを見せる可能性を秘めています。

Dappsは、単なる技術的なトレンドではなく、新しい社会のインフラとして注目されています。特に、中央管理者のいないシステムであることから、金融の自由度を高め、世界中の人々に平等なアクセスを提供する可能性を秘めています。また、スマートコントラクトによる自動化は、契約や取引の透明性を向上させ、従来のプロセスを効率化する力を持っています。

しかし、Dappsの普及には課題もあります。たとえば、ユーザー体験の向上、スケーラビリティの問題、セキュリティの脅威など、克服すべき技術的および運用的なハードルが多く存在します。その一方で、これらの課題を解決することで、より多くの人々がブロックチェーン技術を活用し、真に分散化された社会の実現に貢献できると考えられています。

本書は、Dapps開発の基礎から実践的な応用までをカバーし、開発者がブロックチェーン技術を使って価値あるアプリケーションを構築する手助けをすることを目的としています。初心者から経験者まで、幅広い読者が本書を通じてブロックチェーン技術の可能性を理解し、Dappsの開発に挑戦できるようになることを願っています。

さらに、本書では実践で活用できる知識やハンズオンについてもまとめており、ブロックチェーン技術の可能性を最大限に活用して新しい価値を創出する力を身につけることを目指しています。

本書の特長

本書には次のような特長があります。

▶ 基礎から実践まで幅広くカバー

ブロックチェーンやDApps、スマートコントラクト、Solidityの基本的な仕組みから、ハンズオンを通してのDapps開発まで幅広いトピックを取り扱います。

▶ 充実したハンズオン

ハンズオンでは、実際に実務で使用されているスマートコントラクトに焦点を当てて1から丁寧に解説をしています。また、本書で取り扱っているハンズオン以外にも2つのハンズオンをGitHubにまとめています。

URL https://github.com/cardene777/dapps_book/tree/main/hands_on

▶ 最新の開発ツールに対応

HardhatやFoundry、Scaffold-ETH、Remix、ethers.jsなど、現在のDapps開発で主流となっているツールやライブラリを活用した実践方法を解説します。

▶ 実践的な知識

基礎的な内容だけでなく、実務で活用できるような知見をまとめています。ハンズオンも実践で役立つ内容をまとめているため、基礎を学びつつ実務で活用できる知識を得ることができます。

本書を読むことで得られること

本書を通じて、次のスキルを習得することが期待できます。

- スマートコントラクトの基本的な開発方法
- Ethereumやその他のEVM互換チェーン上でのDapps開発
- NFTの発行と利用に関する知識
- NFTに関連するさまざまな規格の理解
- Dapps作成手順の理解
- 実践的なスマートコントラクト開発知見

対象読者

本書は次のような読者を対象にしています。

- ブロックチェーン開発に初めて取り組む方
- 既存のWeb開発者で新たにDapps開発を学びたい方
- 実践的なNFTやスマートコントラクトの開発手法を学びたい方

本書が皆さまのお役に立てば幸いです。

2025年1月

かるでね

本書について

本書で扱うブロックチェーンについて

本書ではEthereumブロックチェーンの使用を想定しています。ブロックチェーンごとに若干特徴が異なるため、その点はご了承ください。

執筆環境について

本書の執筆環境は下記の通りです。

- macOS Sequoia(15.2)
- Solidity : 0.8.28
- hardhat : 2.22.17
- forge : 0.2.0
- ethers : 6.13.4
- @openzeppelin/contracts : 5.1.0
- @openzeppelin/contracts-upgradeable : 5.1.0

本書で使用しているライブラリについて

本書では、実際のコード例や解説をよりわかりやすくするために、下記のオープンソースライブラリやサンプルコードを使用しています。

- openzeppelin-contracts
- openzeppelin-foundry-upgrades
- openzeppelin-contracts-upgradeable

これらのライブラリやコードは、MITライセンスに基づき提供されており、著作権表記およびライセンス情報を適切に保持した形で使用しています。本書の中で使用されているコード例やサンプルは、読者の学習目的に合わせてカスタマイズや変更を加えている場合もあります。

ライブラリの詳細については、それぞれ下記のリポジトリを参照してください。

URL https://github.com/OpenZeppelin/openzeppelin-contracts

URL https://github.com/OpenZeppelin/openzeppelin-foundry-upgrades

URL https://github.com/OpenZeppelin/openzeppelin-contracts-upgradeable

サンプルについて

本書で紹介しているコードなどについては、下記のURLから利用可能です。

URL https://github.com/cardene777/dapps_book

サンプルコードの中の▼について

本書に記載したサンプルコードは、誌面の都合上、1つのサンプルコードがページをまたがって記載されていることがあります。その場合は▼の記号で、1つのコードであることを表しています。

サンプルコードなどの折り返しについて

本書に記載したサンプルコードなどの中には、誌面の都合上、行の途中で折り返して記載されている箇所があります。実際の改行位置については5ページに記載のURLから利用できるサンプルをご確認ください。

読者特典のPDFのダウンロードについて

読者特典のPDFは、C&R研究所のホームページからダウンロードすることができます。読者特典のPDFを入手するには、次のように操作します。

❶「https://www.c-r.com/」にアクセスします。

❷トップページ左上の「商品検索」欄に「466-6」と入力し、[検索]ボタンをクリックします。

❸検索結果が表示されるので、本書の書名のリンクをクリックします。

❹書籍詳細ページが表示されるので、[サンプルデータダウンロード]ボタンをクリックします。

❺下記の「ユーザー名」と「パスワード」を入力し、ダウンロードページにアクセスします。

❻リンク先のファイルをダウンロードし、保存します。

サンプルのダウンロードに必要な
ユーザー名とパスワード

ユーザー名	dapps
パスワード	u8m23

※ユーザー名・パスワードは、半角英数字で入力してください。また、「J」と「j」や「K」と「k」などの大文字と小文字の違いもありますので、よく確認して入力してください。

PDFはZIP形式で圧縮していますので、解凍(展開)してお使いください。

CONTENTS

CHAPTER 01

ブロックチェーンの概要

CHAPTER 02

NFTの概要

CHAPTER 03

NFTの規格

CHAPTER 04

DAppsの概要

CHAPTER 05

スマートコントラクトの概要

CHAPTER 06

Solidityの概要

CHAPTER 07

DApps開発ハンズオン

CHAPTER 08

DAppsで使用されているさまざまな技術

CHAPTER 01
ブロックチェーンの概要

ブロックチェーンとは

DApps開発にあたり、まずはその根幹の技術であるブロックチェーンについての理解をする必要があります。本節では、ブロックチェーンについてできる限りわかりやすく解説していきます。

データベース

ブロックチェーンとは、わかりやすくいうと「DB(データベース)」です。DBとは、その名の通りデータが保存される場所であり、ブロックチェーンにもさまざまなデータが保存されています。

たとえば、特定のアカウントが保有している資産(仮想通貨やNFTの量)、画像データ、資産の移動履歴などです。これらのデータはブロックチェーン上に記録され、改ざんが極めて困難である点が特徴です。アカウントには一意のアドレスが割り当てられており、仮想通貨やNFTを送受信したり、スマートコントラクトと呼ばれるコードを実行して特定の処理を行うことができます(詳細は32ページを参照してください)。ブロックチェーンによって保存できるデータに若干の違いはありますが、先ほどの例のようにさまざまなデータを保存することができます。

ブロックチェーン以外でもDBは存在しており、X(旧Twitter)やLINEといったアプリケーション上のデータもDBに保存されています。たとえば、X(旧Twitter)であれば、Twitter社が管理するサーバーやAWSなどのクラウドサーバーです。

では、ブロックチェーンと通常のデータベースはどこが違うのでしょうか。答えは「分散化されているかどうか」です(分散化されているデータベースである「分散型データベース」というのもあります。ブロックチェーンと分散型データベースの違いについても後述します)。

通常のデータベースの場合、単一の主体(企業や組織)によって管理されています。そのため、次のような問題があります。

- データベースがホスティングされているサーバーが攻撃や障害(災害、システム故障など)を受けると、データにアクセスできなくなる。
- 管理主体である企業や組織が、ユーザーのデータを操作・改ざんできる可能性がある。

ここでポイントなのが「何が分散化されているか」です。

先ほど挙げた点から、「データの管理主体が単一であること」が問題であることがわかります。

ブロックチェーンでは特定の「管理主体」が存在するのではなく、下記の特徴をもとにネットワーク全体でデータを共有・合意しています。

- ノードによる分散管理
  - ネットワークに参加する複数のノード(コンピュータ)がデータのコピーを保持する。
  - ノードは世界中に分散しており、一部が停止しても、他のノードがデータの記録や提供を行っているためネットワーク全体が動作し続ける。
- 地理的分散
  - ノードは世界中に分散しており、一部が停止してもネットワーク全体が動作し続ける。
- 合意形成(コンセンサス)
  - 特定のアルゴリズムに従って各ノードで検証を行いデータの変更が行われる。

これにより、ブロックチェーンは次のようなメリットを提供します。

- 一部のノードが停止してもデータが失われない。
- 単一の組織や管理者が不正にデータを改ざんすることが非常に難しい。

一方、「分散型データベース」という用語も存在するため、まずはこの用語の理解をしてからブロックチェーンの理解を深めていきましょう。

分散型データベース

分散型データベースは「複数のサーバーに分散して管理されているデータベース」を指します。これは地理的にサーバーが分散されていたり、1箇所で複数のサーバーを管理している場合があります(今回は地理的に分散していることを例に説明していきます)。

たとえば、災害や攻撃によってデータベースが壊れてしまったとします。地理的に単一の場所でデータベースを管理していると、データの提供ができなくなったり、最悪の場合データを紛失してしまう可能性があります。

そこで、データベースを地理的に分散配置することで、仮に1つのデータベースが停止したりデータを紛失してしまっても、他のデータベースを使用することで次のようなメリットがあります。

- データの提供を継続できる
  - 利用者が停止したデータベースに依存することなくアクセスを続けられる。
- データの復旧が可能
  - 分散型データベースのレプリケーション(データの複製)機能を用いることで、他の場所で管理されているデータを利用して紛失したデータを復旧することができる。

さらに、分散型データベースは、複数の場所に分散したデータベースが同期して同じデータを保持する仕組みを持っています。そのため、どこか1つのデータベースが停止しても、他の場所にあるデータベースが代わりに動作することでデータの提供を継続できます。また、データは各データベース間で定期的に同期されるため、整合性が維持されて障害からの復旧も容易になります。

ブロックチェーン

「データベース」と「分散型データベース」について理解できたところで、「ブロックチェーン」を説明していきます。

ブロックチェーンは「データ管理主体」も「地理的」にも分散しているデータベースです。1つずつどのように分散されているか確認していきます（一部プライベートチェーンなど、分散化されていないブロックチェーンも存在します）。

▶データ管理主体が分散

データ管理主体とは、XであればTwitter社、LINEであればLINEヤフー株式会社などのように、データを管理する単一の組織を指します。

データを管理する単一の主体が存在する場合、その組織の判断でデータが操作される可能性があります。よくある例としては、「アカウントが凍結される」といったケースです。

ブロックチェーンでは、「ノード」と呼ばれる各ネットワーク参加者がデータのコピーを保持しています。ノードの運用は特定の組織だけでなく個人でも行うことができ、どのノードからでもデータを取得できます（プライベートブロックチェーンなど、特定の組織や個人しかノードになれないブロックチェーンも存在します）。

これにより、次のようなメリットがあります。

- データ改ざんの防止
  - 1つのノードがデータを不正に書き換えようとしても、他のノードによるデータの検証に失敗して拒否される。
  - ノード間でデータの正当性が合意形成（コンセンサス）によって確認されるため、データ改ざんが非常に困難。
- データの耐障害性
  - 1つのノードが停止しても、他のノードがデータを保持しているため、ネットワーク全体の動作には影響がない。
  - 停止したノードは他のノードからデータを取得して復旧することができる。
- 地理的分散
  - ノードは世界中に分散して配置されており、特定の地域で障害が発生しても他の地域のノードがデータを保持しているため、ネットワーク全体が停止することはない。
  - 特定の企業が管理しているプライベートブロックチェーンなど、ブロックチェーンによっては、地理的に分散していないものもある。

◉ノードのイメージ

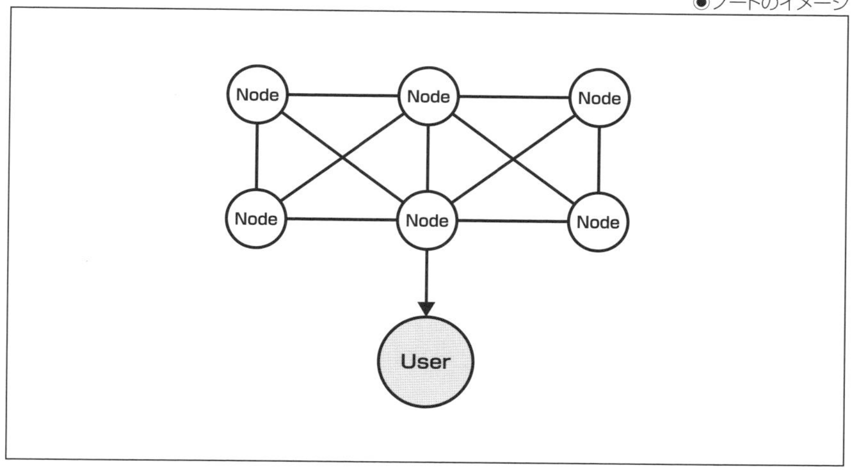

このように、ブロックチェーンではデータの管理が特定の組織や場所に限定されず、ネットワーク全体で共有・管理される仕組みになっています。

これにより、単一のノードが不正を行おうとしても、他のノードが不正なデータを受け入れないことでデータの改ざんを防ぐことができます。

▶地理的に分散

ブロックチェーンでは、ノードと呼ばれるネットワーク参加者が世界中から自由に参加できる仕組みになっており、地理的にも分散しています。これにより、特定の地域で災害や停電、通信障害が発生しても、他の地域にあるノードが正常に稼働している限りネットワーク全体の機能が維持されます。

BitcoinやEthereum、Avalanche、Solanaなど、ブロックチェーンは複数存在し、ブロックチェーンによってはノードが地理的に偏っている場合もあります。

ブロックがチェーンのようにつながっている

ブロックチェーンでは、データを「ブロック」という単位でまとめて管理しています。各ブロックは、1つ前のブロックのハッシュ値（ブロックデータから計算される一意の識別子）を保持しており、このハッシュ値を次のブロックが参照することで、ブロック同士が連結されてチェーン構造を形成しています。

この仕組みにより、ブロックが順番通りに並べられることが保証されます。たとえば、「1→2→3→4→5」という順序で形成されたチェーンの中で、「1→3→2→4→5」といった不正な並べ替えを試みると、次のような問題が発生します。

- 並べ替えられたブロックのハッシュ値が変わり、それ以降のすべてのブロックのハッシュ値との整合性が崩れる。
- ハッシュ値の不整合が起きた場合、そのチェーンは不正とみなされて他のノードでは採用されない。

EthereumではProof of Stake（PoS）という仕組みに基づき新しいブロックが追加されます。この仕組みにより、ブロックの追加や検証を行うノードによって最も重み付けされたチェーンが選択されます。

このような仕組みによって、ブロックチェーンのデータは改ざんや不正操作が極めて困難になっています。

なお、詳細については23ページを参照してください。

データが公開されている

ブロックチェーンで行われる取引は公開されていて、保存されているデータは誰でも閲覧できます（プライベートチェーンなどの場合は誰でも見ることはできず、許可されたユーザーしか見ることはできません）。このように、データがオープンになっていることがブロックチェーンの大きな特徴の1つです。

通常、データベースは外部から見えなくなっています。データベースの管理を行っている企業や組織が、APIなどを提供して許可したデータのみ公開することはあっても、すべてのデータを公開することは基本的にはありません。

これは当たり前のことで、たとえば個人情報などは公開してはいけない情報です。そのため、ブロックチェーンは個人情報などの公開してはいけない情報を保存するのには向いていません。

ただ、現在（2024年12月）、データを暗号化した状態で保存するさまざまな技術が考えられています。近い将来、ブロックチェーン上に公開したくないデータを保存できるようになるかもしれません。

信頼性

ブロックチェーンは次の4点から「信頼性」を担保しています。

▶単一障害点がない

ブロックチェーンは多数のノード（コンピュータ）によって分散管理されています。これにより、従来の中央集権的なシステムとは異なり、単一障害点が存在せずある1点（1つのノード）によりシステムの信頼性が左右されることはありません。

中央集権的なシステムでは、データやサービスが1つのサーバーや特定の管理主体に依存するため、次のようなリスクが存在します。

- サーバーが故障したり、攻撃を受けるとシステム全体が停止してしまう。
- 管理主体によってデータが書き換えられてしまう可能性がある。

一方、ブロックチェーンではデータがネットワーク全体のノードに分散して保存されているため、次のような特徴を持ちます。

- 耐障害性の向上
  - 特定のノードが停止しても他のノードがデータを保持しているため、ネットワーク全体の機能には大きな影響がない。
- データの不変性と操作リスクの排除
  - 中央管理者が存在せず、特定の企業や組織によってデータの改ざんや不正操作を行うことが非常に難しい。

このような分散構造により、ブロックチェーンは従来のシステムと比較して信頼性と耐障害性が大幅に向上しており、安全性の高いデータ管理が可能になっています。

▶コンセンサスアルゴリズム

Ethereumブロックチェーンでは、PoS(Proof of Stake)と呼ばれるコンセンサスアルゴリズムを使用して、新しいブロックを追加していきます。

このアルゴリズムは、次のような役割を果たします。

- データの正当性を検証
  - 新しく追加されるブロックが正しいデータを含んでいるかを全ノードで検証する。
- ネットワークの合意形成
  - 全ノード内で同意できる1つの正しいチェーンを選択する。

これにより、データの正当性が確保され、改ざんがほぼ不可能になります。

ここで「ほぼ不可能」と述べているのは、理論上は可能だが実際に行うには非常に難しくなっているためです。

51%攻撃と呼ばれる、ネットワーク全体のステーク(ブロックの追加や検証を行うバリデータになるためにETHを預けること)されているETHの過半数のステークを支配して、不正なチェーンを支持する方法があります。しかし、これには膨大な資金が必要で、仮に攻撃が成功してもそのチェーンが使用されなくなるリスクがあります。

不正が起きたチェーンが選択されても、他のノードがもう1つのチェーン構築を継続したり、アプリケーションが不正したチェーンではなくもう1つのチェーンを使用する可能性があります。この場合、不正が起きたチェーンを使用するユーザーが減り、トークン価格は下がっていってしまいます。

▶データの不変性

一度ブロックチェーンに刻まれたデータを変更することは理論上可能ですが、非常に困難です。これは、すべてのブロックが連鎖的につながっており、各ブロックが前のブロックのハッシュ値（一意の識別子）を保持しているためです。

この構造により、1つのブロックを改ざんすると、改ざんしたブロック以降のすべてのブロックのハッシュ値を再計算する必要があります。これは膨大な計算リソースを要します。

加えて、再構築するだけでなく実際にそのチェーンを使用してもらう必要がありますが、前述したように理論的には可能ですが実現させるハードルは非常に高いです。

▶透明性

パブリックブロックチェーンと呼ばれる情報が公開されているブロックチェーンにおいては次の特徴から透明性が高いといえます。

- オープンソース
  - Ethereumなどのパブリックブロックチェーンでは、スマートコントラクトのバイトコードが公開されているため、どのような機能があるかなどを知ることもできる。
  - また、スマートコントラクトのコードをすべて公開している場合も多いため、ユーザーや開発者は安全性を検証することができる。
- トランザクション履歴
  - ブロックチェーンに記録されたすべてのトランザクションは公開されており、誰でも特定のアドレスが保有している資産や取引履歴を閲覧できる。
- 検証可能性
  - 誰でもブロックチェーンネットワークに参加してデータを検証することができる（プライベートチェーンなどでは特定の組織やユーザーのみがデータの検証が可能）。
  - たとえば、新しいブロックの内容や過去の取引履歴が正しいかを自分のノードで直接、確認することが可能。

ブロックチェーンの仕組み

ここでブロックチェーンの仕組みについて、Ethereumを例に説明します。

Ethereumとは

まずは、ざっくりEthereumブロックチェーンについて理解していきましょう。

Ethereumはブロックチェーンの1つで、スマートコントラクトを実行できる代表的なチェーンです。2013年にVitalik Buterinが「Ethereum white paper」を書いて提唱したブロックチェーンで、2015年に最初のバージョンである「Frontier」というネットワークが稼働し始めました。

Ethereumのコア技術には、EVM(Ethereum Virtual Machine)と呼ばれる仮想マシンがあります。EVMはスマートコントラクトの実行環境を提供し、トランザクションの検証やデータの更新を行う役割を担っています。このEVMを使用したり、EVMをベースにしたりしたブロックチェーンはいくつもあり、EVMに互換性があることから「EVM互換ブロックチェーン」とも呼ばれています。

EVM互換ブロックチェーンとは、Ethereumと同じ仮想マシンであるEVMを使用するか、EVMと互換性のあるシステムを採用したブロックチェーンのことです。この互換性により、Ethereum上で動作するスマートコントラクトやDAppsが、ほぼそのまま他のEVM互換ブロックチェーンでも動作します。代表例として、Binance Smart ChainやPolygonがあります。

Ethereumはスマートコントラクトを実行することができます。スマートコントラクトは、ブロックチェーン上で特定の処理(プログラム)を自動で実行することができるDApps(分散型アプリケーション)の提供が可能になります。

DAppsの代表例としては、「NFT(Non-Fungible Token:非代替性トークン)」や「DeFi(Decentralized Finance:分散型金融)」、「DAO(Decentralized Autonomous Organization:分散型自律組織)」などがあります。

◉DAppsの代表例

DApps	説明
NFT(Non-Fungible Token:非代替性トークン)	デジタルアートやゲームアイテムなど、唯一無二のデジタル資産を表現するトークン。これにより、デジタル資産を所有・取引できる仕組みが提供される(詳細はCHAPTER 02で解説)
DeFi(Decentralized Finance:分散型金融)	中央集権的な金融機関を介さずに、資産の貸し借りや取引を行うための金融サービスを提供する仕組み。代表的な例として、UniswapやAaveなどのプラットフォームがある
DAO(Decentralized Autonomous Organization:分散型自律組織)	スマートコントラクトを基盤にして運営される、特定のリーダーに依存しない組織。ガバナンストークンを用いて、メンバー全員で意思決定を行う仕組みをが導入されている

このように、Ethereumはスマートコントラクトを実行できる点が大きな特徴です。本書では、スマートコントラクトとDAppsの開発に重点を置いています。

アカウントとは

Ethereumをはじめとするブロックチェーンには「アカウント」というものが存在します。アカウントは各ユーザーやDAppsのアカウントのような役割をもち、ブロックチェーン上の資金を管理したり、トランザクションを実行する主体として利用されます。

アカウントには次の2種類が存在し、それぞれ役割が異なります。

- EOA(Externally Owned Account)
- CA(Contract Account)

▶EOA(Externally Owned Account)

EOAは秘密鍵を持つアカウントで、秘密鍵と公開鍵のペアから一意のアドレスが生成されます。このアカウントはユーザーや自動化されたシステムによって利用されます。秘密鍵から生成されたアドレスを保有しているため、秘密鍵を使用してトランザクションへの署名とトランザクションの発行を行えます。

MetaMaskなどのウォレットアプリでEOAアドレスを管理することができます。ウォレット内では複数のEOAを同時に管理することが可能で、それぞれのアカウントを利用して資金の管理やトランザクションの発行が行えます。

▶CA(Contract Account)

CAは、スマートコントラクトがデプロイされるときにデプロイするEOAアドレスやそのEOAアドレスのnonce値などの情報から確定するアドレスを保有しています。CAは秘密鍵を持たないため、トランザクションの発行を行うことができません。トランザクションの発行には署名が必要であり、CAには署名に必要な秘密鍵を保有していないためです。

また、CAはコードを保有しており、さまざまな機能が実装されています。通常、このコード内の機能がEOAから呼び出されて処理が実行されます(このとき、トランザクションの発行はEOAが担います)。

このようにEthereumでは2種類のアカウントが存在し、アカウントごとに役割が異なります。

Account Abstractionとは、EOAとCAの差をなくし、コントラクトアドレスからトランザクションを発行できるようにする仕組みの提案です。これにより、EOAの課題(例：秘密鍵の紛失リスクや署名の柔軟性の欠如)を解決することが目的です。執筆時点(2024年12月現在)、EIP4337のような提案が進められていますが、完全な実装はされていません。

ブロックとは

ブロックチェーンはその名の通り、ブロックが複数連なって構築されます。一度ブロックチェーンに含まれたブロックは、基本的に書き換わることはありません。これは、前述したようにブロックを改ざんしようとすると、膨大な計算リソースや資金が必要となり、攻撃が現実的でないためです。

この「ブロック」というものがどんなものなのか見ていきます。

ブロックには、この後で説明するトランザクションが複数含まれています。前述したように、ブロックは1つ前のブロック（親ブロック）のハッシュ値を参照しており、ブロックの順序が保証されています。

●ブロック内のデータ

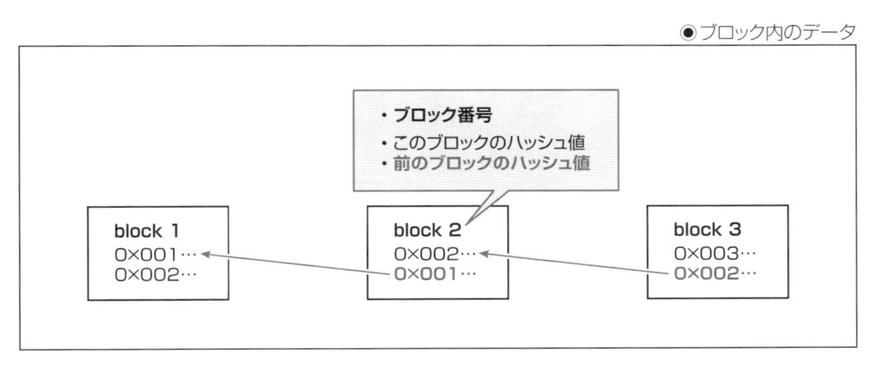

上図を見ると、各ブロックが前のブロックのハッシュ値を参照していることがわかります。各ブロックには、ブロックごとの番号やそのブロックのハッシュ値、前のブロックのハッシュ値などのデータが含まれています。

他にもたくさんのデータが含まれていますが、1つずつ紹介するには多すぎるので気になる方は下記の公式の記事を参考にしてください。

URL https://ethereum.org/ja/developers/docs/blocks/

Ethereumでは、現在（2024年12月）1つのブロックが生成される時間は平均12秒となっています。

トランザクションとは

トランザクションとは、ブロックチェーン上で資産を移動させたり、NFTなどのトークンの移動やコントラクトの機能の実行などを行う「取引」のことを指します。よく、「〇〇というトランザクションを起こす」といいますが、これはブロックチェーン上で何らかのアクションを起こしているということです。

トランザクションはEOAからしか発行することができず、コントラクトアカウントからはトランザクションを起こすことができません。その理由としては、トランザクションを起こすときに署名が必要なためです。

Ethereumブロックチェーンでは、トランザクションに署名をするには秘密鍵が必要になります。この秘密鍵はEOAアドレスしか保有しておらず、コントラクトアドレスは保有していないため、トランザクションに署名することができません。

各トランザクションには、実行するアクションに伴ってさまざまな情報が格納されています。代表的な値は下表のようになります。

◉トランザクションに格納されている代表的な値

値	説明
from	トランザクションを送信したアドレス
to	トランザクションの送信先アドレス。NFTを発行するなどコントラクトを実行する場合はコントラクトアドレスで、ネイティブトークンであるETHを送付する場合は送信先のアドレスが入る
value	送付するネイティブトークン(ETH)の量
nonce	アカウントからトランザクションが作成されるたびに自動でインクリメント(+1)されるカウンター。同じトランザクションを複数回実行させないために使用される
input data	トランザクション実行に関連する追加データ。コントラクトの関数呼び出しの引数などが含まれる
gasLimit	トランザクション内で使用できるgasコストの最大値

他にもいくつか情報が格納されているので、詳しく知りたい場合は下記の記事を参照してください。

URL https://ethereum.org/ja/developers/docs/transactions/

下図では、複数トランザクションが1つのブロックに含まれているのがわかります。

◉トランザクション内のデータとブロック

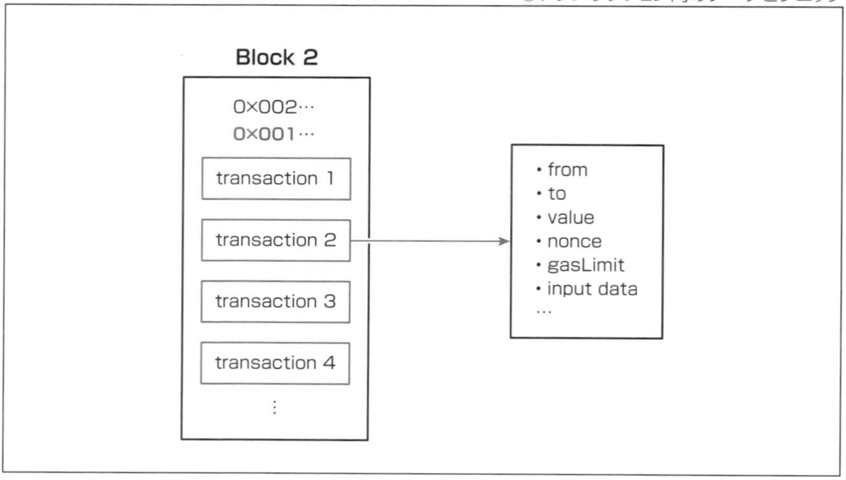

このように、NFTのmintトランザクションやETHの送付トランザクション、コントラクトの関数を実行するトランザクションなど、複数のトランザクションがまとめられてブロックに格納され、25ページの「ブロック内のデータ」の図のようにそのブロックが連鎖的につながっているのがブロックチェーンです。

PoS

Ethereumブロックチェーンでは、PoSというコンセンサスアルゴリズムが使用されています。コンセンサスアルゴリズムとは、分散型ネットワーク内の複数のノード間で、「どのデータが正しいか」や「どのブロックを次のチェーンに追加するか」の合意を取る仕組みです。

Ethereumでは、このコンセンサスアルゴリズムに「PoS」を使用しています。自身が保有するETH(32ETH)をステーク(預け入れ)することで、バリデータと呼ばれるブロックの生成や検証に参加することができるようになります。このバリデータがもし不正な行為をした場合は、ステークされたETHが没収されます。

ブロックの生成を行うときは、一定時間ごとに、ステークされたETHの量やランダム性を基に選ばれたバリデータがブロックを作成します。この際、選ばれたバリデータが提案したブロックを他のバリデータが検証し、正当性が確認された場合にブロックがチェーンに追加されます。

バリデータは正しくブロックの作成と提案を行うことで報酬であるETHを受け取ることができます。一方、不正行為を行った場合には、「スラッシュ(slashing)」と呼ばれるペナルティが課され、不正をしたバリデータの一部、もしくはすべてのETHが没収されます。さらに、不正を行ったバリデータはネットワークから排除されることもあります。

EVM

EVM(Ethereum Virtual Machine)とは、Ethereumブロックチェーン上で動作するスマートコントラクトを作成・実行するための仮想環境です。Ethereum上の各ノードで動作しており、トランザクションの処理やデータ管理、Solidityなどで書かれたスマートコントラクトの実行などを行います。

EVMでは、Ethereumの「現在のステート」を入力として受け取り、スマートコントラクトの実行によって「新しいステート」を出力します。

ステートとは、各アカウントの情報(トークン残高やスマートコントラクトのコードやストレージ)を指しています。特定の処理によって、ステート内の残高やスマートコントラクトのストレージを変更させます。

EVMで実行される処理は「決定論的な実行」という特徴を持っており、どこで、誰が実行しても同じ入力に対しては常に同じ出力がされます。

このとき、実行に必要なガス代の支払いが必要になります。

ガス代

　ブロックチェーンにおいて、切っても切り離せないのがガス代と呼ばれる、トランザクション実行時にかかる手数料です。送金やNFTの送付時には、ほとんどのブロックチェーンでガス代がかかります。

　このガス代は時間や実行するトランザクションの内容によって変動します。たとえば、より多くのトランザクションが実行されている場合、トランザクションのガス代は上がります。また、より多くの処理を実行しようとするトランザクションもガス代が上がります。

ガス代はなぜ必要か?

　ガス代と呼ばれる手数料がなぜ必要なのか疑問に思うはずです。できるなら手数料がないほうが嬉しいですし、手数料があることがブロックチェーンの使用ハードルを上げています。

　ガス代が必要な理由は、ブロックチェーンに含まれるブロックの検証を行うバリデータへの報酬を提供しつつ、ネットワークの健全性を保つためです。ガス代によってトランザクションの処理にコストを伴わせることで、無駄なトランザクションを抑制しネットワーク攻撃を防ぐ役割も果たしています。

　Ethereumの場合、コンセンサスアルゴリズムがPoSであり、バリデーターは複数のトランザクションをブロックにまとめ提出して、他のバリデータがその検証を行います。ブロックの検証が終わり、ブロックがブロックチェーンに含まれたときに報酬としてETHがバリデータに渡されます。

Ethereumのガスの仕組み

　Ethereumのガスの仕組みを説明する上で、まずは用語の整理からしていきます。

◉ガスにまつわる用語

用語	説明
基本手数料(Base Fee)	直前のブロックのガス使用量(Gas Used)が「ガス目標(Gas Target)」を超えているか下回っているかに応じて調整される。ガス使用量が目標を超えると基本手数料が上がり、下回ると下がる仕組み(詳細については後述)
優先手数料(Priority Fee)	バリデータへの報酬。この値が高いほど、バリデータがそのトランザクションを優先して処理する可能性が高くなる
使用ガス量(Gas Used)	ユーザーが支払うガス代の上限。実際に使用したガス代(基本手数料+優先手数料)との差額は返金される
ガス最大値(Gas Limit)	トランザクション実行時に消費されるガスの最大量。この値はトランザクションの内容に応じて適切に設定する必要がある。少なく設定するとトランザクションが失敗し、多く設定すると不要なコストが発生する可能性がある
最大手数料(Max Fee)	トランザクション実行時に、「ここまでなら払ってもよい」という「基本手数料」と「優先手数料」の上限値

ガス代は次の計算式によって決定されます。

$$ガス代 = 使用ガス量 \times (基本手数料 + 優先手数料)$$

具体例で見ていきます。

- 使用ガス量(Gas Used) :50,000
- 基本手数料(Base Fee) :20 Gwei
- 優先手数料(Priority Fee) :3 Gwei

「Gwei」というのは、1ETHなどと同様にEthereumブロックチェーン内で使用される単位の1つです。Ethereum内の最小単位は「wei」で、「Gwei」は「10^9wei」と同等で、「ETH」は「10^{18}wei」と同等です。Ethereumブロックチェーンでは、ガス代を「Gwei」という単位で表現されることが多いです。

各値がこのようになっている場合、次のような計算を行い、最終的に「0.00115 ETH」のガス代を支払うことになります。

$$ガス代 = 50,000 \times (20 + 3) = 50,000 \times 23 = 1,150,000\text{Gwei} = 0.00115\text{ETH}$$

「基本手数料(Base Fee)」は、1つ前のブロックのガス代をもとに値が決まってきます。

まず、各ブロックの上限は3000万ガス(Block Gas Limit)となっています。そして、「ガス目標(Gas Target)」と呼ばれる値があり、各ブロックの上限の半分である1500万ガスを目標にしています。「ガス目標(Gas Target)」が存在する理由としては、ガス代が高騰したときに徐々にガス代を下げたり、ガス代が低いときにたくさんトランザクションを含めることができるようにするためです。

具体的な仕組みとしては、下図のようにブロックに含まれるトランザクションのガスの合計が「ガス目標(Gas Target)」を超えていたら「基本手数料(Base Fee)」を上げていき、「ガス目標(Gas Target)」を下回っていたら「基本手数料(Base Fee)」を下げていきます。

●Block Gas LimitとGas Target

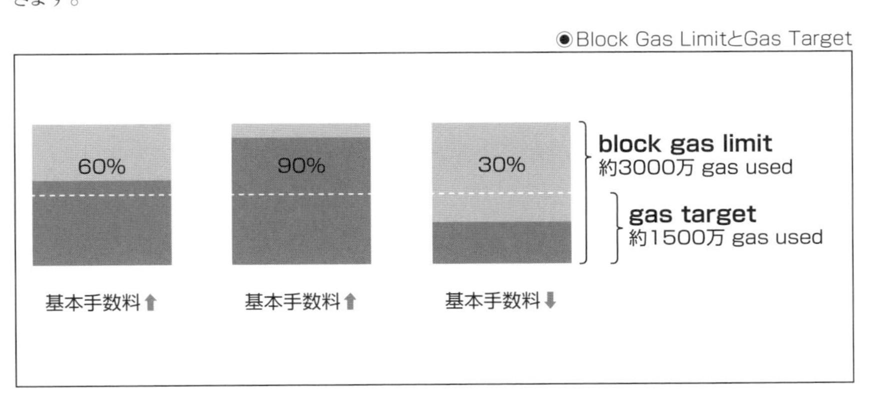

01 ブロックチェーンの概要

「基本手数料(Base Fee)」が上がっていくにつれて、支払うガス代が高くなるためトランザクションの実行が減っていき、徐々にブロックに含まれるガスの合計が「ガス目標(Gas Target)」を下回っていくと考えられます。これにより、ガス価格が高騰しても徐々に下がっていくようになります。

逆に「基本手数料(Base Fee)」が下がっていくにつれて、支払うガス代が少ないためトランザクションの実行が増えていくと考えられます。これにより、ガス価格が低い場合でも徐々にガス代が上がっていくようになります。

このようにして、「基本手数料(Base Fee)」を増減させながらガス代を高くなりすぎないようにしています。

CHAPTER 02

NFTの概要

NFTとは

NFTは「Non-Fungible Token」の略で、よく日本語だと「非代替性トークン」と説明されることが多いです。

「非代替性」とは、それ自体が独特なものであり、他のものに替えることができないという性質のことを指します。たとえば、あなたが「10円玉」を1枚持っているとします。これをあなたの友人であるAくんが持っている「10円玉」と交換しても通貨の価値という観点では同じです。

一方、世界的に有名な絵画である「モナ・リザ」であればどうでしょうか。あなたが描いた「モナ・リザにそっくりな絵」とルーヴル美術館に飾られている「モナ・リザ」を交換することはできません。これは、「モナ・リザ」と「モナ・リザにそっくりな絵」では、歴史的価値・希少性・芸術的価値が異なるからです。これで「非代替性」についてイメージできたかと思います。

10円玉も発行された年によっては希少価値がついたりするため、「非代替性」の特性もあるのではないかという人がいるかもしれません。確かにその通りです。しかし、「10円玉」自体は大量に生産され、その10円玉同士で価値は同等です。そこに希少性などの価値がつくことはあっても、あくまで後付けとしてついた価値というような判断をしてもらえればと思います。一方で絵画の場合は、描かれたその時点でまったく同じものはないため、他と代替できなくなります。

この「非代替性」という性質をデジタル分野にもたらしたものが「非代替性トークン(NFT)」です。

ではなぜデジタルなデータには「非代替性」がないのか。これはイメージがしやすいはずです。たとえば、あなたがiPadで何らかの絵を描いたとします。そのコピーを無制限に作成することができます。これにより代替できるようになってしまいます。

このように、アナログ(手書きの絵)と違ってデジタルの場合は簡単に同じものを生成できてしまうため、これまで非代替性を持たすことが難しかったのです。

NFTを保有しているのはアドレス

直感的に、NFTを保有しているのはユーザーと思いがちです。これは正しくはありますが、正確ではありません。

ブロックチェーンにおいては、NFTを保有しているのは「アカウント」です。アカウントは、ブロックチェーン上で資産を保有することができます。アカウントには、それぞれユニークなアドレスが紐付いています。

このアドレスとは、ある秘密鍵(ランダムな文字列)から生成された特定のブロックチェーン上、たとえばEthereum上で一意な16進数で構成される文字列です。

アカウントには、大きく分けてEOA(Externally Owned Account)とCA(Contract Acount)が存在しますが、ここではEOAに焦点を当てて説明していきます。

なお、「アカウント」はユーザーごとに複数保有・管理することができます。

ユーザーはこのアカウントを使用してNFTを取得します。つまり、NFTは直接ユーザーに紐付くのではなく、「アカウント」に紐付いています。ただし、ユーザーはこのアカウントを通じてNFTを管理することができます。

イメージしやすいように例を見ていきます。たとえばあなたはX(旧Twitter)のアカウントを2つ(アカウントA、アカウントB)保有していると思います。このとき、アカウントAの投稿はアカウントBに紐付かず、アカウントAにのみ紐付いています。ここでは、アカウントAとアカウントBが先ほど説明した「アカウント」に該当します。

「アカウント」に紐付くとわかっても「だからなんですか?」となると思います。「アカウント」に紐付くということは、その「アカウント」が他のユーザーの手に渡ることがあるということです。「アカウント」自体は、特定の秘密鍵から生成されたアドレスに紐付いて作成されます。そのため、特定の秘密鍵を悪意あるユーザー(ハッカーなど)に盗まれてしまったり、秘密鍵を紛失してしまうと、他のユーザーによってNFTを操作されてしまったり、「アカウント」を使用できなくなってしまう可能性があります。Blockchainでは「アカウント」の管理は個人で行うことがほとんどのため、「NFTはアカウントに紐付いている」ということをしっかり理解して「アカウント」の管理をセキュリティ高く行うことが重要になります。

NFTとブロックチェーンの関係性

NFTはブロックチェーン上で管理されている「非代替性」という特徴をもつトークンのことを指します。

通常デジタルデータは、「非代替性」を担保するのが難しいです。その理由としては、まったく同じデータをいくらでも複製でき、1つひとつのデータにユニークな値を持たせることが難しいからです。

一方、ブロックチェーンを使うことで、デジタルデータごとにユニークな値(識別子)を持たせ、それがブロックチェーンの特性である「分散型管理」や「データの不変性」によって改ざんされていないことを保証できます。NFTとしてのデータの一意性をブロックチェーンが担保しているという形です。

ただ、もちろんデジタルデータは誰でも複製できるため、偽物のプロジェクトがNFTを勝手に作成できてしまいます。このような詐欺的行為には十分に気を付ける必要があります。

NFTの一意性

NFTの一意性はどのように担保されているのでしょうか。

まず、NFTはスマートコントラクトを用いて作成されます。このスマートコントラクトでは、NFTを作成するときにユニークな識別子を付けます。

このユニークな識別子はEVM系のブロックチェーンでは「token id」と呼ばれており、多くの場合連番に設定することが多いです。スマートコントラクト自体はユニークなアドレスを保有しており、このアドレスとtoken idでNFTがユニークであることがわかります。コントラクトアドレスとtoken idのどちらかが異なれば、まったくく違うものになってしまいます。

NFTのメタデータ

NFTは、「メタデータ(Metadata)」と呼ばれるデータで各NFTの情報を管理しています。多くのNFTにはメタデータが1つずつ紐付いています。

▌メタデータの構造

メタデータの構造はJSON形式であれば好きな構造にすることができます。よく使用されている形式は次のような形式になります。

```
{
    "name": "NFT Name",
    "description": "NFT Description.",
    "external_url": "External URL",
    "image": "NFT Image",
    "attributes": [
        {
            "trait_type": "Key",
            "value": "Value"
        }
    ]
}
```

この形式は、NFTマーケットプレイスである「Opensea」で使用されているメタデータ標準になります。

URL https://docs.opensea.io/docs/metadata-standards

各フィールドについて簡単に説明します。

▶name

`name` は、NFTの名前です。特定のNFTコントラクトに紐付いたNFTがどんな名前のコレクションなのかを示す値になります。

▶description

`description` は、NFTの説明です。どのようなコレクションなのかを説明する値になります。

▶external_url

`external_url` は、NFTコレクションに紐付いたリンクを格納するフィールドです。たとえば、NFTコレクション用のサイトやホームページなどのリンクを格納します。

▶image

`image`は、このメタデータが紐付けられたNFTの画像です。画像のURLを格納することで、NFTマーケットプレイスなどで表示することができます。

▶attributes

`attributes`は、NFTに紐付く属性情報です。key-value形式でさまざまな情報を紐付けることができます。たとえば、ゲームで使用するNFTであれば、「Attack」「Defence」「HP」などをNFTごとに定義することができます。また、NFTマーケットプレイスによっては、この値でソートなどをかけることができます。

▶その他のフィールドについて

他にも次のような値を定義することができます。

●その他のフィールド

フィールド	説明
image_data	生のSVG画像データなどを格納することができるフィールド
background_color	NFTマーケットプレイス上で使用できるNFTコレクションの背景色。NFTマーケットプレイスによっては使用されないフィールドになる
animation_url	3Dデータ(GLTF、GLB)や動画データ(MP4、WEBM、M4V、OGV)、音声データ(MP3、WAV、OGA)などの拡張子のURLを格納できるフィールド。HTMLファイルを格納することもできる
youtube_url	YouTube動画へのURLを格納できるフィールド

多くのNFTマーケットプレイスでは、「Opensea」と同じ形式のメタデータを想定してマーケットプレイス内で各NFTの情報を表示しています。そのため、基本的には「Opensea」で使用されているメタデータ標準に従うことが望ましいです。

Ⅲ メタデータの価値

メタデータは、NFTのコアデータです。「NFTの名前」「NFTの画像」「NFTの属性情報」など、NFTに関連する情報をまとめて管理しています。

仮に、NFTのメタデータに含まれる画像が、NFTを作成したクリエイターや運営によって勝手に書き換えられたとします。特に画像に重きを置いているPFP(Picture For Profile)やイラストレーターが作成したNFTの場合、NFT購入者からするとハッキングを受けたのかと勘違いしてしまいます。そのまま画像が元に戻らない場合、NFTの価格は下がっていく可能性があります。

このことからわかるように、メタデータはNFTに紐付く重要なデータであり、NFTによってはより重要なデータが保存されています。

そのため、ブロックチェーン上で管理されているスマートコントラクトのアドレスとtoken idデータがNFT紐付いていても、メタデータが書き換えられてしまう危険性が残っています。

運営が好きなようにメタデータの書き換えができる場合、ハッキングされたり、運営次第でメタデータがいつの間にか違うものに差し変わってしまう可能性があります。
そのため、NFTの保有者の観点から、メタデータが「どこに保存されているか」と「勝手に書き換えられない」ということが重要です。

▶ メタデータがどこに保存されているか

まず、「どこに保存されているか」から深堀していきます。

NFTのメタデータの保存場所は大きく分けて次の3つがあります（それぞれについては次項で詳しく説明しています）。

- Amazon S3などの静的ファイルをホスティングできるサービス
- IPFSやAreweaveなどの分散型ストレージサービス
- スマートコントラクト

●スマートコントラクト

メタデータの保存場所として、まず挙げられるのは「スマートコントラクト」になります。スマートコントラクトにメタデータを保存した場合、ブロックチェーン上にメタデータを保存することができます。

●IPFSやArweaveといった分散型ストレージサービス

次に挙げられるのが、IPFSやArweaveといった分散型ストレージサービスです。IPFSやArweaveは、複数の分散したノード（データを保存するコンピュータ）によってファイルを保存します。アップロードされたファイルには一意のハッシュ値が割り当てられ、ノードはこのハッシュ値を基にデータを検索して取得します。

●静的ファイルのホスティングサービス

最後に、Amazon S3などの静的ファイルのホスティングサービスでの管理が挙げられます。この方法は現在（2024年12月）特に日本において最も使用されており、基本的に運営がメタデータの管理をする形式になります。大量のデータを簡単にアップロードすることができます。

▶ メタデータが勝手に書き換えられない

メタデータの保存場所のパターンがわかったので、次に「メタデータが勝手に書き換えられることがないか」について見ていきます。

●スマートコントラクト

NFTコントラクトでメタデータを管理している場合、脆弱性がない限りどのアドレスがメタデータを更新することができるかがわかり、そのアドレス以外がメタデータを更新できなくなります。たとえば、「NFT保有者のみがメタデータを更新することができる」や、「一度Mint（発行）されたNFTのメタデータは変更することができない」ということが実装できます。

これにより、NFT保有者はメタデータに関する情報を確認できます。

● IPFSやArweaveといった分散型ストレージサービス

IPFSやArweaveの場合、基本的にメタデータを更新するときは新しくデータをアップロードする必要があるので、URLが変更されてしまいます。そのため、新しいメタデータをアップロードしたのち、NFTコントラクトで管理されている各NFTのメタデータ保存場所に関するデータを変更する必要があり、こちらもスマートコントラクトにメタデータを保存している場合と同じように、「NFT保有者のみがメタデータを更新することができる」という制限を実装することができます。

これにより、NFT保有者がメタデータをアップロードして、NFTコントラクト内のURL更新機能を実行することができます。

また、IPFSやArweaveといった分散型ストレージサービスでは、ノードがデータを保存しています。そのため、可能性は非常に低いですが、すべてのノードがデータを保存するという役割をやめてしまった場合、データの保存場所がなくなってしまい、誰もアクセスできなくなってしまいます。

これはあくまで極端な例であり、長期間運用されていてノードの数も一定数いる現在では可能性が非常に低いですが、Ethereumというブロックチェーン以外の場所でメタデータ管理されているという点を理解しておくことは重要です。

● 静的ファイルのホスティングサービス

最後に、Amazon S3などの静的ファイルを保存できるサービスです。この方法は基本的に運営が管理するサーバーやクラウドでメタデータを管理する形になるため、運営の好きなようにメタデータを更新することができてしまいます。

S3の設定によっては変更不可な設定にできますが、基本的に本当に設定されているかは運営に問い合わせてその回答を信用する必要があります。もちろん、NFTコントラクト内でメタデータのURLの変更権限をNFT保有者にしたり、運営のみにすることができるため、プロジェクトによってまちまちです。

メタデータの書き換えを運営によって行えてしまうため、運営への信頼が必要になる方法になります。

メタデータの保存

NFTのメタデータの保存場所は大きく分けて次の3パターンがあります。

- Amazon S3などの静的ファイルをホスティングできるサービス
- IPFSやAreweaveなどの分散型ストレージサービス
- スマートコントラクト

1つずつ説明していきます。

▶静的ファイルホスティングサービス

Amazon S3をはじめとした、JSONファイルや画像ファイルを保管できるサービスを使用する方法です。最も簡単に実行できて、管理がしやすい方法になります。

また、他2つの方法と異なり、ガス代などの料金が基本的にかからない方法であるため、大量のメタデータを保管したり、手軽にメタデータを保管したいときに使用することをおすすめします。

▶IPFSやAreweaveなどの分散型ストレージサービス

IPFSとArweaveはどちらも分散型ストレージにデータを保存するサービスです。

どこか中央の主体がデータを保存するわけではなく、各ノードがファイルを保存し続ける仕組みを提供しています。これにより、1つのノードが使用できなくなっても、他のノードがファイルをホストし続けることができるようになります。

ただし、ノードに保存し続けてもらうために、少額ですが手数料を支払う必要があります。料金がかかってしまうため、大量のデータの保管にはあまり向いていません。

また、データを更新するとアクセスするためのURLも変わってしまうため、メタデータの更新が必要なときは注意をしてください。

▶スマートコントラクト

スマートコントラクト内にメタデータを保存することも可能です。この場合、データを保存・更新するときには毎回ガス代がかかります。

スマートコントラクトに直接メタデータを保存することを「オンチェーンに保存する」といいます。「オンチェーン」とは、「ブロックチェーン上」という意味であり、メタデータをブロックチェーン上に保存することを「オンチェーンに保存する」といいます。

NFTを購入するユーザーからすると、ブロックチェーン上にメタデータがあるため、スマートコントラクトで定義されていない限り勝手に書き換えられることがなく、運営への信頼が不要になります。また、ブロックチェーンに保存されているということは、誰かにデータを改ざんされてしまったり消えてしまうというリスクが軽減します。

Ⅲ 画像の保存

ここまではNFTのメタデータを中心的に取り上げてきましたが、NFTにおいては画像も重要です。メタデータ同様、画像の保存場所も大きく分けて次の3つがあります。

- Amazon S3などの静的ファイルをホスティングできるサービス
- IPFSやAreweaveなどの分散型ストレージサービス
- スマートコントラクト

「静的ファイルホスティングできるサービス」と「分散型ストレージサービス」についてはメタデータと同じように保存することができます。

スマートコントラクトの場合のみ、メタデータと異なる部分が存在します。
通常、メタデータの場合は膨大なデータをブロックチェーンに保存することは少ないです。NFTの名前やNFTの説明、画像のURL、属性情報など、限られた情報を保存しています。
一方、画像になると大きいデータを保存する場合が出てきます。高画質な画像などを保存するとなると、1回のトランザクションでブロックチェーン上にデータを保存できる容量を超えてしまうため、保存することが難しいです。
また、データを読み取るときにも、実際はかからないのですが、内部的にガス代の計算をしており、あまりに容量が多いとデータ読み取りの実行が失敗してしまいます。
このように、スマートコントラクトに画像データを保存する場合、画像データのサイズが大きく影響してくるため、効率的な圧縮方法やデコード・エンコードの仕組みの実装が必要になってきます。

COLUMN　運営への依存性

「スマートコントラクトであれば、メタデータがブロックチェーン上に保存されているため、運営への信頼が不要になる」とは述べたものの、必ずしもそうではありません。
たとえば、運営が「このNFTコントラクトが正式です」と言っているとします。これ自体は詐欺防止の観点から必要なことです。ただ、運営が新しくメタデータが同じNFTコントラクトを作成し、「今日からこちらが新しいNFTコントラクトです」と言ったとします。この場合、ブロックチェーン上ではどちらも運営から作成されたNFTコントラクトであり、メタデータもまったく同じなので違いがありません。
異なる点としては、運営による判断です。NFT保有者やそのNFTに注目しているユーザーとしては、運営からの発言は重要で自然と新しいNFTコントラクトの方に価値がつき始め、古いNFTコントラクトの方は価値が低下していきます。
このように、運営への依存は拭い去ることができません。もちろん中には運営という主体が存在しないようなプロジェクトも存在しますが、NFTプロジェクトとして伸ばしていくには運営の存在は大きいです。
新しい提案があった際は、NFT保有者による投票などにより誰か1人や数人による決定ではなく、できる限り分散化した仕組みでの運営を行っているNFTプロジェクトも多いです。
ここでは、NFTはブロックチェーンという分散的な技術を使用しているとはいえ、運営という主体が存在することを忘れないことを伝えたいです。また、運営がいること自体が悪いわけではなく、あくまで事実として理解して個人で判断することが重要です。

01
02 NFTの概要
03
04
05
06
07
08

COLUMN フルオンチェーン

NFTに限らず、フルオンチェーンという思想が存在します。フルオンチェーンとは、データをすべてブロックチェーン上で管理することを指します。ブロックチェーン上でデータを管理することで、データを誰かに改ざんされることや消えてしまうというリスクが極端に減ります。

NFTでも、メタデータやNFTの画像をブロックチェーン上に保存しているものが「フルオンチェーンNFT」と呼ばれています。データをすべてブロックチェーン上で管理することができれば、データの改ざんを防ぎつつ、データに透明性を持たせて信頼性を担保できます。

ただ、データをすべてブロックチェーン上に保存することは簡単ではなく、次のような課題が存在します。

- データ容量の限界
- ガス代
- クオリティ
- トランザクションの数

まずは一度に保存できるデータの容量に限界があることです。一度に保存できるデータ容量に限界があるのなら、分けて保存すればよいのではと思うかもしれませんが、それではガス代が膨大にかかってきます。無限にガス代を支払うことができれば、ブロックチェーン上にすべてのデータを保存できますが、現実的ではありません。また、これにより高画質の画像や容量が重いデータをブロックチェーン上に保存するのは難しいです。それに加え、データがブロックチェーンにあるため、更新の際は毎回トランザクションを実行する必要があります。これはユーザーからすると非常に不便です。そのため、フルオンチェーンでの実装は「NFT」や「BCG(Blockchain Game)」などの分野で開発は進められていますが、ドット絵やドット絵のゲームなどがほとんどです。

データをブロックチェーン上に保存することができればよいですが、現状(2024年12月)ではさまざまなハードルがあるという点と、ユーザーがフルオンチェーンを本当に望んでいるのかという観点から一部で盛り上がりを見せるに留まっています。

フルオンチェーンではなくても、ユーザーはさまざまなDAppsを使用したりBCGをプレイしたりしています。

むしろ、フルオンチェーンでないほうが高クオリティのサービスを提供できるため、理想ではありますがまだ技術的にも仕組み的にも課題があり発展途上な部分です。

代表的なフルオンチェーンNFTとして、「ROSE」という3Dデータをコントラクト内(ブロックチェーン上)直接管理しているプロジェクトがあります。

URL https://etherscan.io/address/0x3e743377417cd7ca70dcc9bf08fac55664ed3181#code

NFTプロジェクトの紹介

NFTを使用したプロジェクトをいくつか紹介します。

BAYC

BAYCは「Bored Ape Yacht Club」の略で、米国のNFT制作スタジオであるYuga Labsによって制作されました。Ape（類人猿）をモチーフにしたNFTプロジェクトで、体、頭、帽子、服を独自のアルゴリズムで組み合わせてユニークな画像を生成しています。

URL https://yuga.com/

URL https://boredapeyachtclub.com/

cryptopunks

cryptopunksは、2017年に発行された8ビットのドット絵のNFTプロジェクトです。Ethereumブロックチェーン上で発行された初期のNFTとして人気があります。

URL https://cryptopunks.app/

Pudgy Penguins

Pudgy Penguinsはペンギンをモチーフにした見た目で、おもちゃやフィギュアなども販売している人気NFTプロジェクトです。

URL https://pudgypenguins.com/

CryptoNinja

CryptoNinjaは、Ninjaをモチーフにした日本のNFTプロジェクトです。コミュニティが活発でアニメやゲーム、リアルグッズなど幅広くIP活用がされています。

URL https://www.ninja-dao.com/

Crypto Spells

Crypto Spellsは、ブロックチェーン技術を活用した日本のカードゲームプロジェクトです。カードがNFTになっています。

URL https://cryptospells.jp/

NFTのハッキング

1つのミスでNFTを盗まれてしまう可能性があります。本節では、NFTが盗まれる事例について紹介していきます。

SetApprovalForAll

NFT Marketplaceなどで使用される機能の1つです。「setApprovalForAll」は、「指定したアドレスに、自分が保有するNFTを操作できる権限を付与する」機能です（詳細は51ページ参照）。これの何が危ないかというと、指定したアドレスによって自分が保有するNFTを好きなように操作されてしまう点です。

たとえば、Aさんが管理しているEOAで保有しているNFTがある場合に、BさんのEOAアドレス（「B-1」）にAさんが保有するNFTの操作権限を付与します。

その後、Bさんは操作権限が付与されたアドレスである「B-1」アドレスから、自身が管理している別のアドレス「B-2」にAさんのNFTを勝手に送ることができてしまいます。この操作が成功すると、Aさんのアドレスが保有していたはずのNFTが、いつの間にかBさんのアドレス「B-2」の保有となってしまいます。

NFT Marketplaceとしては、信頼性を失うような操作は基本的に行いませんが、ユーザーが誤って偽のNFT Marketplaceサイトに訪れてしまい、先ほどの権限を付与する操作を行ってしまうことがよくあります。

これにより、自身が保有する「setApprovalForAll」を実行してしまったNFTコントラクト内のNFTをすべて盗まれてしまうといったことが起こりえます。

ユーザーを騙すためにサイトのURLを1文字変えただけのものや、不審なメールなどが頻繁に存在するため、Marketplaceの公式サイトやSNSアカウントに記載してあるURLやメールアドレスが一致するかを確認することが重要です。

CHAPTER 03

NFTの規格

EIPとは

EIPとは、Ethereum Improvement Proposalsの略称で、Ethereumへの改善提案のことを指します。Ethereumのチェーンとしてのアップデートもこの提案の中に含まれていて、「こんな実装どう?」「こんな仕組みどう?」など、さまざまな提案がされています。EIPには複数のカテゴリが存在し、この後で解説する「ERC」もそのカテゴリの中の1つです。提案自体は誰でも行うことができ、コミュニティとのやり取りや承認を通じて、さまざまなステップを踏みながら実装されていきます。

EIPには1つずつ番号が割り振られていて、番号が小さいほど古い提案になります。執筆時点(2024年12月現在)ではEIPの番号は7000番台なので、ERC721やERC20は初期の提案であることがわかります。

各EIPは規格と呼ばれていて、設計図のような役割をします。たとえば「NFTを作りたい!」となったとき、実装する手段は1つではありません。さまざまなアプローチでNFTを作成することができます。これ自体は何も問題ないのですが、さまざまなNFTを使用するマーケットプレイス(NFTを売買できるプラットフォーム)側としては困ります。なぜなら、それぞれのNFTの構造(スマートコントラクトの構造)が違うと、売買するときにどの機能を呼べばよいかわからなくなってしまいます。

そこで役立つのがERC721などの規格です。このERC721に準拠したコントラクトであれば、スマートコントラクトの設計が一定なため、どの機能を呼べばどんな処理が実行されるのかわかります。これにより、「ERC721形式のNFT取り扱っているMarketplaceです」と説明すればよくなり、個々のNFTのスマートコントラクト構造を気にする必要がなくなります。

このように何かを実装するときの設計図としてEIPは重要です。

筆者が執筆した記事で恐縮ですが、下記のサイトにEIPを日本語で説明した記事をまとめました。おそらく日本語で解説している記事の量としては1番だと思いますので、ぜひ気になったEIPの記事を読んでいただけると幸いです。

URL https://cardene.notion.site/EIP-2a03fa3ea33d43baa9ed82288f98d4a9

EIPの種類

EIPはいくつかのカテゴリに分類されています。

Standard Track

「Standard Track」は、Ethereum全体かほとんどの実装に影響を与える変更の提案です。プロトコルの変更やブロック、トランザクションの有効性に関するルールの変更、アプリケーション標準の提案などが含まれています。

▶Core

「Core」は、ハードフォークを必要とする提案です。ハードフォークでは、ブロックチェーンが分岐して異なる仕様のチェーンが生成されます。一般的に、新しいチェーンはアップグレードされた仕様を採用し、多くのユーザーやノードが新しいチェーンを支持する傾向がありますが、古いチェーンが存続する場合もあります(例:EthereumとEthereum Classic)。

▶Networking

「Networking」は、P2P通信プロトコル(Ethereumネットワーク内の各ノードが互いに直接情報をやり取りする仕組み)や軽量プロトコル(ブロックチェーン全体のデータを保持せず、必要な情報だけ保持する仕組み)、whisper(データの送受信)、swarm(分散型ストレージサービス)に関連する改善提案です。

▶Interface

「Interface」はAPI・RPCクライアントの仕様や標準に関連する改善の提案です。他にも、コントラクト内の新しいメソッドやABIの規格に関する提案も含まれます。

▶ERC

「ERC」はEthereum Request for Commentsの略称で、アプリケーションレベルでの提案です。NFT(例:ERC721、ERC1155)やFungible Token(例:ERC20)などのトークン標準、URIスキーム、ライブラリやパッケージ形式、アカウント抽象化(例:ERC4337)など、アプリケーションレベルでの提案が含まれます。

Meta

「Meta」は、Ethereumに関するプロセスの変更提案です。何らかの手順やガイドライン、意思決定プロセスの変更、Ethereum開発ツールや環境の変更などが含まれます。

Informational

「Informational」は、Ethereumの設計についてや、Ethereumコミュニティのガイドラインなどの提案です。

EIPのステータス

EIPでは提案開始からコミュニティに承認されるまで、次のようなフローでステータスが変わっていきます。

1 Idea

- 特定のテンプレートに沿って、GitHubに提案内容をまとめたEIPファイルを作成する。
  URL https://github.com/ethereum/EIPs/blob/master/eip-template.md
- その後、Ethereum Magiciansフォーラムという議論ができる場所に、EIPのリンクと提案内容をまとめて投稿し、フォーラムを見ているEthereumのコアな人たちとディスカッションする。
- ディスカッションの中で修正点などが出れば都度修正していく。

2 Draft

- EIPリポジトリにマージ。

3 Review

- EIPがレビューを求める準備が整った状態。

4 Last Call

- EIPが最終段階に進む確認。
- 14日間のレビュー期間が設定され、変更があった場合は「Review」段階に戻される。

5 Final

- EIPを変更できず、次のEthereumアップグレードに含める候補となる。

6 Stagnant

- 6カ月以上活動がないEIP。
- 再度以前のステータスからか、Draftに戻してアクティブ化することができる。

7 Withdrawn

- 提案者がEIPを取り消した状態。
- 再度提出する場合は新しいEIP番号で提出する。

8 Living

- 継続的に更新されるEIPでFinalに達しない提案。
- EIP1などが含まれている。

詳細については下記を参照してください。

URL https://eips.ethereum.org/EIPS/eip-1

1つここで補足しておきたいのが、「Finalにならないと使用していけないわけではない」という点です。

たとえば、ERCを利用して何らかの実装をするにあたって、使用できそうなトークン規格を探していたとします。ここで、「Finalにならないと安心できないから使用しない」と思いがちですが、実現したいことに対して適切なEIPがない場合、結局、1からコントラクトの設計をすることになります。

少なくともEthereumに詳しい人たちによってフォーラムで議論がされている「Draft」以上のEIPに関しては、1から実装するよりはセキュリティ観点で安心できる規格になっています。そのため、懸念点は考慮しつつも、実現したいことの参考実装として使用していくというのはむしろ適切な選択肢といえます。

「Finalにならないといけない」と思わず、ぜひすべてのEIPの中から実現したいことに使用できそうな規格を探してみてください。ただし、DraftやReviewステータスの規格を使用する場合は、まだ変更される可能性がある点に注意が必要です。そのため、規格の最新情報やフォーラムでの議論内容を確認した上で利用することをおすすめします。

ERC20

ERC20は、下記で提案されている、代替性トークンの標準規格です。

URL https://eips.ethereum.org/EIPS/eip-20

まさに通貨のように使用することができるトークン規格です。自分で何かしらの仮想通貨を作りたいとなったときは、基本的にこのERC20の規格に沿って作成されることがほとんどです。

また、ERC20を使用したさまざまな規格も存在するなど、幅広く活用されている規格になります。

機能

ERC20で提案されている機能について1つずつ紹介していきます。

▶name

`name` はERC20トークンの名前を取得する関数です。スマートコントラクトのデプロイ時に設定される値になります。

```
function name() public view returns (string)
```

▶symbol

`symbol` はERC20トークンのシンボルを取得する関数です。これも、スマートコントラクトのデプロイ時に設定される値になります。

```
function symbol() public view returns (string)
```

▶decimals

`decimals` はトークンをどこまで分割できるかの値を取得する関数です。たとえば、`8` という値の場合、小数点8桁（`0.00000001`）までトークンを分割できるということになります。ERC20トークンの場合は `18` までが使われていることが多いです。

```
function decimals() public view returns (uint8)
```

▶totalSupply

`totalSupply` は現在発行されているERC20トークンの総量を取得する関数です。

```
function totalSupply() public view returns (uint256)
```

▶balanceOf

`balanceOf` は `_owner` アドレスが保有しているERC20トークンの総量を取得する関数です。

```
function balanceOf(address _owner) public view returns (uint256 balance)
```

▶transfer

`transfer` は、関数実行アドレスから `_to` アドレスに `_value` 分のERC20トークンを送付する関数です。

```
function transfer(address _to, uint256 _value) public returns (bool success)
```

よくERC20コントラクトには `mint` や `burn` という機能があります。この機能はERC20には定義されておらず、この `transfer` 関数を拡張した機能になります。

`mint` 関数は、新規にトークンを発行する関数であり、0アドレスという特別なアドレスから特定のアドレスへERC20トークンが送付されます。この処理は、単純に0アドレスから特定のアドレスへの送付と言い換えることができます。

一方、`burn` 関数は、すでに発行されているERC20トークンを二度と誰も操作できないようにする関数であり、0アドレスという特別なアドレスにERC20トークンを送付します。この処理は、特定のアドレスから0アドレスへの送付と言い換えることができます。

このように、`mint` や `burn` は `transfer` 関数を拡張した機能になります。

▶transferFrom

`transferFrom` は、`_from` アドレスから `_to` アドレスに `_value` 分のERC20トークンを送付する関数です。

```
function transferFrom(address _from, address _to, uint256 _value)
    public returns (bool success)
```

`transfer` 関数との違いとしては、送り元アドレスを指定している点です。

「誰でも他のアドレスのERC20トークンを勝手に送付できてしまってはよくないのでは?」と思うかもしれません。この疑問は正しいです。

この関数の実行時に、下記の確認を行います。

- 関数実行アドレスが送り元アドレスと同じである場合、送付予定のERC20トークンを保有しているか?
- 関数実行アドレスが送り元アドレスと異なる場合、関数実行アドレスが送り元アドレスから送付予定のERC20トークンを送付する許可を与えられているか?

この確認を行うことで、勝手に自身が保有するERC20を送付されることが防止されます。

▶ approve

approve は、関数実行者アドレスに自身が保有するERC20トークンのうち _value 分のトークンを、_spender アドレスに送付する許可を与える関数です。

```
function approve(address _spender, uint256 _value)
    public returns (bool success)
```

たとえば、AアドレスがERC20トークンを50個保有しているとき、BアドレスにERC20トークンを30個「approve（許可を与える）」したとします。この処理の結果、BアドレスはAアドレスが保有するERC20トークンのうち、30トークンまでAアドレスの代わりに他のアドレスへ送付することができるようになります。

また、BアドレスがAアドレスの保有トークンを送付するときに使用する関数が transferFrom になります。

▶ allowance

allowance は _owner アドレスが _spender アドレスに、ERC20トークンをどれだけ「approve（許可を与る）」したかを取得する関数です。

```
function allowance(address _owner, address _spender)
    public view returns (uint256 remaining)
```

たとえば、AアドレスがERC20トークンを50個保有しているとき、BアドレスにERC20トークンを30個「approve（許可を与える）」したとき、この関数を実行すると「30」という値が取得できます。

Ⅲ イベント

コントラクト内の関数を実行した結果として、実行内容をオフチェーン（ブロックチェーン外）に通知したいときがあります。このときに使用されるのがイベントです。イベントを使用することで、指定したイベント名で処理結果や処理に使用したデータを通知することができます。オフチェーンではこのイベントの情報を取得することで、「処理が適切に実行されたか」「どんな処理結果になったか」などの情報を取得して別の処理を実行することができます。

▶ Transfer

Transfer はERC20トークンを送付したときに発行されるイベントです。transfer の機能を拡張している mint や burn 関数が実行されたときも発行されます。

```
event Transfer(address indexed _from, address indexed _to, uint256 _value)
```

▶ Approval

Approval は、特定のアドレスに自信が保有するERC20トークンを指定した量まで送付の許可を与えたときに発行されるイベントです。

```
event Approval(address indexed _owner, address indexed _spender, uint256 _value)
```

SECTION-012

ERC721

ERC721は、下記で提案されている、非代替性トークンの標準規格です。

URL https://eips.ethereum.org/EIPS/eip-721

NFTを作るときにはこの後で説明するERC1155とともによく使われてる規格です。ERC721の特徴としては、それぞれがユニークなtoken idを持っていることです。

token idとは、それぞれのNFTに割り振られている固有の値で、この値とスマートコントラクトのアドレスでユニーク性を担保しています。

機能

ERC721で提案されている機能について1つずつ紹介していきます。

▶balanceOf

`balanceOf` は `_owner` アドレスが保有するNFTの保有量を取得する関数です。

```
function balanceOf(address _owner) external view returns (uint256);
```

▶ownerOf

`ownerOf` は特定の `_tokenId` のNFTを保有しているアドレスを取得する関数です。

```
function ownerOf(uint256 _tokenId) external view returns (address);
```

▶transferFrom

`transferFrom` は、`_from` アドレスから `_to` アドレスに `_tokenId` のNFTを送付する関数です。token idを指定して、対応するNFTを送付します。

```
function transferFrom(address _from, address _to, uint256 _tokenId)
    external payable;
```

よくNFTコントラクトで `mint` や `burn` という機能があります。この機能はERC20には定義されておらず、この `transferFrom` 関数を拡張した機能になります。

`transferFrom` 関数とは別に `transfer` という関数が有名です。この2つの関数の違いとしては、NFTの送付元アドレスを指定しているかどうかです。`transfer` 関数では送付元アドレスを引数で受け取らず、関数を実行したアドレスからNFTを送付するようになっています。

`mint` 関数は、新規にトークンを発行する関数であり、0アドレスという特別なアドレスから特定のアドレスへNFTが送付されます。この処理は、単純に0アドレスから特定のアドレスへの送付と言い換えることができます。

一方、`burn`関数は、すでに発行されているNFTを2度と誰も操作できないようにする関数であり、0アドレスという特別なアドレスにNFTを送付します。この処理は、特定のアドレスから0アドレスへの送付と言い換えることができます。

このように、`mint`や`burn`は`transfer`関数を拡張した機能になります。

ちなみに、ERC721には`transfer`関数は定義されていません。理由は定かではありませんが、`transfer`の機能は`transferFrom`に集約できるからだと思っています。`transfer`関数は「関数実行アドレスから特定のアドレスへNFTを送付する」という機能で、`transferFrom`関数は「特定のアドレスから別のアドレスへNFTを送付する」という機能であるため、`transferFrom`を使用することでどちらの処理も実行することができます。

▶safeTransferFrom

`safeTransferFrom`は、`_from`アドレスから`_to`アドレスに`_tokenId`のNFTを送付する関数です。

```
function safeTransferFrom(address _from, address _to, uint256 _tokenId)
    external payable;
```

`transferFrom`関数との違いとしては、送り先アドレスがスマートコントラクトの場合、NFTを送付する機能を備えているか確認をする点です。

NFTの送付前に`onERC721Received`という関数を送り先のスマートコントラクトから呼び出します。`onERC721Received`関数は、「このコントラクトがERC721形式のNFTを受け取れるか」を確認するための関数です。この関数が正しい値(`0x150b7a02`)を返す場合にのみ、NFTが送付されます。この仕組みにより、NFTが誤って取り出せなくなるリスクを防ぎます。

URL https://github.com/OpenZeppelin/openzeppelin-contracts/blob/v5.0.1/contracts/token/ERC721/utils/ERC721Holder.sol

具体的には、`bytes4(keccak256("onERC721Received(address,address,uint256,bytes)"))`という値(`0x150b7a02`)になるため、送付先のスマートコントラクトから返された値と`0x150b7a02`が一致するか確認します。

このとき、次のパターンが想定されます。

1. 送り先のスマートコントラクトに「onERC721Received」関数が実装されていない。
2. 送り先のスマートコントラクトに「onERC721Received」関数が実装されていて、「0x150b7a02」が返される。
3. 送り先のスマートコントラクトに「onERC721Received」関数が実装されていて、「0x150b7a02」以外の値が返される。

この場合、2のときのみ、safeTransferFrom 関数が実行されます。これにより、NFTの送付ができるスマートコントラクトかEOAアドレスにしかNFTが送付されないため、NFTが取り出せなくなることがなくなります。

スマートコントラクトはトランザクションを起こすことができません。そのため、NFTの送付機能がないスマートコントラクトに間違って送ってしまうと、二度とそのスマートコントラクトからNFTを他のアドレスに送付することができなくなります。これを未然に防ぐ機能を実装しているのが、safeTransferFrom 関数です。

ERC721には、引数が異なる safeTransferFrom 関数が存在します。 safeTransferFrom(address _from, address _to, uint256 _tokenId, bytes data) という関数で、4つ目の引数に data という値が入っています。

```
function safeTransferFrom(
    address _from,
    address _to,
    uint256 _tokenId,
    bytes data
) external payable;
```

この data は何かというと、追加処理を実行する機能です。NFTの送付を行う前後で別の処理をNFTコントラクトで実装している場合、この data に追加実装に必要な値を格納します。 safeTransferFrom でNFT送付以外の機能を実装しているときに使用される拡張機能です。

▶approve

approve は、_approved アドレスに関数実行アドレスが保有している _tokenId のNFTを操作できる権限を付与する関数です。

```
function approve(address _approved, uint256 _tokenId) external payable;
```

NFTの操作権限を付与するとき、1つのtoken idにつき1つのアドレスまでしか付与できません。

```
mapping(uint256 tokenId => address) private _tokenApprovals;
```

そのため、approve 関数を実行するたびに、現在操作権限が付与されているアドレスからは操作権限が外れることになります。

01 02 03 NFTの規格 04 05 06 07 08

▶setApprovalForAll

`setApprovalForAll` は `_operator` アドレスに、関数実行アドレスが保有しているすべてのNFTを操作できる権限を付与・削除する関数です。

```
function setApprovalForAll(address _operator, bool _approved) external;
```

`approve` 関数だと1つずつしかNFTの操作権限の付与ができませんが、この関数を使用すると一括で操作権限の付与・削除ができます。特にNFT Marketplaceなどでよく使用される機能です。

NFT Marketplaceでは、特定のアドレスが保有するNFTを売買できるように、特定のアドレスが保有するすべてのNFTの操作権限を付与して、よりスムーズな取引を行っています。

仮に、NFT Marketplaceが `setApprovalForAll` を実行していないと、NFTを出品するたびに `approve` 関数を実行する必要があり、余分なガス代がかかります。一方、`setApprovalForAll` を実行していると、1回のガス代で済みます。

ちなみに `setApprovalForAll` は、次のように特定のアドレスに `true` ／ `false` 形式で権限を付与するため、`setApprovalForAll` 実行後に取得したNFTに関しても、`setApprovalForAll` 対象のアドレスには操作権限が付与される形になります。

```
mapping(address owner => mapping(address operator => bool))
    private _operatorApprovals;
```

▶getApproved

`getApproved` は `_tokenId` のNFTの操作権限を持つアドレスを取得する関数です。

```
function getApproved(uint256 _tokenId) external view returns (address);
```

▶isApprovedForAll

`isApprovedForAll` は、`_owner` アドレスが保有しているNFTの操作権限が `_operator` アドレスに付与されているか取得する関数です。

```
function isApprovedForAll(address _owner, address _operator)
    external view returns (bool);
```

Ⅲ イベント

関数の実行内容をオフチェーン（ブロックチェーン外）に通知するためのイベントについて説明します。

▶ Transfer

`Transfer` はNFTの送付が実行されたときに発行されるイベントです。

```
event Transfer(
    address indexed _from,
    address indexed _to,
    uint256 indexed _tokenId
);
```

▶ Approval

`Approval` は、`_owner` アドレスが保有している `indexed` のNFTの操作権限が `_approved` アドレスに付与されたときに発行されるイベントです。

```
event Approval(
    address indexed _owner,
    address indexed _approved,
    uint256 indexed _tokenId
);
```

▶ ApprovalForAll

`ApprovalForAll` は `_owner` アドレスが保有しているすべてのNFTの操作権限を `_operator` アドレスから付与・削除したときに発行されるイベントです。

```
event ApprovalForAll(
    address indexed _owner,
    address indexed _operator,
    bool _approved
);
```

ERC1155

ERC1155は、下記で提案されている、セミファンジブルトークンの標準規格です。

URL https://eips.ethereum.org/EIPS/eip-1155

セミファンジブルとは、代替性トークン(ERC20)と非代替性トークン(ERC721)の特徴を併せ持つトークンです。

ERC1155では、token idという値で各NFTが管理されていて、各token idを複数発行することができます。

ERC721のときは、各token idを1つずつしか発行することができませんでした。しかし、ERC1155では同じtoken idを持つNFTを複数発行することができ、各token idごとにERC20トークンのような扱いをすることができます。

このように、ERC20とERC721の特徴を併せ持つことができるのERC1155の大きな特徴です。

機能

ERC1155で提案されている機能について1つずつ紹介していきます。

▶safeTransferFrom

`safeTransferFrom` は、`_from` アドレスから `_to` アドレスに `_id` のNFTを `_value` 分だけ送付する関数です。

```
function safeTransferFrom(
    address _from,
    address _to,
    uint256 _id,
    uint256 _value,
    bytes calldata _data
) external;
```

ERC721の `safeTransferFrom` とは異なり、`_value` という値が存在します。同じメタデータを持つNFTを `_value` 分だけ別のアドレスに送付できることがわかります。

▶safeBatchTransferFrom

`safeBatchTransferFrom` は、`_from` アドレスから `_to` アドレスに `_id` で指定された複数のNFTを `_value` ずつ分だけ送付する関数です。特定のアドレスに複数のNFTをまとめて送付することができる関数になります。

```
function safeBatchTransferFrom(
    address _from,
    address _to,
    uint256[] calldata _ids,
    uint256[] calldata _values,
    bytes calldata _data
) external;
```


`_ids` の配列と `_value` の配列は同じ要素数である必要があり、実行するときは同じindex番号の要素のデータを元にNFTを送付します。たとえば、`_ids` が `[1, 2, 3]` で `_value` が `[3, 2, 1]` のときは次のようになります。

- token id「1」のNFTを3つ送付。
- token id「2」のNFTを2つ送付。
- token id「3」のNFTを1つ送付。

まとめてNFTを送付したいときに便利な関数になります。

▶balanceOf

`balanceOf` は `_owner` アドレスが保有している `_id` のNFTの量を取得する関数です。

```
function balanceOf(address _owner, uint256 _id)
    external view returns (uint256);
```

▶balanceOfBatch

`balanceOfBatch` は、`_owners` で指定されている複数のアドレスが保有している `_ids` の各NFTの保有量を取得する関数です。

```
function balanceOfBatch(
    address[] calldata _owners,
    uint256[] calldata _ids
) external view returns (uint256[] memory);
```

この関数は `_owners` 配列と `_ids` 配列の要素数が同じである必要があり、同じindex番号のデータをもとに処理をしていきます。たとえば、`_owners` が `["0x123", "0xabc", "0xdef"]` で `_ids` が `[1, 2, 3]` のときは次のようになります。

- 「0x123」アドレスが保有している、token id「1」のNFTの量を取得。
- 「0xabc」アドレスが保有している、token id「2」のNFTの量を取得。
- 「0xdef」アドレスが保有している、token id「3」のNFTの量を取得。

▶ setApprovalForAll

setApprovalForAll は、関数実行アドレスが保有するすべてのERC1155形式のNFTの操作権限を _operator アドレスに付与・削除する関数です。

```
function setApprovalForAll(address _operator, bool _approved) external;
```

_operator アドレスは、所有者の代わりにNFTを別のアドレスに送付することなどができるようになります。 _approved では true ／ false の値を指定することができ、true のときは操作権限を付与し、false のときは操作権限を削除します。

▶ isApprovedForAll

isApprovedForAll は、_owner アドレスが保有しているNFTの操作権限を _operator アドレスに付与しているかどうかを取得する関数です。

```
function isApprovedForAll(address _owner, address _operator)
    external view returns (bool);
```

イベント

関数の実行内容をオフチェーン（ブロックチェーン外）に通知するためのイベントについて説明します。

▶ TransferSingle

TransferSingle は、safeTransferFrom 関数を実行して単一の _id のNFTを送付したときに発行されるイベントです。 _operator アドレスは関数実行アドレスです。

```
event TransferSingle(
    address indexed _operator,
    address indexed _from,
    address indexed _to,
    uint256 _id, uint256 _value
);
```

▶ TransferBatch

TransferBatch は、safeBatchTransferFrom 関数を実行したときに発行されるイベントです。 _operator アドレスは関数実行アドレスです。

```
event TransferBatch(
    address indexed _operator,
    address indexed _from,
    address indexed _to,
    uint256[] _ids,
    uint256[] _values
);
```

▶ ApprovalForAll

`ApprovalForAll` は、`setApprovalForAll` 関数が実行され、`_owner` アドレスが保有するNFTの操作権限 `_operator` アドレスに付与・削除されたときに発行されるイベントです。

```
event ApprovalForAll(
    address indexed _owner,
    address indexed _operator,
    bool _approved
);
```

▶ URI

`URI` は、token idごとのURIが変更されたときに発行されるイベントです。

```
event URI(string _value, uint256 indexed _id);
```

ERC721の拡張機能

ERC721にはいくつか拡張機能が存在します。必須の拡張機能とオプションの拡張機能があり、作成したいNFTコントラクトによって使用すると便利です。

ERC721TokenReceiver

`ERC721TokenReceiver` はNFTを受け取るコントラクト内で実装必須の機能です。「このスマートコントラクトはERC721形式のNFTの送付を行うことができます」ということを示す `onERC721Received` 関数を実装しています。 `safeTransferFrom` 関数の実行時に、NFTの送付先がスマートコントラクトの場合にそのスマートコントラクトが `onERC721Received` 関数が実装されいて、適切な値が返ってくるかを確認するときに使用される機能になります。

適切な値とは次のような値を指していて、この値が返された場合にのみ `safeTransferFrom` 関数が実行されます。

```
bytes4(keccak256("onERC721Received(address,address,uint256,bytes)"))
```

ERC721Metadata

`ERC721Metadata` はNFTに関する情報を取得する機能を備えたスマートコントラクトです。このスマートコントラクトの実装は任意です。

▶name

`name` はNFTの名前を取得する関数です。「NFTの名前」とは、正確にはNFTコレクションの名前のことです（例：Dev DApps NFT）。

```
function name() external view returns (string _name);
```

▶symbol

`symbol` はNFTのシンボルを取得する関数です。NFTのシンボルは文字列であれば何でも設定することができますが、多くは大文字でNFTコレクションの名前を省略した名前にすることが多いです（例：DDN（Dev DApps NFT））。

```
function symbol() external view returns (string _symbol);
```

▶tokenURI

`tokenURI` は `_tokenId` のNFTのメタデータを取得する関数です。

```
function tokenURI(uint256 _tokenId) external view returns (string);
```

ERC721Enumerable

ERC721Enumerableは、NFTの保有量や発行量を管理しやすくするための拡張規格です。この規格を実装することで、NFTコントラクトに保有者ごとのNFT一覧や全体の発行数を取得する機能が追加されます。

▶totalSupply

`totalSupply` はコントラクトが管理している発行されているNFTの総量を取得する関数です。

```
function totalSupply() external view returns (uint256);
```

▶tokenByIndex

`tokenByIndex` は、発行されているNFTを配列で管理し、インデックス番号で特定のNFTのtoken idを取得する関数です。

▶tokenOfOwnerByIndex

`tokenOfOwnerByIndex` は、特定のアドレスが保有するNFTを配列で一覧で管理し、特定のインデックスに格納されているtoken idを取得する関数です。

ERC721A

「ERC721A」は、ERCとして提案されている規格ではなく、ERC721を拡張して提案されている仕組みになります。AzukiというNFTプロジェクトのチームが提案しています。

特徴としては、NFTをまとめてMintするときにガス代を低くすることができる機能を提供しています。「NFTをまとめてmintする」というのは、mint処理を1トランザクションで複数実行する関数を追加するということです。これによりガス代の削減になります。

前節で紹介した `ERC721Enumerable` は、たとえば `tokenId` が「1」～「5」のNFTを一括mintした場合に、下図のようにすべての `tokenId` とそのNFTの保有者を記録しています。

◉1つひとつ所有者に紐付く

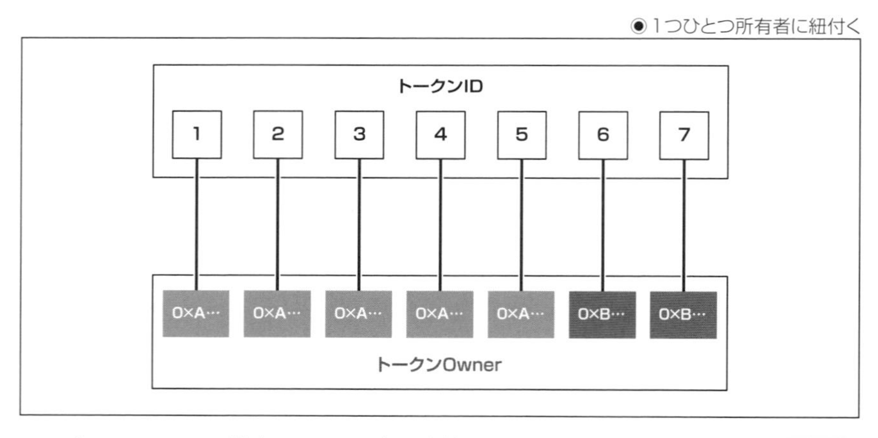

一方、ERC721Aの場合は下図のように連続してNFTをmintした場合、先頭の `tokenId` のみアドレスを紐付け、2つ目以降は先頭の `tokenId` の情報を参照するようにします。

◉一部のNFTのみ所有者に紐付く

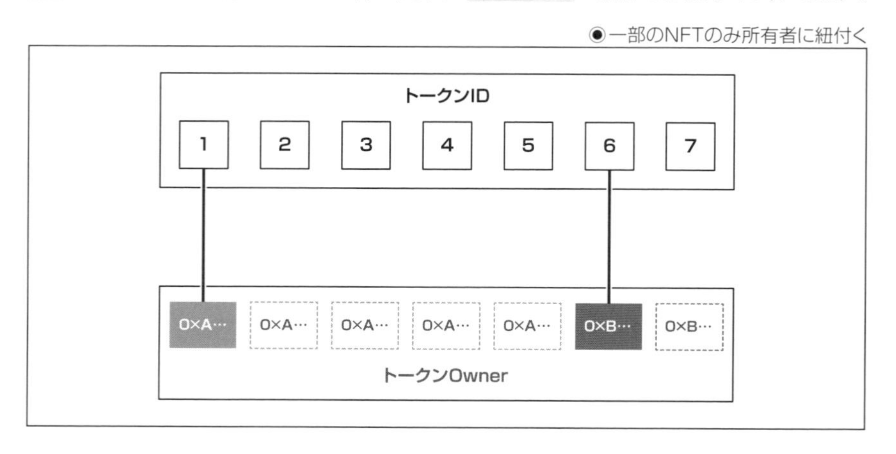

どのように情報を参照するかというと、NFTを5つmintしたとする場合、まず `tokenId` が「1」のNFTをキーにしてトークンの情報を配列で管理します。トークンの情報内には「連続したtokenIdの管理をしているか」というデータをbool値で管理しています。

特定の `tokenId` の所有者情報を確認するには、現在発行されている一番大きい値の `tokenId` から調べていき、先ほどの配列に情報が格納されているか確認します。

今回は `tokenId` が「1」のNFTの情報しか格納していないため、`tokenId` が「2」〜「5」のNFTの確認はスキップされます（データが保存されていないため）。

`tokenId` が「1」のNFTの情報を確認することで、NFTの保有アドレスが確認できます。

NFTを送付するときは、送付するNFTのtokenIdの所有者情報を更新します。下図のように、`tokenId` が「3」のNFTを別のアドレスに送付したとします。

●NFTを他の人に送る

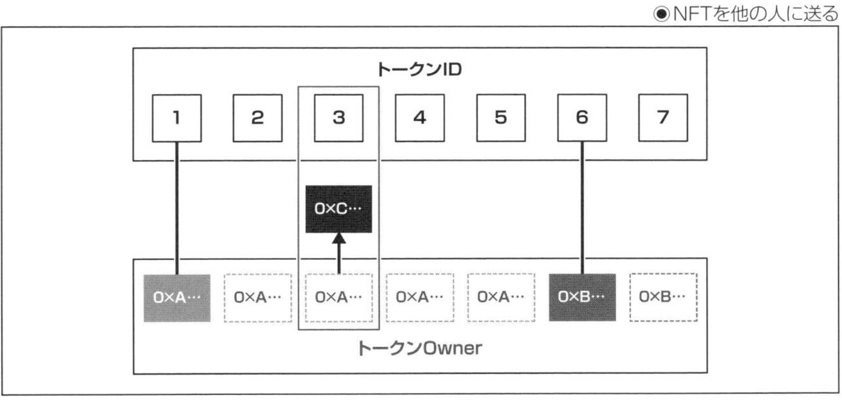

`tokenId` が「3」のNFTをキーに、先ほど同様配列内で保有アドレスなどの情報を格納します。

ここで `tokenId` が「4」のNFTの保有アドレスを確認するときは、先ほど同様発行されているNFTの `tokenId` が一番大きい値から配列に情報が格納されているかを確認します。

`tokenId` が「3」のNFTのときに情報が確認できますが、この情報では「連続したtokenIdを管理していない」と記録されているため、`tokenId` が「4」のNFTの情報は管理していないことがわかります。

そのまま確認していくと、最終的に `tokenId` が「1」のNFTの情報に行き着き、NFTの所有アドレスを取得できます。

少し複雑ですが、ERC721Aではこのようにして最初の `tokenId` に保有者の情報を記録し、連続する `tokenId` はその情報を参照するように設計されています。これにより、すべての `tokenId` に個別の保有者情報を記録する必要がなくなり、トランザクションの効率が向上してガスコストを削減する仕組みを提供します。

ERC2981

ERC2981はNFTにロイヤリティを導入することができる規格です。

ロイヤリティとは、NFTの売買時にNFTの作成者や発行者に売上の一部を支払う機能です。これにより、クリエイターが継続的に収入を得ることができる仕組みを実現できます。

NFTコントラクト自体に導入し、デプロイのタイミングで売上の何%をどのアドレスに送るかを指定します。NFTの売買時には、売買を行うコントラクトから「売上の何%をどのアドレスに送るか」という情報をNFTコントラクト側に取得しにきてもらい、その情報をもとに売上の一部を設定したアドレスに送ってもらいます。

ただ、ERC2981の欠点としては、NFTマーケットプレイスなどの、NFTを売買できるサービスのコントラクト側で対応をしてもらう必要がある点です。仮にマーケットプレイスでERC2981の対応がされていない場合は、ロイヤリティが適用されないという欠点があります。この点を考慮し、プロジェクトで採用するかを判断する必要があります。

SECTION-017

ERC721C

ERC721Cは、ERCとして提案されている規格ではなく、ERC721を拡張して提案されている仕組みになります。ERC721CにはNFTの送付を行えるアドレスを制限する仕組みが実装されています。Ethereumには、「EOA」と「コントラクト」という2つのアドレスが存在します。EOAの場合は制限が適用されないですが、コントラクトの場合には事前に登録されたアドレスでないと、NFTの受け取りや送付ができない仕組みになっています。制限にもレベルがあり、レベルを高く設定するほど制限が強くなっていきます。

ERC721Cの活用場面としては、ロイヤリティの強制化というものがあります。ロイヤリティというのは、NFTの売買時にNFTのクリエイターや発行者に売り上げの一部を渡すという仕組みです。しかし、NFTマーケットプレイスには売買を行うためのコントラクトがあり、そのコントラクトにロイヤリティを支払う機能がないと受け取ることができません。

「NFTコントラクトでNFT送付時にロイヤリティを支払うようにすればよいのでは?」と思うかもしれません。もしNFTの送付のたびにロイヤリティを支払うようにすると、NFTを自分のアドレスから自分のアドレスに送付したり、NFTを誰かにプレゼントするときにもロイヤリティを支払わないと送付できなくなってしまいます。これは、NFTを使用する上で非常に不便になってしまうため、ロイヤリティは受け取れるようになりますがUXは下がってしまいます。

そこで、ERC721Cを使用することで、やり取りできるコントラクトを制限し、ロイヤリティの機能を実装しているコントラクトとのみやり取りできるようにすることで、NFTの売買時のみロイヤリティを受け取れるようになります。

補足ですが、個人間でNFTの売買を行うときなどはロイヤリティを受け取ることができません。たとえば、AというアドレスがBというアドレスに0.1ETHを送金し、送付を確認したらNFTを送るという場合、EOA同士のやり取りなのでERC721Cの管理外となります。

COLUMN　EOAとコントラクトの判別

コントラクト内で特定のアドレスがEOAかコントラクトかをどのように判別しているかを簡単に説明します。

一言で説明すると、「アドレスの中にコードが存在するか」で判別しています。

EOAはコードを保有していないため、アドレスの中のコードの長さを確認すると必ず「0」になっています。これを利用して、コードの長さが「0」のときはEOAで、「1」以上のときはコントラクトという判別をしています。

ERC3525

ERC3525は、セミファンジブルトークンと呼ばれるトークン規格です。セミファンジブルトークンとは、ファンジブル（ERC20トークンのように代替性を持つ）とセミファンジブル（ERC721トークンのように非代替性を持つ）の両方の特徴を併せ持つトークンです。

ERC1155もセミファンジブルトークンなので、仕組みは似ている部分があります。

ERC3525の重要な要素

ERC3525の重要な要素は、「ID」「Value」「Slot」の3つです。

▶ID

トークンを一意に識別するための値を示します。

▶Value

IDごとのトークンの量を示します。何らかのポイントとして扱ったり、「攻撃力」や「HP」などのパラメータとして活用することもできます。

▶Slot

トークンが所属するカテゴリやグループ名を示します。

具体例

3つの要素を使用して具体例を見ていきます。

◉社員証の例

要素	内容
ID	社員ID番号
Value	社員ごとに保有しているポイント
Slot	社員が所属する部署

◉PRGのアイテムの例

要素	内容
ID	アイテムごとのユニーク番号
Value	武器の攻撃力や防具の防御力などの値
Slot	武器か防具かなどのカテゴリ

このようにファンジブルとノンファンジブルの仕組みを利用することで、トークンの活用の幅が広がる規格になっています。

ERC6551

ERC6551はNFTの規格ではなく、NFTの関連規格になります。

ERC6551は、発行されるNFTごとに紐付くコントラクトで、「token bound accont（TBA）」と呼ばれており、ERC721形式のNFTやERC1155形式のNFT、ERC20形式のトークンの送受信ができます。これにより、NFTが他のNFTやトークンを保有することができるようになり、TBAの操作権限は、紐づいているNFTの保有アドレスになります。そのため、NFT保有者であれば、TBAの中のNFTやトークンを別アドレスに送付することができ、NFTの保有者が変わるとTBAの操作権限も自動で変わります。

もう少し仕組みの部分を詳しく説明すると、まずTBAを作成するときに次の情報を使用して作成していきます。

- NFTコントラクトアドレス
- NFTのtokenId
- チェーンID
- 任意データ

これらの情報をもとにコントラクトアドレスが決定します。そのため、コントラクトアドレスを取得したいときは、同じ情報を渡すことで取得ができるようになっています。

また、TBA内のNFTやトークンを送付するときは、署名済みの実行情報をexecuteという関数に渡すことで実行ができます。このとき、送付したいNFTやトークンを保有しているかのチェックが行われます。

使用場面としては、たとえば特定のNFTを現在保有しているアドレスに別のNFTを送りたいとします。通常、どこかの時点でスナップショットといって、NFTの保有アドレスの一覧を記録して、その情報をもとにNFTを配布する必要があります。

しかし、TBAに送る場合はNFTの保有アドレスを気にする必要がなく、単純にTBAアドレスに対してNFTを送付すれば、実質NFT保有者に送ったことになります。

ただ、気をつけるべき点があります。

たとえばNFTの売買をするときに「支払い確認→NFT送付」という流れになりますが、支払い確認後TBAの中のNFTやトークンを別のアドレスに送付し、その後、NFTを送付してしまうと、TBAの中も含め購入したつもりがTBAの中は空っぽという状態になりかねません。

この点を気を付けながらTBAの実装をする必要があることは覚えておいてください。

ERC404

ERC404もERC721とERC20を組み合わせたような仕組みで、ERC20の発行量に合わせてERC721の発行が増減される仕組みになっています。

仕組みの説明に入る前に1つ注意が必要な点があります。ERC404はあくまで勝手に名乗っているだけで正式にEIPのフローに沿って提案された規格ではありません。ただ、ERC404（DN404）で広まってしまったため、わかりやすさを重視してERC404としていますが、勝手に名乗っていることだけは認識しておいてください。

仕組みの話に戻ります。

ERC404では、まずERC20トークンの発行をしていきます。この発行時に、特定のアドレスが保有するERC20トークンの量が一定数を超えると、ERC721形式のNFTが自動で発行されます。逆にERC20トークンを別のアドレスに送付したりburnしたりして、トークン保有量が一定数を下回ると自動でNFTがburnされます。NFTがmintされたりburnされる閾値はデプロイのタイミングで指定します。

また、1つだけNFTが発行されるわけではなく、閾値の倍数ごとに1つ発行されます。たとえば、閾値が「3」のとき、ERC20トークンを4つmintすると、自動でNFTが1つmintされます。

- ERC20：4
- ERC721：1

さらに、ERC20トークンを5つmintすると、ERC20トークン保有量が9になるので、NFTが2つmintされます。

- ERC20：9
- ERC721：3

次にERC20トークンを3つburnすると、ERC20トークンの保有量が6つになるので、NFTが自動で1つburnされます。

- ERC20：6
- ERC721：2

今度はERC721を送付してみます。そうすると、閾値分のERC20トークンがburnされます。

- ERC20：3
- ERC721：1

このように、常にERC20トークンとNFTが連動して動作します。

ERC4907

ERC4907はERC721形式のNFTをレンタルすることができる規格です。NFTを保有しているアドレスが、特定のアドレスに対して「user」というロールを付与します。このとき、有効期限を設定することもできます。

この「user」ロールを付与されたアドレスは、指定した有効期限内でNFTを利用できます。たとえば、ゲーム内アイテムとしてのNFTを一時的に貸し出す仕組みや、イベントチケットとして使用期間を制限するケースなどで活用されます。

「user」ロールを付与されたアドレスがどんなことができるかや、具体的な処理はここのプロジェクトごとに実装したり、オフチェーン側（ブロックチェーン外）で実装をしていきます。

ただ、あくまでレンタルなので、「user」ロールを付与されたアドレスが勝手にNFTを送付したりはできません。

ERC5006

ERC5006はERC1155形式のNFTをレンタルすることができる規格です。

ERC4907と似ている規格で、こちらも特定のアドレスに対してtokenIdやトークン量、有効期限を設定した「user」ロールを付与します。これにより、「user」ロールが付与されたアドレスに対して、できることを設定できるようになります。

ERC4907のERC1155対応版という認識で問題ないです。

ERC5192

ERC5192は、NFTを送付できなくする仕組みを実装している、Soulbound token（SBT）と呼ばれる規格です。

NFTのtransfer機能が無効になっており、一度mintされたNFTを別のアドレスに送付することができなくなっています。これにより、会員権や卒業証書など、他の人の手にわたらせたくないものをNFTで表現できるようになっています。

COLUMN 0アドレス

0アドレスと呼ばれる特別なアドレスがあります。このアドレスは次のようにすべてが0の16進数で形式で表されます。

```
0x0000000000000000000000000000000000000000
```

このアドレスは誰にも操作することができないアドレスで、このアドレスに送付された資金やトークンは二度と取り出すことができません。そのため、「burn」などの処理でこのアドレスに送り、二度と扱えなくなるようにします。また、「mint」のときはこの0アドレスから発行されます。

COLUMN NFTの送付

NFTの送付について深堀していきます。

NFTを送付するとき、NFTコントラクト内に実装されている`transfer`や`transferFrom`などに送付先のアドレスとtoken idを指定して実行します。そのため、特定のNFTを送付するときは、そのNFTを発行したスマートコントラクト内の送付関数を実行する必要があります。

また、各NFTはtoken idという値を持っているため、「スマートコントラクト+token id」で一意の値を保証でき、送付するNFTが判別できます。

CHAPTER 04

DAppsの概要

DAppsとは

DApps(ダップス)とは、「Decentralized Applications(分散型アプリケーション)」の略称です。DAppsは次のような特徴を持ちます。

- スマートコントラクト
- 改ざん耐性
- 透明性
- 分散性

1つずつ特徴について説明していきます。

スマートコントラクト

DAppsの大きな特徴の1つとして、スマートコントラクトを使用している点が挙げられます。スマートコントラクトとは、ブロックチェーン上で実行されるプログラムのことです。スマートコントラクトは、特定の条件が満たされると自動的に実行されるプログラムで、誰でも実行することができます(詳細はCHAPTER 05参照)。

また、基本的にコードは公開されているため、誰でも閲覧・利用・監査を行うことができます。コードが公開されていない場合でもスマートコントラクトのバイトコードは公開されているため、コントラクト内の構造をある程度推測することができます。

改ざん耐性

DAppsはブロックチェーンを使用しているため、一度ブロックチェーンに記録されたデータを改ざんすることは、前述した通り非常に困難な仕組みになっています。これにより、誰かが過去のデータを改ざんするなどのことができないため、ブロックチェーンに保存したデータの信頼性が高まります。

透明性

DAppsはブロックチェーンを使用しているため、誰でもデータの閲覧や利用をすることができます。たとえば、データの更新があった場合は、誰でもそのデータを確認することができます。

分散性

DAppsは特定のサーバーに依存せずに、ネットワーク上の複数ノードによって管理されています。そのため、1つのノードがダウンしても、システム全体が停止することなく稼働し続けることができます。

また、中央管理者が存在しないため、攻撃や障害に対しての耐性が高くなり外部からの不正アクセスや不正な操作によるシステムの停止リスクが低いです。

DAppsの構成要素

DAppsは次の要素で構成されています。

- スマートコントラクト
- ブロックチェーン
- ウォレット
- フロントエンド
- バックエンド
- DB

1つずつ構成要素について説明していきます。

スマートコントラクト

DAppsはスマートコントラクトを中心に構成されています。スマートコントラクトを使用して、NFTの発行や送付を行ったり、さまざまなデータを管理します。

NFTに限らずさまざまな処理を実装できるため、DAppsの要件によって複雑な処理を実装したり、すでに存在するコントラクトの一部処理を変更することも可能です。

ブロックチェーン

ブロックチェーンを使用して、さまざまなデータを保存します。主にスマートコントラクトからデータの保存が行われます。

また、ブロックチェーン上に保存されているデータをDApps内で使用します。たとえば、「特定のアドレスがNFTを保有しているか」や「特定のアドレスがどのくらいのNFTを保有しているか」などのデータです。

ウォレット

ユーザーが保有しているアドレスを管理できるツールがウォレットです。このウォレットをDAppsに接続して、トランザクションを実行することができます。

ウォレットを使用することで、ユーザーが簡単にDAppsとやり取りすることができるため、DApps側はウォレットとの接続やウォレットからトランザクションを実行する機能の実装をする必要があります。

フロントエンド

フロントエンドアプリケーションを実装する必要があります。主にユーザーが操作する部分で、通常のアプリケーションの機能に加え、スマートコントラクトやブロックチェーンとやり取りする機能の実装を行います。具体的には、ウォレットとの接続やスマートコントラクトの機能を実行するなどです。

バックエンド

バックエンドは、必ず必要な部分ではないですが、DAppsの要件によっては必要になる部分です。

たとえば、運営が管理しているアドレスからトランザクションを実行する必要があるとき、フロントエンドに秘密鍵などのデータを含めてしまうと他のユーザーから見えてしまうため、バックエンドに機能を実装するなどが挙げられます。

DB

DBも必ずしも必要な部分ではありません。

スマートコントラクトを経由して、ブロックチェーン上にさまざまなデータを保存していますが、すべてのデータをブロックチェーン上に保存することは現実的ではありません。理由としては、ブロックチェーン上にデータを保存するには手数料がかかるためです。

データの保存のたびにユーザーに手数料を支払わせるのはUXが悪いため、ブロックチェーン上に保存する必要がないデータはDBに保存することが推奨されます。たとえば、オンチェーンでは信頼性が重要なデータ（取引記録や所有権情報）を保存し、オフチェーンでは動的データや大量のデータ（画像、詳細なユーザーログなど）を保存することで効率的な設計が可能です。

DApps開発に必要なツール

DApps開発においてはさまざまなツールを使用します。本節では各ツールについて1つずつ紹介していき、DApps開発をする上で何が必要か理解できるようにします。

コントラクト開発ツール

EVM(Ethereum Virtual Machine)互換のブロックチェーン上で、スマートコントラクトを開発するときによく使用されている開発ツールは大きく2つあります。

- Hardhat
- Foundry

基本的な機能は同じですが、Foundryの大きな特徴は標準でテストコードをSolidityで記述できる点です。HardhatではJavaScriptでテストコードを書いたり、プラグインやライブラリを追加することでSolidityでテストを書くことは可能ですが、Foundryはこれをネイティブにサポートしています。また、Foundryは高速なコンパイルと実行が可能で、大規模なプロジェクトでも効率的にテストを行えるように設計されています。

ベースの環境をHardhatで作成し、そこにFoundryを組み合わせてテストコードをSolidityで書いて両方使用する場合もあります。

他にもScaffold-ETHという開発ツールも存在します。Scaffold-ETHはHardhatやFoundryの開発環境を作成しつつ、フロントエンドも提供します。

HardhatやFoundryは通常、1から立ち上げて、自分で色々設定する必要があります。しかし、Scaffold-ETHを使用すると使いやすい設定がされた状態でHardhatやFoundryの開発環境を立ち上げることができます。また、フロントエンドも合わせて提供していて、デプロイしたスマートコントラクトを簡単に実行できる機能を提供しています。

もちろん自身で好きなようにカスタマイズもできるため、筆者としてはScaffold-ETHの使用をおすすめします。

RPCノード

ブロックチェーンにおいて、RPCノードはブロックチェーン上のデータを読み込んだり、スマートコントラクトの実行や送金などのトランザクションを送信できる機能を提供しています。

●ユーザーがDAppsからトランザクションを実行するまでの流れ

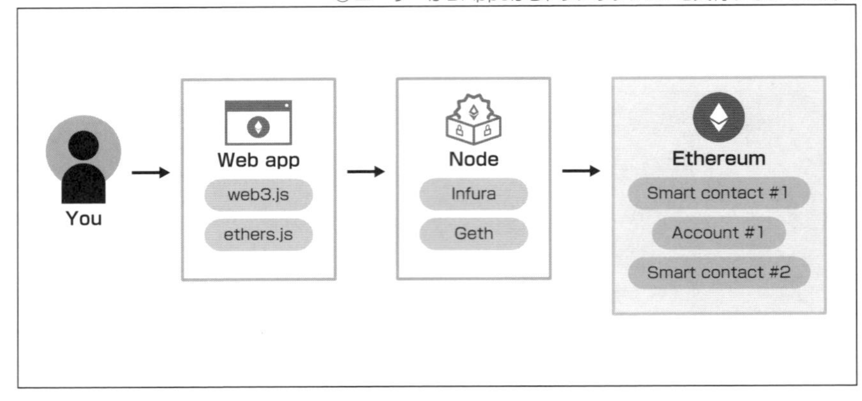

01
02
03
04
DAppsの概要
05
06
07
08

上図は下記Ethereumの公式ページに記載されている図で、RPCノードの立ち位置が視覚的にわかりやすくまとめられています。

URL https://ethereum.org/ja/developers/docs/nodes-and-clients/

「Node」という部分がRPCノードで、「Web app」がDApps部分です。DAppsとブロックチェーン間の橋渡しを行っているのがわかりやすくまとめられています。

DAppsは直接ブロックチェーン上からデータを取得したり、トランザクションを送信することができません。そのため、RPCノードがDAppsとブロックチェーンの間に入って、処理を中継してもらう必要があります。

DApps開発でよく使用されているRPCノードとしては下記があります。

- Alchemy
- Infura

どちらも複数ブロックチェーンに対応しているため、よく使用されています。パフォーマンスを重視する場合は、AlchemyやInfuraなどのRPCノードを提供しているサービスを使用することが望ましいです。ブロックチェーンの公式ドキュメントには、開発元が提供している公式RPCノードが記載されている場合があります。これらは基本的な開発や小規模なプロジェクトでは十分な性能を発揮しますが、大量のリクエストや高いパフォーマンスを必要とする場合には、AlchemyやInfuraなどのサービスを検討することをおすすめします。

また、単一のブロックチェーンに対応したRPCノードはたくさんあり、下記のchainlistなどで確認できます。

URL https://chainlist.org/

AlchemyやInfuraが対応しておらず、ブロックチェーンの公式ドキュメントにもRPCノードが記載されていない場合や、RPCノードの動作が遅い場合などはchainlistに記載されているRPCノードを使用してみてください。

ABI

ABIとは、「Application Binary Interface」の略称で、アプリケーションプログラム（ユーザープログラム）とシステム（オペレーティングシステムやライブラリ）との間で、バイナリレベルでやり取りを行うための標準的な取り決めです。DAppsで言い換えると、DAppsとスマートコントラクトでバイナリレベルでのやり取りを行うときに使用されるインターフェースになります。ABIは「スマートコントラクトとのやり取りを定義したインターフェース」です。具体的には、スマートコントラクトが提供する関数やイベントの構造、引数や戻り値の型などを定義しています。これにより、DAppsはスマートコントラクトの機能を正確に呼び出すことが可能になります。

通常、DAppsはスマートコントラクトのアドレスはわかっていても、どんな機能が実装されているかはわかりません。そのため、機能を実行しようとしても、どんな引数を渡す必要があり、どんな値を取得できるかがまったくわからない状態です。

そこでABIを使用する（フロントエンドのコードに含める）ことで、DAppsとしては特定のアドレスを持つスマートコントラクトがどんな機能を持っているかがわかるようになります。

これで実行できる機能がわかり、DAppsとスマートコントラクトとのやり取りを行えるようになります。

ABIは次のようにJSON形式で定義されています。

```
{
  "address": "0xCa2d4842FB28190D0b68A5F620232685A2436CDe",
  "abi": [
    {
      "inputs": [
        {
          "internalType": "string",
          "name": "_tld",
          "type": "string"
        },
        {
          "internalType": "address",
          "name": "_trustedForwarder",
          "type": "address"
        },
        {
          "internalType": "address",
          "name": "_marketplaceAddress",
          "type": "address"
        }
      ],
      "stateMutability": "payable",
      "type": "constructor"
    },
```

正確にはABIは開発ツールではありませんが、DAppsを開発するときに必ず必要になるため、本節にまとめています。

テキストエディタ

DAppsを開発する上で、Webアプリケーションの開発と同様に、コードを書く必要があります。

このときに使用するテキストエディタとしては、「Visual Studio Code(以降、VS Code)」や「JETBrains」など、Webアプリケーション開発で使用されているエディタをそのまま使用することができます。特に「VS Code」などは、スマートコントラクト開発に役立つ拡張機能も揃っているため非常におすすめです。

また、DAppsではスマートコントラクトコードを書く必要があります。スマートコントラクト開発に絞ると、先ほどの「VS Code」や「JETBrains」に加えて、ブラウザでスマートコントラクトの開発を行える「Remix」というIDEがよく使用されています。

URL https://remix.ethereum.org/

「Remix」は、1から環境を作成する必要がなくすぐにコードを書き始めることができ、デプロイまで簡単に行うことができます。スマートコントラクトをとりあえずデプロイしたいときやスマートコントラクトの機能を試したいときに使用するのがおすすめです。

DApps開発のときはアプリケーションのコードがあったり、スマートコントラクトのテストコードなども必要なため、先ほど紹介した「VS Code」や「JETBrains」などを使用することをおすすめします。

Blockchain Explorer

Blockchain Explorerとは、特定のブロックチェーン上のブロックやトランザクションの情報やコントラクトの情報を検索できるツールです。たとえば、Ethereumだと代表的なExplorerとして「Etherescan」というものがあります。

URL https://etherscan.io/

この「Etherescan」には、Ethereum上で実行された「送金処理」や「トークンの送付処理」、「スマートコントラクトの実行」などのトランザクションデータがすべて記録されています。トランザクションの実行が成功したか失敗したかなども、すべてExplorer上で確認することができます。

たとえば、スマートコントラクトをデプロイした後に、スマートコントラクト内の処理を実行したとします。この処理が正常に処理されたかどうかを確認するときに、最も簡単に確認できるのがExplorerになります。

また、Explorerはブロックチェーン上のノードが保存しているデータを取得して表示しているだけなので、次のように複数存在します。

URL https://www.oklink.com/ja/eth

URL https://eth.tokenview.io/

URL https://eth.blockscout.com/

EVM(Ethereum Virtual Machine)互換チェーンの場合は、Etherscanではなく他のExplorerしかない場合があります。そのときは、検索した際に上位に出てきたExplorerを使用すれば問題ありません。

基本的には一番有名なEtherscanをベースに作成されたExplorerを使用しつつ、もしなければBlockscoutなどが次の候補になってきます。EtherscanはEthereumブロックチェーン上の情報を表示しているExplorerであり、ブロックチェーンごとにPolygonscanやBaseScanなどという名称になっています。

Indexer

Ethereumなどのブロックチェーン上でスマートコントラクトを実行したとき、実行時のログを発行することができます。具体的には「Event」と呼ばれる機能を使用して、トランザクションレシートと呼ばれる部分にログデータを保存することができます。

たとえば、NFTをAアドレスからBアドレスに送付したときに、NFTコントラクトのアドレスとAアドレス、Bアドレスをログとして記録することができます。このトランザクションレシートに保存された「Event」データを確認することで、特定のNFTの送付データやこれまでのNFTの送付データを取得することができます。

ただし、ログデータを毎回チェックするのは、不要なデータまで取得してしまったり、検索性に優れていないため処理が重くなってしまいます。そこで使用されるのがIndexerです。

Indexerは特定のブロックチェーン上で発行されたすべての「Event」データや特定のブロックチェーン上の特定のスマートコントラクトから発行されたすべての「Event」データを記録しておき、簡単に検索してデータを取得できる機能を提供しています。

有名なIndexerサービスとして、「The Graph」というものがあります。

URL https://thegraph.com/

「The Graph」はGraphQLクエリを使用してデータを取得することができるため、フロントエンド・バックエンドアプリケーションに組み込みやすくなっています。

Indexerはサポートされているブロックチェーン以外では使用できないものが多いです。ただし、中にはEVM互換であればすべてのチェーンを使用できるIndexerも存在します。

- Envio
  URL https://envio.dev/

- rindexer
  URL https://rindexer.xyz/

The Graphも独自でノードというものを建てることで、デフォルトではサポートされていないブロックチェーンのデータをIndexすることができます。

ブロックチェーンによってはIndexerが提供されている場合もあります。Avalancheでは、Glacier APIと呼ばれるAvalancheブロックチェーン上のデータをIndexしているサービスがあります。

URL https://docs.avax.network/tooling/glacier-api

メインネットとテストネット

ブロックチェーン上には「メインネット」と「テストネット」が存在します。

メインネットとは、「送金処理」や「トークンの送付」などを行っていて、ネイティブトークンにも価値がついているいわゆる本番環境と呼ばれるネットワークです。一方、テストネットとは、メインネット同様「送金処理」や「トークンの送付」などが実行できますが、ネイティブトークンには価値がなく、テスト環境として使用されるネットワークです。

基本的には、まずテストネットにスマートコントラクトをデプロイして動作確認を行い、問題なければメインネットにデプロイする流れになります。

スマートコントラクトは一度デプロイすると変更することができないため、テストネットでの動作確認はWebアプリケーションよりもしっかり行う必要があります。一度、スマートコントラクトをメインネットにデプロイしてしまったら、Webアプリケーションのように簡単に更新など行うことができないため、新しく別のスマートコントラクトとしてデプロイする必要があります。

メインネットとテストネットはツールではないですが、スマートコントラクトをデプロイするときに活用するネットワークとして取り上げました。

秘密鍵

スマートコントラクトをデプロイするときにガス代と呼ばれる手数料がかかります。このガス代を負担するアドレスが必要になります。ブロックチェーン、特にEthereumにおいて、アドレスは秘密鍵から生成され、スマートコントラクトのデプロイトランザクションに署名するためには秘密鍵が必要になります。そのため、スマートコントラクトのデプロイ時に秘密鍵を読み込んで実行することになります。

また、スマートコントラクトでは、特定の秘密鍵に対応するアドレスが、スマートコントラクト内の特定の機能の実行権限を持っていたり、資金を受け取るアドレス(たとえば、NFTの売り上げを取得できるなど)に設定されている場合があります。この秘密鍵には、デプロイに使用したアドレスが設定されたり、他のアドレスが設定されている場合があります。

このように、スマートコントラクトにおいて秘密鍵の管理は必要になってきます。仮に、この秘密鍵を盗まれてしまうとスマートコントラクト内の資産を盗まれてしまう可能性があります。

本項では、秘密鍵の管理方法について紹介していきます。それぞれの方法について、「スマートコントラクトのデプロイ」と「セキュリティ」の観点でまとめていきます。

▶EOA Address

スマートコントラクト開発者やプロジェクト責任者が自身のPCで管理しているMetaMaskなどのアドレスを使用する方法です。

●スマートコントラクトのデプロイ

スマートコントラクトのデプロイ時には、秘密鍵を環境変数ファイルなどに保存してデプロイを実行します。最も簡単に秘密鍵にアクセスできる方法で、特にテストネットへのデプロイなどはこの方法が使用されることが多いです。

●セキュリティ

セキュリティ的には一番脆弱なポイントになります。理由としては、秘密鍵の管理が1人に集中してしまうためです。

仮に秘密鍵の管理をしているPCがハッキングされて秘密鍵が漏れてしまうと、それだけでスマートコントラクト内の資金を抜かれたり、管理者のみ実行できる機能を実行されてしまう可能性があります。また、秘密鍵の管理をしている人が勝手に機能を実行することも考えられます。

そのため、セキュリティ観点からは推奨されない方法になります。

▶ MultiSig Wallet

MultiSig Walletとは、複数のアドレスからの承認をもとにスマートコントラクトの機能の実行を可能にする仕組みです。MultiSig Wallet自体もスマートコントラクトで構成されていて、事前に幾つのアドレスからの承認があればトランザクションを実行できるかを設定しておきます。たとえば、承認者アドレスが5つあるとき、過半数の3つのアドレスからの承認があればトランザクションを実行できます(3 of 5)。

これにより、スマートコントラクト内の資金を引き出すなどの、管理者権限が必要な機能を複数の承認をもとに実行することが可能になります。

● スマートコントラクトのデプロイ

デプロイにMultiSig Walletを使用することはできます。ただ、これはMultiSig Wallet内のコードがどのように作られているかによって変わってきます。

従来、EthereumではトランザクションをEOAだけでした。しかし、Account Abstructionという技術を使用することで、スマートコントラクトからトランザクションを送れるようになります。ただし、執筆時点(2024年12月)では、Account AbstructionはEthereumに完全に導入されてはいません。

● セキュリティ

セキュリティ的には単一のEOAアドレスのときよりは向上します。単一のEOAアドレスの場合、秘密鍵が盗まれたり秘密鍵を管理している人がチーム内での承認などなしに勝手に資金を引き出せてしまいます。一方、Multisig Walletの場合は複数のアドレスからの承認がないと、スマートコントラクト内の資金を引き出すなどのトランザクションを実行することができません。

ただし、Multisig Walletを使用している場合でも、次のように気をつけるべき点は複数あります。

- 承認に必要な秘密鍵のうち、複数を1人が管理している。
  - 承認に必要な秘密鍵を複数の管理者が管理していることがMultisig Walletの強みなため、1人の管理者が複数管理しているとMultisig Walletの強みが軽減する。たとえば、5つの秘密鍵のうち、3つの秘密鍵からの承認が必要な場合に、1人の管理者が3つの秘密鍵を管理していると、その1人の管理者によって処理が実行できてしまう。本来「3 of 5」のところが、1人の管理者の判断で左右されてしまうようになってしまうので、しっかり管理者を分散することが望ましい。
- 承認を適当にしない。
  - 管理者を複数にしたとしても、実行したい機能の詳細を確認せずに適当に承認をしてしまうと、管理者が複数人いる意味が薄れてしまう。また、管理者の中に他の管理者を騙して不正な処理を実行しようとした場合に、簡単に実行できてしまう。詳細を確認するのは手間だが、セキュリティの向上と手間はトレードオフであるため、しっかり確認してから承認するフローを確立することが望ましい。

▶AWS KMS

AWS KMS(Key Management Service)は、暗号鍵を外部に公開せずに作成・使用することができるサービスです。Ethereumなどのブロックチェーンで使用できる秘密鍵を生成することができ、使用するときはAWSにアクセスして使用します。

●スマートコントラクトのデプロイ

スマートコントラクトのデプロイにもKMSはよく使用されています。ライブラリを使用してKMSを取得してhardhat環境に読み込んで使用します。ただ、KMS関連のライブラリは個人開発なものがほとんどかつ、アップデートがあまりされいないので積極的な使用は推奨しません。

●セキュリティ

セキュリティとしては高いです。AWS環境に保存され直接秘密鍵を確認できないため、AWSにアクセスできるクレデンシャルが漏洩などされない限り誰かに勝手に使用される可能性は非常に低いです。

少し詳細に説明すると、CMK(Customer Master Key)と呼ばれる暗号化や復号化に使用される鍵がHSM(Hardware Security Module)と呼ばれるハードウェア内で保管されています。HSM内に保管されているCMKは取り出すことができません。

また、万が一クレデンシャルが漏れてしまっても、KMSへのアクセス権限を取り除くことで被害の拡大を防ぐことができます。

▶MPC Wallet

MPC Walletは、アドレスの秘密鍵を複数の断片に分割して管理する仕組みを提供するウォレットです。詳細な説明は省きますが、現在(2024年12月)よりセキュアに鍵管理を行えると注目されています。

代表的なMPC Walletを提供している企業・サービスにFireblocksがあります。

URL https://www.fireblocks.com/

●スマートコントラクトのデプロイ

MPC Walletを提供している企業やサービスがライブラリを提供している場合に、コントラクトのデプロイなどが行えます。Fireblocksは、スマートコントラクト開発ツールであるhardhat用のライブラリが提供されています。

URL https://github.com/fireblocks/hardhat-fireblocks

また、MPC(Multi-Party Computation)は、秘密鍵を複数の断片に分割し、分散管理する仕組みも提供します。これにより、秘密鍵が一箇所に集中せず、セキュリティが大幅に向上します。この技術はブロックチェーン分野に限らず、銀行や金融機関における大規模な資金管理やトランザクション承認プロセスでも採用されています。

●セキュリティ

セキュリティとしては非常に高いとされています。

DApps開発の手順

本節では、DAppsの開発手順について説明していきます。Webアプリケーション開発と同じ部分がほとんどなので、スマートコントラクトの部分を中心に手順について説明していきます。DAppsの開発手順は次のような流れになります。

1. 環境構築
2. スマートコントラクトの作成
3. スマートコントラクトのテスト
4. スマートコントラクトのテストネットデプロイ
5. フロントエンドアプリケーションの作成
6. (オプション)バックエンドアプリケーションの作成
7. (オプション)DBの作成
8. アプリケーションのテスト
9. (オプション)スマートコントラクトの監査
10. メインネットデプロイ

開発手順について1つずつ概要を説明します。

環境構築

まずは、開発環境の構築をしていきます。VS Codeなどのエディタで、HardhatやFoundryなどのツールを使用して開発環境を構築していきます(VS Codeの拡張機能で脆弱性が含まれてたことがあったため、拡張機能を使用するときは注意をしてください)。

このタイミングで必要なライブラリをインストールします。また、DAppsにはフロントエンドも必要になるため、フロントエンドアプリケーションの環境も合わせて構築しておきます。

スマートコントラクトの作成

次に、スマートコントラクトを作成していきます。

先ほど作成した環境を使用してスマートコントラクトのコードを書いていきます。スマートコントラクト開発では1からコードを書くこともありますが、ほとんどの場合が既存のコードをベースにします。特にNFTの開発などでは、下記の「OpenZeppelin Wizard」などが役に立ちます。

URL https://wizard.openzeppelin.com/

NFT開発におけるベースのコードを生成してくれるため、まずはこの「OpenZeppelin Wizard」を使用して、作成したDAppsに合わせてスマートコントラクトをアップデートしていくことが望ましいです。

スマートコントラクトのテスト

スマートコントラクトの開発が完了したら、次にテストコードを書く必要があります。テストを行うことで、デプロイする前にスマートコントラクトの動作を確認することができます。想定していた動作と違った動作をしてしまったり、早期にバグを見つけることができるため、特に重要なステップとなります。

もしスマートコントラクトのテストでバグなどを見つけたり、想定していた動作をしない場合は、スマートコントラクトを修正して再度テストを実行します。

この処理を繰り返すことで、スマートコントラクトのセキュリティの向上と想定通りの動作の保証が望めます。

スマートコントラクトのテストネットデプロイ

スマートコントラクトのテストが完了したところで、次にテストネットへのデプロイをしていきます。

スマートコントラクトの動作については、先ほどのテストコードで確認できましたが、フロントエンドアプリケーションとの接続を行い動作を確認する場合、テストネットやメインネットなどのネットワークへデプロイする必要があります。

そのために、まずはテストネットへデプロイして、フロントエンドアプリケーションと接続できるようにしておく必要があります。

また、LocalNodeといって、自分の環境で仮のノードを実行して、そのノードを使用してフロントエンドアプリケーションに接続してテストすることもできます。

これについては、フロントエンドアプリケーションの環境(ローカル環境、ステージング環境、本番環境)に対応して分けてもよいです。たとえば、ローカル環境の場合はLocalNodeを立ててフロントエンドアプリケーションと接続できるようにし、ステージング環境の場合はテストネットを使用し、本番環境ではメインネットを使用するという形です。

このあたりは用語が混ざりやすいので、その点も十分注意してください。「テスト環境」というのが、アプリケーションとしての「テスト環境」を指しているのか、「テストネット」のことを指しているのかわからないことがあるため、チーム内で認識をそろえておくことが重要です。

フロントエンドアプリケーションの作成

スマートコントラクトのデプロイができたところで、次にフロントエンドアプリケーションの作成が必要になります。

もちろんスマートコントラクトだけでも、Explorerから機能を実行することはできますが、それではUXが悪かったり、それでは実行できない機能なども存在します。DAppsでフロントエンドアプリケーションを構築するときによく使用されているプログラミング言語としては、JavaScriptが挙げられます。特にReactやNext.jsがよく使用されており、理由としてはDApps開発において必要となるライブラリが多く存在するためです。

特に次のようなライブラリはDAppsでよく使用されます。

▶viem

viemは、JSON-RPC APIを抽象化して、TypeScriptコードで実行できるようにしたライブラリです。通常、JSON-RPC APIを呼び出して、MetaMaskなどのウォレットに接続したり、スマートコントラクトの機能を実行したり、ブロックチェーン上からデータを取得する必要があります。

しかし、Webアプリケーションでより使用しやすくするためにviemが用意されています。

URL https://viem.sh/

▶wagmi

wagmiは、viemをReactやNext.jsで使用できるようにしたラッパーライブラリです。viemだけでは、ReactやNext.jsで使用するには少々設定などの手間があったのですが、wagmiを使用することでより簡単にWebアプリケーション内に実装できるようになりました。

URL https://wagmi.sh/

▶WalletConnect

PCでウォレットを使用する場合は、Google拡張機能としてインストールすることがほとんどです。そのため、ブラウザ上から直接アクセスしやすいのですが、中にはスマートフォンでDAppsを使用するユーザーもいます。

スマートフォンの場合、ウォレットアプリケーションとしてインストールする必要があり、ブラウザでDAppsを開いたときと同じ処理でウォレットアプリケーションを起動することができません。DAppsとスマートフォンなどにインストールしたウォレットアプリケーションを接続するために、WalletConnectが使用されます。

また、WalletConnectはwagmiと組み合わせて使用することができるため、ReactやNext.jsなどで同時に実装することができます。

URL https://walletconnect.com/

▶ethers.js

ethers.jsは、EVM(Ethereum Virtual Machine)互換ブロックチェーンとやり取りを行うことができるライブラリです。viemやwagmi同様、MetaMaskなどのウォレットに接続したり、スマートコントラクトの機能を実行したり、ブロックチェーン上からデータを取得することができます。

フロントエンドアプリケーションでは、wagmiを使用することがおすすめされますが、たとえばバックエンドアプリケーションやHardhatなどのコントラクト開発環境ではethers.jsが使用されることが多いです。

ethers.jsでよく使用されるバージョンとして、v5とv6があります。v5でできたことがv6でできなくなってしまっていたり、コードの書き方が大きく変わってしまったこともあり、移行のハードルが高くなっていました。そのため、v6がリリースされてもなかなかv6が使用されず、v5が引き続き使用されていました。しかし、徐々にv6を使用する開発者やライブラリ(hardhatなど)が増えてきたことで、v6の使用が多くなってきています。

これからDAppsの開発を行う場合はethers.js v6を使用することをおすすめします。

URL https://docs.ethers.org/v6/

▶web3.js

ethers.js同様、EVM(Ethereum Virtual Machine)互換ブロックチェーンとやり取りを行うことができるライブラリです。機能はほとんど同じなのでどちらを使用するかは好みで別れる場合が多いです。

ethers.jsのほうがよく使用されているため、これからDAppsの開発を行う場合はethers.jsの使用をおすすめします。

URL https://web3js.org/

(オプション)バックエンドアプリケーションの作成

DAppsの最低限構成は「フロントエンドアプリケーション+スマートコントラクト」になります。

ただ、DAppsによってはバックエンドアプリケーションが必要になります。バックエンドアプリケーションが必要な場面としては、運営のアドレスからトランザクションを実行したいときなどです。

運営の秘密鍵をフロントエンドアプリケーション内に保存するわけにはいかないため、バックエンドアプリケーションの環境変数に保存して、フロントエンドアプリケーションのリクエストや定期実行などの処理を通じて、スマートコントラクトの機能などを実行します。

また、このとき使用されるライブラリとしてはethers.jsやweb3.jsが挙げられます。

(オプション)DBの作成

ブロックチェーン上にデータを保存しておくことはできますが、DAppsで使用するすべてのデータを保存するにはコストが大きすぎます。

一度に保存できるデータ容量に制限があったり、保存のたびにガス代と呼ばれる手数料の発生、データがすべて公開されているためプライバシー情報の保存などができない、などの観点からDBを使用することが多いです。

ブロックチェーン上に保存するべきデータとDBに保存するべきデータの切り分けが重要になってきます。

アプリケーションのテスト

ここでは、Webアプリケーションでも行われているテストを行います。

特筆すべき点としては、スマートコントラクトとの接続やウォレットとの接続部分などのテストは、次の点などを中心に重点的にする必要があります。

- ウォレットが接続できるか?
- ウォレットがインストールされていない場合の挙動は?
- スマートコントラクトの特定の機能を呼び出せているか?
- トランザクション発行後の動作は?

(オプション)スマートコントラクトの監査

スマートコントラクトに脆弱性があると資金を盗まれてしまう可能性があります。そこで、スマートコントラクトに脆弱性がないか監査を行う専門の会社に依頼することがあります。もちろん監査は必須ではありませんが、専門家によるスマートコントラクトのチェックを行うことで、よりセキュリティを高めることができます。

監査の期間は監査会社によってまちまちですが、1週間〜1カ月ほどかかります。そのため、スマートコントラクトの監査は、フロントエンドアプリケーションやバックエンドアプリケーション開発中に進めておくことが望ましいです。

また、スマートコントラクトの監査を行ったからといって安全とは言い切れません。監査を行ったとしても抜け漏れによりハッキングを受けたスマートコントラクトは多くあります。

ただし、脆弱性を減らすという点と「このスマートコントラクトは監査済みです」というお墨付きをもらえるため重要なステップです。

メインネットデプロイ

ここまでできたら、最後にスマートコントラクトをメインネットにデプロイします。合わせて、フロントエンド・バックエンドアプリケーションも本番環境にデプロイする必要があります。

SECTION-028

ブロックチェーンとデータベース

本節では、データベースとブロックチェーンで性能の比較をしてみましょう。比較をすることで、処理を行うときにブロックチェーンを使用するか、データベースを使用するかの判断ができるようになります。

DAppsの開発において、データをすべてブロックチェーンに保存するのは現実的ではないため、データベースと組み合わせることがほとんどです。開発の要件に従って、どこにどのデータを保存するかの決定が必要になるため、まずは性能の比較をして理解を深めていきましょう。

◉ブロックチェーンとデータベースの比較

項目	ブロックチェーン	データベース
処理速度	△	○
透明性	○	×
容量	○	△
データの不変性	○	△
セキュリティ	○	△
スケーラビリティ	△	○
コスト	△	○
データ可用性	○	△
データの一貫性	○	○
信頼性	○	○
プライバシー	×	○

SECTION-029

DApps開発のTips

本節では、Dapps開発を行う上で役立つTipsについて紹介していきます。ここで紹介していることについては、筆者自身が実務で経験したことをもとにまとめているため、実務で役立つ内容になっています。

トランザクションの連続実行

0.1秒ごとにトランザクションを実行するなど、大量に1つのアドレスからトランザクションを実行すると、失敗するトランザクションが出てきます。理由としては、EOAアドレスごとに管理されているnonce値が競合するためです。nonceは、EOAアドレスから発行されたトランザクションの順序を管理する値で、同じnonceを持つトランザクションが複数存在すると競合が発生し、最初にブロックに含まれたもの以外は失敗します。

nonce値というのは、特定のEOAアドレスから発行されたトランザクションの数を管理している値です。この値は何のためにあるかというと、同じトランザクションを2回遅れないようにしたり、トランザクションの実行順序を保証するために使用されます。これはセキュリティの観点から重要なことで、非常に大切な機能になります。

ただ、短時間に多くのトランザクションを送る場合に、このnonce値が同じトランザクションが複数で来てしまい、同じnonce値のトランザクションのうち1つ以外は失敗してしまいます。

成功するトランザクションは最初に送ったものに限らず、最初にブロックに含められたものになります。

このように、nonceの重複を防ぐには、トランザクションを実行するときに一定の時間間隔を置く必要があります。これはそのときのブロックチェーンの状態（mempoolに溜まっているトランザクションの数など）によって左右されるため、一概にどのくらいとは言いにくいですが、短くても1秒くらい間隔をおいて実行するとよいです。

また、AWS SQSという、キューに処理をためて順次実行していくサービスが存在します。これを使用することで、トランザクションが順次実行されていくため、「nonce」の重複の心配がなくなります。

他にも、使用するEOAアドレスを複数用意することで、トランザクションの「nonce」が重複する可能性低くすすことができます。

トランザクションの確認

実行したトランザクションが完了しているかの確認には、オフチェーンとオンチェーンの同期という考え方が必要です。オンチェーンというのは、コントラクトやブロックチェーン部分を指します。一方、オフチェーンはそれ以外の部分を指します。

通常、トランザクションを実行した後、その実行の結果がどうなったかはブロックチェーン上を確認しに行くしかありません。実行したトランザクションはすぐにブロックに含まれるとは限らないため、処理が終わっているかを定期的にブロックチェーンに問い合わせ、取得した結果をもとに判定することになります。

ここで重要なのは、「どのくらいの頻度でブロックチェーンを確認するか」です。たとえば1分おきにブロックチェーンのデータを取得するとします。この場合、トランザクションが15秒でブロックに取り込まれていても、45秒間フロントエンドは処理結果を待たなければいけません。

では次に1秒ごとにデータを取得するとします。この場合は、頻繁にデータを取得することになるため、取得できないことが多くなり無駄な処理を大量に実行することになります。

このように、ユーザー体験を優先するか、無駄に実行しすぎないようにするかで、設定を調節する必要があります。

運営がガス代を負担

DAppsに触れるユーザーにとって、一番高いハードルは「ガス代」です。ガス代がないとトランザクションの実行ができないため、あらかじめネイティブトークンを取得しておく必要があります。

このハードルを下げる手段として、運営が代わりにガス代を負担する方法があります。運営がガス代を負担するパターンとして、大きく次の2つのパターンが存在します。

- リクエストを受け取って運営が実行
- ユーザーの署名を受け取って運営が実行

2つの違いとしては、署名が出てくるかどうかです。それぞれについて簡単に説明していきます。

▶リクエストを受け取って運営が実行

具体例を用いて説明していきます。

NFTを取得できるDAppsのフロントエンドに、「Mint」というボタンが設置してあるとします。このボタンを押すと、バックエンドにリクエストがいき、バックエンドで運営のアドレスを使用して「mint」処理を実行します。「mint」関数では送り先のアドレスを指定するように定義できるため、これでユーザーはガス代を負担せずにNFTを受け取れます。

ここで、もしかしたら「ユーザーのアドレスはどうやって取得するのか?」と疑問に思うかもしれません。

通常、DAppsではユーザーが訪れたときにウォレットの接続を求めます。ウォレットとDAppsの接続ができると、DApps側でユーザーのアドレスを取得することできるようになります。これにより、ユーザーのアドレスをバックエンドに渡すことができます。

▶ユーザーの署名を受け取って運営が実行

NFTには、保有者しか実行できない機能があります。代表的なものに「approve」や「setApproveForAll」があります。これらの機能は、NFTの送付権限を第三者に委譲する際に使用されます。この機能をユーザーの代わりに運営が実行するには、NFTを保有しているユーザーからの署名が必要になります。

ここで必要なのは「ただの署名」か「特定の処理の実行署名」のどちらかになります。

●ただの署名

通常の署名通りウォレットから作成できる署名になります。この署名をどのようにして使用するかというと、秘密鍵で署名した署名情報をもとに公開鍵を導出することができます。この公開鍵と処理を実行したいアドレスが同じであるかを確認し、同じであれば処理が実行される濃さという仕組みです。

署名情報の検証はコントラクトで行われることが多いです。

●特定の処理の実行署名

「approve」や「setApproveForAll」などの特定の処理の実行署名を渡して、その処理を別のアドレスが行う方法です。必要な情報としては下記などがあります。

◉実行署名に必要な情報

情報	説明
from	実行元のアドレス
to	実行したいコントラクトアドレス
data	実行したい処理のエンコードデータ。「approve」関数など

`to` で指定したNFTコントラクトに対して、`data` 部分を渡しながら呼び出すことで `data` にエンコードされている処理を実行できます。

これにより、「approve」を実行したいアドレスがガス代を負担することなく、代わりに別のアドレスにガス代を負担させて処理を実行することができます。

CHAPTER 05
スマートコントラクトの概要

スマートコントラクトとは

スマートコントラクトとは、ブロックチェーンで実行される自己実行型のプログラムです。特定の条件が満たされると自動で動作し、定義されているプログラムの処理が実行されます。スマートコントラクトの中にはコードが書かれています。このコードに実行条件や処理が書かれています。

LINEやX(旧Twitter)などのアプリケーションでもプログラムが実行されています。LINEなどのアプリケーションで実行されているプログラムと比較して、スマートコントラクトには「透明性」「一度デプロイされると変更不可」「ブロックチェーン上で実行される」という3つの特徴があります。

その3つの特徴について1つずつ説明していきます。

Ⅲ 透明性

スマートコントラクトはブロックチェーン上に保存されます。そのため、誰でもそのコードの中身を見ることができます。

通常、LINEやX(旧Twitter)などのアプリケーションでは、ソースコード(プログラム)が公開されていません。理由としては、もし公開してしまうと脆弱性があった場合に攻撃されてしまったり、ソースコードを転用して技術が盗まれてしまうためです。

一方、スマートコントラクトの場合、ソースコードがブロックチェーン上で公開されているため、いつでも誰でもコードを確認できます。

正確にいうと、ブロックチェーン上にはソースコード自体ではなく、ソースコードをコンパイルして生成されたバイトコードが保存されています。そのため、そのバイトコードを見たところでどんな処理が書かれているかはほとんどの人は理解できません。ただ、デプロイしたコントラクトのソースコードから生成されたデータであることと、変更できないという点から透明性があります。

Ⅲ 一度デプロイされると変更不可

スマートコントラクトは一度デプロイされると、コントラクトに書かれているコードを書き換えたりできません。そのため、何か変更をしたい場合は新しくコントラクトをデプロイするしかありません。

コントラクトのアップグレードを行う方法は後の章で説明しますが、いかなる場合でもコントラクトのコードを書き換えたりできないことを覚えておいてください。

データはソースコードと別の場所に保存されているため、データを書き換えることは可能です。

一度デプロイしたコントラクトを変更できないという特徴は、一見すると透明性があって信頼性があるように思えますが、何かしら脆弱性があったときが大変です。

ソースコードが公開されているため、脆弱性があった場合に見つけやすくなっているのもあり、変更できないというのは時にデメリットになり得ます。この部分について詳しくは後の章で説明します。

ブロックチェーン上で実行される

スマートコントラクトはブロックチェーン上で実行されます(正確にいうとネットワークのバリデーターである各ノードで実行されます)。スマートコントラクトはブロックチェーン上で実行されるため、トランザクションのアトミック性が担保されます。一連の処理が1つのトランザクション内で実行される場合、そのうちの1つでも失敗するとトランザクション全体がロールバックされます。これは重要な特性であり、仮に失敗するまでの中途半端な処理が実行されてしまうと、コントラクト内の資金をすべて抜かれてしまうということが起きかねません。また、同じ処理(同じ関数を実行する処理)の場合、並列して実行されることはありません。

たとえば、NFTを3つmintする`bulkMint`という関数があるとします。この関数を2回実行したいので、別々のトランザクション「A」と「B」として実行します。トランザクションの発行自体は並列して実行できますが、その先の具体的に`bulkMint`関数の実行処理は1つずつ処理されます。「A」と「B」のどちらが先に実行されるかはわかりませんが、仮に「B」が先に実行されたとします。このとき、「B」の一連の処理が完了する(成功 or 失敗)まで、「A」の処理は実行されません。

ただでさえブロックチェーン上での処理には時間がかかりますが、それに加えて処理の待ち時間が発生してきます。ここをどれだけ効率よく処理できるように設計するかや、オフチェーン(既存DB)と組み合わせていくかが重要になってきます。

誰でも実行できる

通常のWebサービスの場合、誰でも直接処理を実行できるわけではありません。基本的には提供されているサービスのサイトなどからユーザーがボタンなどを押すことで処理が実行できます。直接サーバーに接続して処理を実行するということはできないようになっています。「どこから実行されたか」や「誰から実行されたか」、「認証されているか」などを確認して、問題がなければ実行されるようになっています。

ただ、コントラクトに関しては、コントラクトアドレスを取得して、そのコントラクトに直接接続することで処理を実行することができます。そのため、そのコントラクトを開発した企業のサイトに限らず、どのサイトでもそのコントラクトに接続して処理が実行できます。

「誰でも実行できてしまったら危険じゃないの?」と疑問が浮かぶかもしれません。そのために権限管理などで、「実行はできるが失敗になる」ようにしています。つまり、「誰でも実行できるが、処理が成功するかは権限次第」ということです。

従来のWebサービスの場合、APIを公開して外部サービスから特定の処理のみ実行させることができたり、内部のサーバーからのみ実行可能などの設定がされています。

コントラクトの場合は、デプロイした時点で外部のサービスで使えるようになっており、「どこから実行されているか」はまったく見ていません。あくまで「実行権限」があるかだけをみているのを覚えておきましょう。

SECTION-031

スマートコントラクト開発言語

スマートコントラクト開発言語としては複数存在し、ブロックチェーンごとにさまざまです。

Solidity

EVM(Ethereum Virtual Machine)互換のブロックチェーン上で、スマートコントラクトを開発するときに最も使用されているプログラミング言語です。スマートコントラクトを開発する上で最も使用されている言語です。

Vyper

Pythonというプログラミング言語をベースにして作成された、EVM(Ethereum Virtual Machine)互換のブロックチェーン上でスマートコントラクトを開発できる言語です。Pythonに慣れている開発者にとっては使用しやすい言語です。

Rust

アプリケーション開発でも使用されているプログラミング言語です。SolanaやPolkadotなどのブロックチェーンでは、スマートコントラクトを開発するときにRust言語をベースにした言語を使用しています。

Rustは学習難易度が高いプログラミング言語ですが、ブロックチェーンに限らずさまざまな場面で使用できる言語なので習得するメリットは大きいです。

Move

Rustをベースに作成され、AptosやSuiといったブロックチェーンでスマートコントラクトを開発するときに使用されるプログラミング言語です。

SuiはSui Moveといって、Aptosで使用されているMove言語と異なる言語を使用しています(本書ではMove系とひとまとめにして説明します)。

もともとMetaによる仮想通貨プロジェクトであるDiemによって開発されたプログラミング言語です。Rust自体の学習難易度に加え、独自の変更とAptosとSuiでも若干言語仕様が異なります。

SECTION-032

スマートコントラクトのアップグレード

スマートコントラクトについて、よく「一度デプロイしたコントラクトは変更することができない」といわれています。これは正しいことです。

ただし、とある方法を取ることで、スマートコントラクトを変更(アップグレード)することができます。これを聞くと「スマートコントラクトは変更できる」と捉えかねないため、本節では「スマートコントラクトのアップグレード」について詳しく解説していきます。

コントラクトは変更できない

これまで説明してきたように、一度デプロイしたスマートコントラクトのコードを変更することはできません。そのため、コードを変更したいときは新しくスマートコントラクトをデプロイする必要があります。

ただ、すでにユーザーが使用しているサービスのスマートコントラクトの場合、そのサイトから実行するコントラクトアドレスを変更しておけば問題ないですが、それ以外の場所で実行されているときが問題です。「新しいコントラクトアドレスはこちらです! こちらを使用するようにしてください! もし古いコントラクトを実行しても資金の安全性は保証できません!」と告知したり、1人ひとりに連絡するのは手間です。

また、全員に通知されるかは保証できないため、古いスマートコントラクトにアクセスしてしまう人が一定数、出てきます。これではあまりにも手間ですし、セキュリティ的に危険です。

アップグレードの仕組み

「スマートコントラクトのコードは変更できない」「新しいスマートコントラクトの使用の告知は運用・セキュリティの点からよくない」となると、他にどのような方法があるでしょうか。

ここで提案・実装されている仕組みが、「データを保持するスマートコントラクト」と「処理が記述されているスマートコントラクト」を分けるという方法です(これ以降では、「データを保持するスマートコントラクト」を『「proxy」コントラクト』と呼び、「処理が記述されているスマートコントラクト」を『「imprementation」コントラクト・「Logic」コントラクト』と呼びます)。

ユーザーがアクセスするスマートコントラクトを「proxy」コントラクトにして、「proxy」コントラクトから「imprementation」コントラクトを実行します。

◉proxyコントラクト

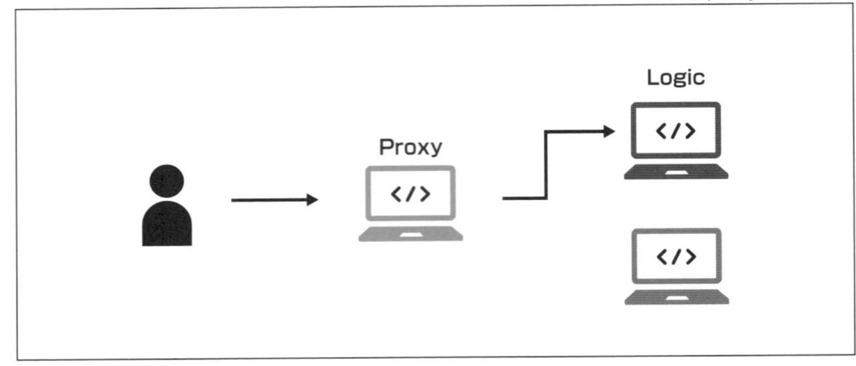

実行するスマートコントラクトのコードを変更したいときは、まず新しくそのスマートコントラクトをデプロイします。デプロイした後に、「proxy」コントラクトが実行する「imprementation」コントラクトのアドレスを変更します。

◉imprementationコントラクト

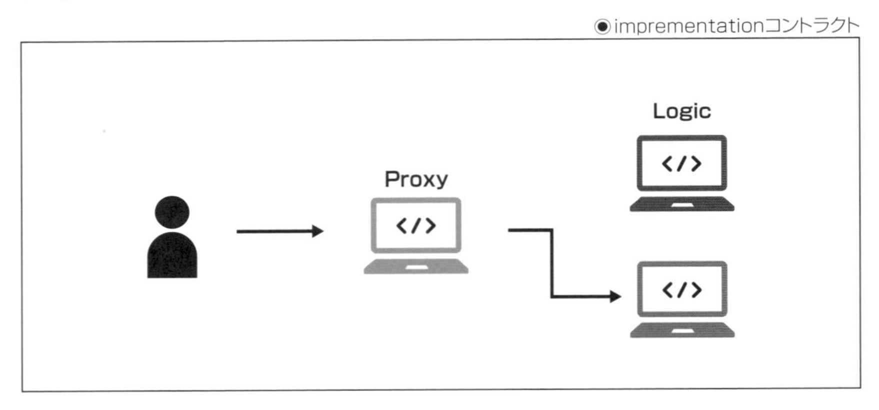

こうすることで、スマートコントラクトにアクセスしたいユーザーに新しいスマートコントラクトのアドレスを教えることなく、実行するスマートコントラクトを新しくすることができ、スマートコントラクトのアップグレードが行えます。

アップグレードの技術的詳細

「proxy」コントラクトと「imprementation」コントラクトで構成されていることは理解できたと思います。ここでは、「proxy」コントラクトから「imprementation」コントラクトを呼び出す処理について深掘りをしていきます。

「proxy」コントラクトには `fallback` または `receive` 関数が定義されており、呼び出された関数が存在しない場合に実行されます。この `fallback` 関数内で `delegatecall` が使用され、「proxy」コントラクトが「implementation」コントラクトに処理を委譲します。 `delegatecall` は、実行するコードは「implementation」コントラクトを参照しながら、ストレージは「proxy」コントラクトを使用する仕組みです。

下図では、`mint`という関数を実行するために、まずは「proxy」コントラクトを呼び出しています。「proxy」コントラクトには`mint`関数が存在しないため、「implementation(Logic)」コントラクトが呼び出され、コントラクト内に定義されている`mint`関数が実行されます。

●コントラクトのUpgradeの仕組み

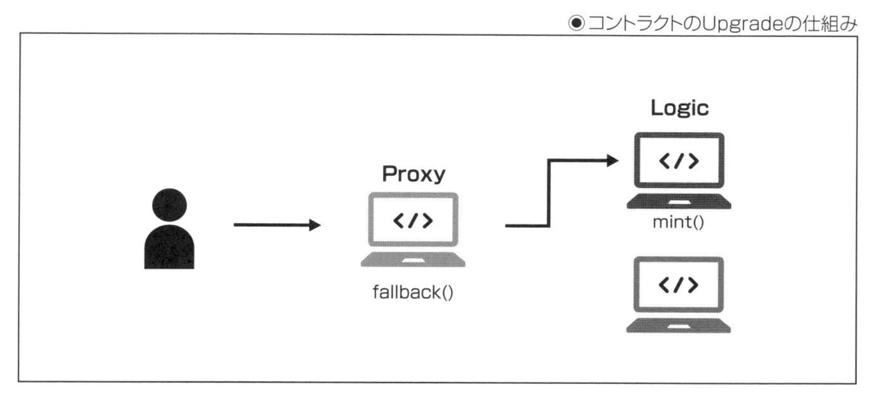

アップグレードの種類

このアップグレードの方法にもいくつか種類があるので、その種類について紹介していきます。

▶Transparent Proxy Pattern

「Transparent Proxy Pattern」は、ここまでで説明したアップグレードの方法を実行するパターンです。

「proxy」と呼ばれるスマートコントラクトでデータを管理し、「imprementation」と呼ばれるスマートコントラクトで実行するロジックを管理します。ユーザーは「proxy」コントラクトを呼び出すだけでよく、「proxy」コントラクトにあらかじめ設定されている「imprementation」コントラクトを呼び出します。

また、ロジックをアップグレードしたいときは、「proxy」コントラクトにある`upgradeTo`という関数を実行します。この関数を実行することで、実行する「imprementation」コントラクトを切り替えて、次からは新しく作成したスマートコントラクトが実行されるようになります。

オプションとして、「imprementation」コントラクトのアドレスを管理するスマートコントラクトを使用する場合もあります。

▶UUPS Proxy Pattern(UUPS)

「UUPS Proxy Pattern(UUPS)」は、「Transparent Proxy Pattern」と基本的に仕組みは同じです。

異なる点としては、スマートコントラクトのアップグレードを行う機能が「imprementation」コントラクトに実装されている点です。これにより構造がシンプルになり、ガス代も削減されます。

また、Transparent Proxy Patternの場合、別途「imprementation」コントラクトを管理するスマートコントラクトをデプロイすることができていました。しかし、UUPSの場合は「imprementation」コントラクトに実装するため、分ける必要がなくなります。

▶Beacon Proxy Pattern

同じ実装のスマートコントラクトを複数デプロイして、アップグレーダブルにしたい場合があります。たとえば、NFTコントラクトを同じ構造で複数作成したいときなどです。この仕組みを実現するのが「Beacon Proxy Pattern」です。

「Beacon Proxy Pattern」は「Transparent Proxy Pattern」や「UUPS」よりも複雑な構造をしており、次のように複数のスマートコントラクトが必要になります。

- Proxyコントラクト
- Proxyコントラクトの作成コントラクト
- Beacon Proxyコントラクト
- Implementationコントラクト

各コントラクトについて、下図を基にしながら先ほどの例に出したNFTコントラクトを使用して説明していきます。

◉Beacon Proxy Pattern

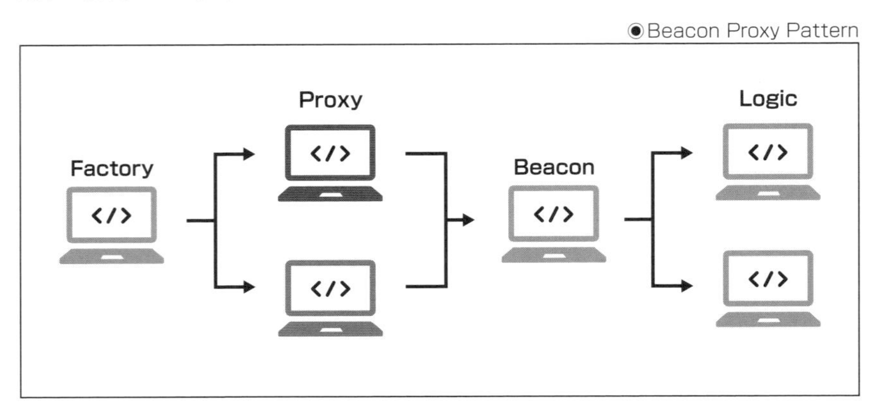

● Proxyコントラクト

「Proxy」コントラクトは、各NFTコントラクトのデータを保管しています。これまで同様、「Implementation」コントラクトを呼び出して、データは「Proxy」コントラクトに保存されます。

● Factoryコントラクト

今回は同じ実装のNFTコントラクトを複数作成する必要があるため、データの保管場所である「Proxy」コントラクトをデプロイするスマートコントラクトが必要になります。「Factory」コントラクトは、必要に応じてNFTコントラクトをデプロイする機能を備えています。

● Beacon Proxyコントラクト

「Beacon Proxy」コントラクト各NFTコントラクトの実装がされている「Implementation」コントラクトを指し示すスマートコントラクトです。

複数の「Proxy」コントラクトから問い合わせを受け、「Implementation」コントラクトのアドレスを渡す処理を実行します。これにより、「Proxy」コントラクトは処理を実行するときに呼び出す「Implementation」コントラクトのアドレスがわかります。

「Implementation」コントラクトをアップグレードしたいときは、「Implementation」コントラクトを新たにデプロイした後、「Beacon Proxy」コントラクト内で保管されている「Implementation」コントラクトのアドレスを新しくデプロイしたアドレスに差し替えます。

● Implementationコントラクト

「Implementation」コントラクトは、これまでのアップグレードパターン同様、具体的なNFTコントラクトの処理が記述されているスマートコントラクトです。データが保管されている各「Proxy」コントラクトから呼ばれるスマートコントラクトで、1つしかありません。

このようにこれまでのアップグレードパターンよりも複雑な構造をとっていますが、それぞれの役割はシンプルなので理解しやすいと思います。

Upgrade時の注意点

コントラクトを実際にupgradeするとき注意点がいくつかあります(本項はCHAPTER 06でSolidityの基礎を理解した上で読むと理解が深まります)。

▶ 変数名とデータの不一致

コントラクトをupgradeするとき、ロジックはupgradeできますが、中のデータはそのままになります。

ここでのロジックは、コントラクトのコードのことです。一方、データは、具体的にコントラクト経由でブロックチェーンに刻まれているデータのことです。

そのため、変数の定義順を変更してしまうと、コントラクト内に保存されているデータと変数名がチグハグになってしまいます。

具体例で見ていきます。たとえばupgrade前のコントラクトの変数定義が次のようになっていたとします。

```
string name
adderss owner
uint8 version
uint256 startSale
```

そして、次のように変数定義を更新したとします。

```
string description // 新たに追加
string name
adderss owner
uint8 version
uint256 startSale
```

そうすると、変数の定義(コントラクトのロジック)は更新されて、実際のデータはそのままなので、たとえば `description` のデータを取得しようとすると、コントラクト内で `name` だったデータにアクセスしてしまいます。

◉誤った変数定義順

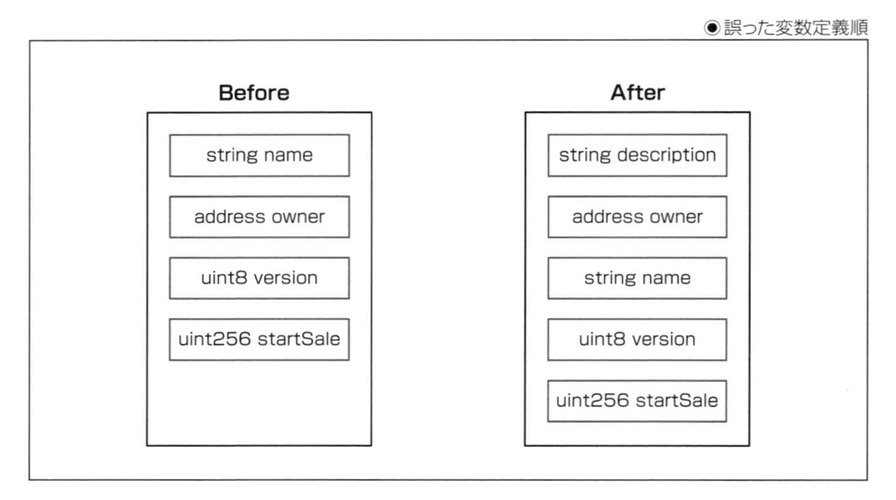

今度は `name` にアクセスしようとすると、`owner` と `version` のデータを取得してしまいます。これは、コントラクト内のストレージは32Byteのスロットが保存されており、変数の定義順にslotの上からデータが格納されていることが原因です。

データは更新されないので、下図のように変数の定義順にストレージからデータを取得してしまいます。

●変数の定義順にストレージからデータを取得

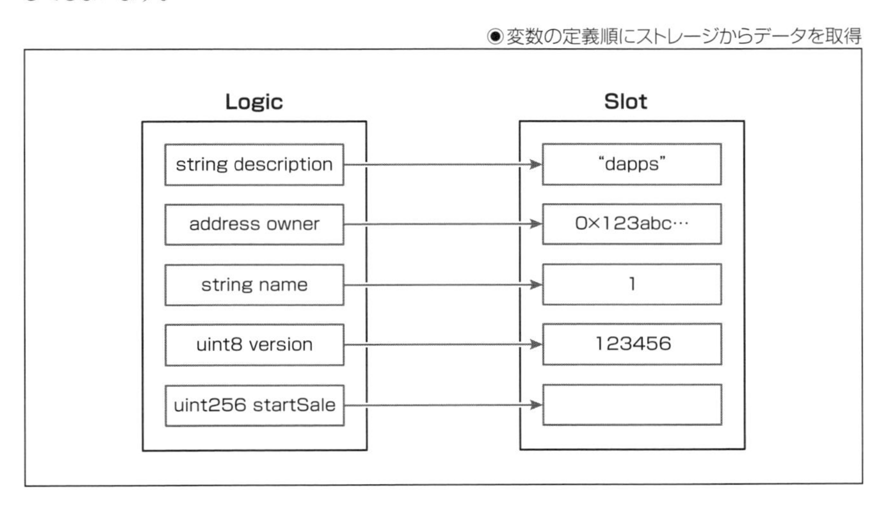

このように、変数定義順を変更してしまうと、実際のデータとの不一致が起こるので注意が必要です。

もし定義する変数を増やしたい場合は、すでに定義されている変数より上に追加するのではなく、必ず下に追加するようにしてください。先ほどの例であれば次のようにすれば問題ありません。

```
string name
adderss owner
uint8 version
uint256 startSale
string description  // ここに追加
```

関数や配列の定義に影響しないか気になると思いますが、簡単に説明すると、関数や配列の定義やデータは上から順番にslotに格納されているわけではないので、変数定義の一番後ろに追加すれば影響は出ません。詳細については171ページを参照してください。

▶関数セレクタの衝突

関数セレクタというのは、コントラクト内の関数を識別するための値です。「関数名と引数」のデータをkeccak-256ハッシュ関数でハッシュ化し、その値の先頭4バイトを使用しています。

keccak-256ハッシュ関数では衝突の発生確率が低いですが、関数セレクタの場合は先頭4バイトを取得しているだけなので、同じ値になる可能性があります。

upgradeableなコントラクトの場合、proxyコントラクトではdelegatecallという機能を使用してimplementationコントラクトを呼び出します。

このとき、関数セレクタを使用して関数を呼び出すため、同じ関数セレクタを持つ関数があると必ず先に定義された方が呼び出されます。これは脆弱性になり得るので、関数セレクタの衝突には十分に気をつける必要があります。

開発時はhardhatやfoundryを使用するので、関数セレクタが衝突していればcompile時に教えてくれます。

CHAPTER 06

Solidityの概要

Solidityとは

Solidityとは、EVM(Ethereum Virtual Machine)スマートコントラクトを作成するために使用されるプログラミング言語です。

本章では、このSolidityでスマートコントラクトを作成できるように、Solidityについて1からできるだけわかりやすく説明していきます。

下記のSolidityの公式ドキュメントの項目をもとに説明していきます。

URL https://docs.soliditylang.org/en/v0.8.28/

なお、説明が前後している場合もあるため、まだ取り上げていないSolidityのコードが出てきた場合はなんとなくの理解で問題ありません。一通り、本章を確認した後に、再度理解のために確認してください。

本章で使用しているコードはGitHubの下記のリポジトリで管理しています。

URL https://github.com/cardene777/dapps_book

コードは、`dapps_book` リポジトリの `solidity_basic` ディレクトリ内にまとめています。

準備

今回はRemixというIDEを使用してコードを書いていきます。Remixはブラウザ上でコントラクトの開発やデプロイを行うことができるIDEです。

下記のURLを開いてください。

URL https://remix.ethereum.org

▶ファイルの作成

開いたら、今回使用するファイルを作成していきます。ここにはディレクトリやファイルが一覧で表示されています。

まずは、左にあるサイドメニューから、一番上にあるファイルのアイコンをクリックしてください。その後、下図のように「contracts」にマウスポインタを合わせて、左から2つ目のファイルアイコン(マウスポインタを合わせると「Create new file」と表示されるアイコン)をクリックします。

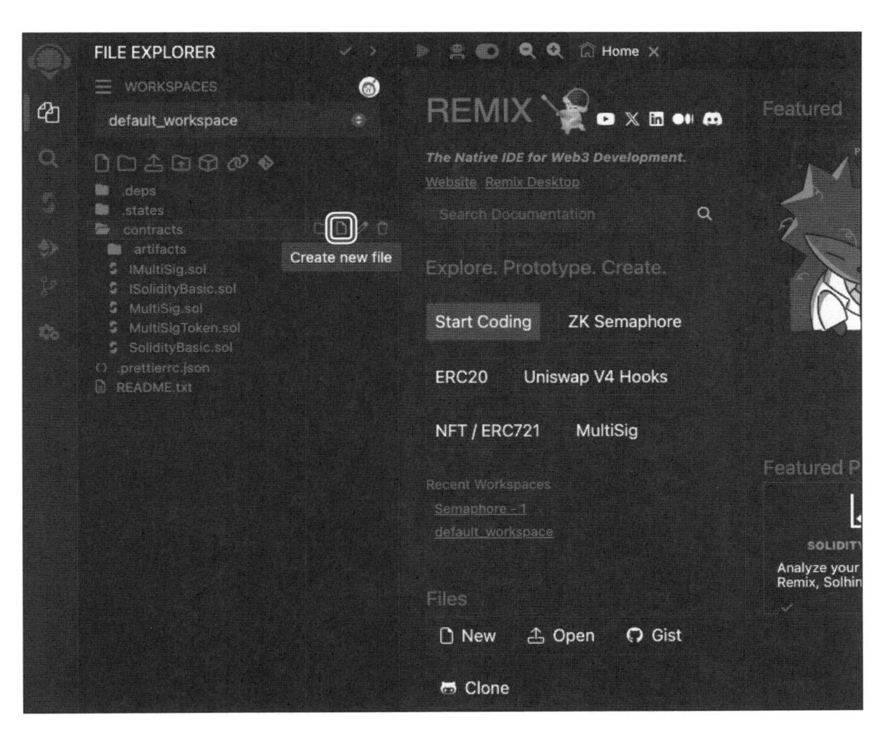

　そうするとファイル名の入力を求められるので、`SolidityBasic.sol`と入力してEnterキーを押してください。これで新しいSolidityファイルの作成ができました。

　ファイルの作成ができたら、最低限のコードを格納していきます。次のコードを`SolidityBasic.sol`に記載してください。

SAMPLE CODE SolidityBasic.sol

```
// SPDX-License-Identifier: MIT
pragma solidity 0.8.27;

contract SolidityBasic {

}
```

▶コンパイル

次にコントラクトのコンパイル方法を確認していきます。

下図のように、左にあるサイドメニューの上から3つ目のSolidity（Solidity compiler）のアイコンをクリックしてください。そうすると、コンパイルができる画面が出てくるので、「Compile SolidityBacis.sol」ボタンをクリックしてください。下図に表示されている、サイドメニュー内のSolidityアイコンの緑チェックがローディングされて、緑チェックに切り替わればコンパイル成功です。

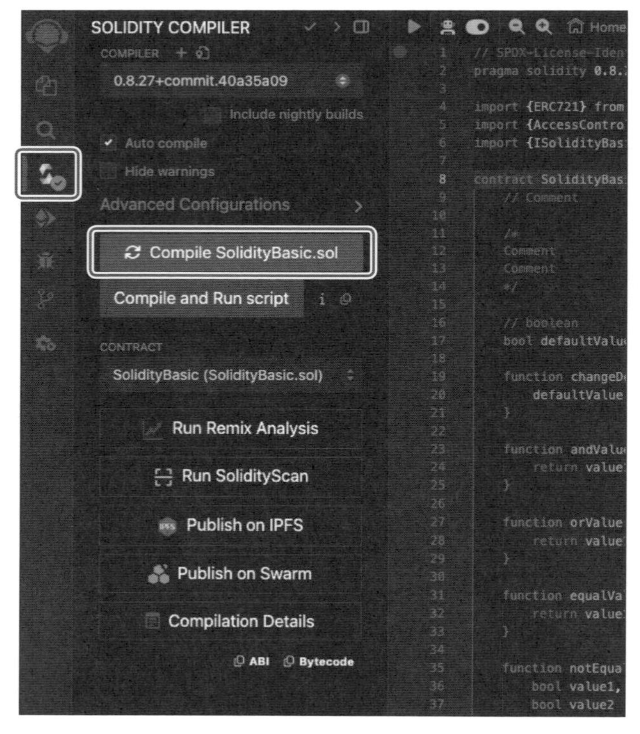

コントラクトにエラーがあると、そもそもコンパイルできず緑チェック部分が赤い数字に変わります。また、別のSolidityファイルを開いていると、そのコントラクトをコンパイルしてしまうので注意してください。

「Auto compile」をONにしておくと、コントラクトに変更を加えたときに自動でコンパイルがされるようになります。

▶デプロイ

次にコントラクトをデプロイして動作確認を行う手順について説明していきます。

多くのブロックチェーンでは、メインネットとテストネットの2つのネットワークがあります。Remixの場合はこの2つのネットワークとは別に、Remix VMというサンドボックスブロックチェーンを提供しています。そのため、他の人がデプロイしたコントラクトにアクセスしたり、自分がデプロイしたコントラクトが他の人にアクセスされることはありません。動作確認のテストを行うには一番使いやすいので、今回はRemix VMを使用しています。

まずは、下図のように左にあるサイドメニューの上から4つ目のEthereum(Deploy & run transactions)のアイコンをクリックしてください。

そうすると、コントラクトのデプロイ画面が表示されるので、一番上の「ENVIRONMENT」の部分が「Remix VM」になっているのを確認してください。「Cancun」というのはEthereumのアップデート名なので別の名前でも気にしないでください。もし「Remix VM」以外が表示されている場合は、下図だと「Remix VM」と表示されている部分をクリックして、「Remix VM」を選択してください。

ネットワークの設定ができたので、次にデプロイしていきます。オレンジ色の「Deploy」というボタンをクリックするとデプロイできます。このとき、「CONTRACT」部分が「SolidityBasic - ～」となっていることを確認してください。別のコントラクトになっていると、そのコントラクトがデプロイされてしまうので、「Remix VM」のときと同じくクリックして「SolidityBasic - ～」に切り替えてください。

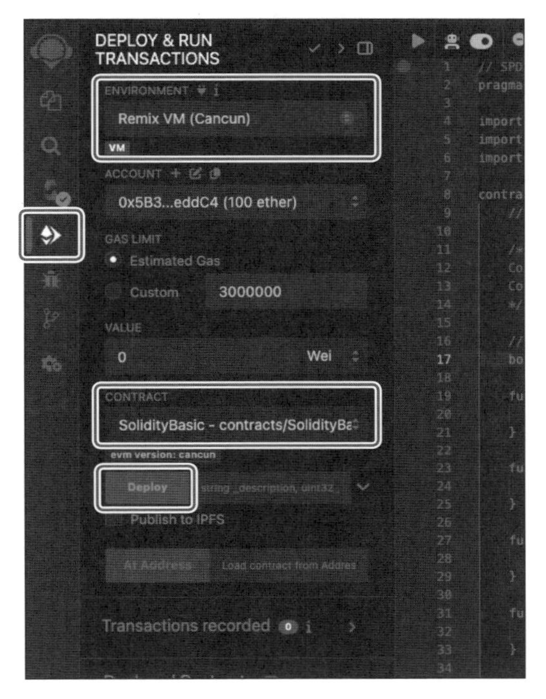

デプロイが完了すると、前ページの図の下部に表示されている「Deployed Contracts」部分にデプロイされたコントラクトが表示されます。

デプロイされた直後はコントラクトアドレスなどしか見えないようになっているので、下図のようにデプロイされたコントラクトの左にあるアイコンをクリックすると、コントラクト内の関数や変数が一覧で表示されます。

オレンジ色のボタンになっているのが「書き込み関数」で、コントラクト内（ブロックチェーン上）のデータを書き換える関数です。

一方、青色のボタンになっているのは「読み取り関数」で、コントラクト内（ブロックチェーン上）のデータを取得する関数です。

これでSolidityについて学ぶ準備は完了です。

Remixを使用して実際に動作確認を行うことができるので、1つひとつ確認してみてください。なお、Remixについては、読者特典（6ページ参照）のPDFで解説している「MultiSig Wallet」のハンズオンでより詳しく説明しています。

ライセンス・バージョン指定・コメント

ここではSolidityのライセンスとバージョン指定、コメントについて説明します。

ライセンス

下記の記述はライセンス情報を示しており、solidityファイルの先頭に記述します。

```
// SPDX-License-Identifier: MIT
```

スマートコントラクトはデプロイされると公開されてしまうため、コードの利用に関するライセンス情報が常に含まれるようになっています。

代表的なライセンスとして「MIT」や「GPL-3.0」などがあり、ライセンスを指定したくない場合には「UNLICENSED」を定義します。

バージョン指定

`pragma` はSolidityコンパイラの設定を指定するために使用されます。よく使用されるのはSolidityコンパイラのバージョン指定です。たとえば、下記ではSolidity 0.8.27を指定しています。

```
pragma solidity 0.8.27;
```

なお、Solidityのバージョンは `^0.8.0` のように定義することもでき、この場合は「Solidityのバージョン0.8.0以上」を示しています。

ただし、この指定方法はバージョンが曖昧であるため、`0.8.0` や `0.8.27` などのように `^` を外して特定のバージョンを使用することが望ましいです。これは、予期しない動作を防ぐためです。たとえば、過去に作成したコントラクトをデプロイするとき、Solidityの最新バージョンを使用してデプロイしてしまうと予期しない動作を引き起こす可能性があります。

コメント

Solidityファイル内でコードの説明やメモを残すためにコメントを使用します。コメントの書き方は2パターンあります。

シンプルに1行だけのコメントであれば、`//` を先頭に付けます。複数行にわたるコメントであれば `/*` と `*/` でコメントしたいメッセージを囲みます。

```
// 1行でのコメント

/*
複数行にわたる
コメント
*/
```

import

下記のように `import` を使用してライブラリが提供しているコントラクトを読み込むことで、そのコントラクトを使用することができます。

```
import {ERC721} from "@openzeppelin/contracts/token/ERC721/ERC721.sol";
import {AccessControl} from "@openzeppelin/contracts/access/AccessControl.sol";
```

コードを見ると「openzeppelin」というライブラリから「ERC721.sol」と「AccessControl.sol」という2つのコントラクトを読み込んでいるのがわかります。

コントラクトを提供しているライブラリとして代表的なものは「Openzeppelin」や「Solady」などがあります。

- Openzeppelin

  URL https://github.com/OpenZeppelin/openzeppelin-contracts

- Solady

  URL https://github.com/Vectorized/solady

複数のimport方法

他のコントラクトを `import` するときは、次のようにさまざまま定義の仕方があります。

```
// ❶
import @openzeppelin/contracts/token/ERC721/ERC721.sol";

// ❷
import {ERC721} from "@openzeppelin/contracts/token/ERC721/ERC721.sol";

// ❸
import * as rec721 from "@openzeppelin/contracts/token/ERC721/ERC721.sol";

// ❹
import "@openzeppelin/contracts/token/ERC721/ERC721.sol" as rec721;

// ❺
import { contractA as A, contractB } from "../multiContracts";
```

❶は最もシンプルな形式です。

❷はコントラクト名を表記しながら読み込むことで、可読性が向上します。

❸は1つのSolidityファイル内にコントラクトを複数定義でき、そのコントラクトをまとめて読み込んで「erc721」という名前で使用できるようにしています。

❹は書き方が違うだけで❸と同じで「erc721」という名前で使用できるようにしています。

❺は「multiContracts」コントラクト内の「contractA」と「contractB」コントラクトを読み込んでいます(「contractA」は「A」という名前で使用できるようにしています)。

基本的には❶か❷の方法でimportすることが多いです。

import時の注意点

ライブラリを使用する際、「そのライブラリが提供するコントラクトは本当に安全か」ということに注意する必要があります。

スマートコントラクトは資金を扱ったり、一度デプロイされてしまうと変更できないという性質があるため、仮に提供されているライブラリに悪意あるコードが混ざっていると資金が盗まれたり攻撃につながる恐れがあります。

このとき、何をもって安全とするかですが、下記のポイントがあります。

▶監査されいているか

コントラクトはデプロイする前に監査といって、コントラクトの専門家に脆弱性がないか確認してもらうフローを挟みます。

コントラクトを提供しているライブラリでは、そのほとんどに「audit」のようなディレクトリが存在していて、その中に監査レポートが入っています。この監査レポートは、いわば「コントラクトの専門家から脆弱性がないとお墨付きをもらった」状態です。

監査をしたからといって脆弱性が0になるわけではありませんが、少なくともしていないと信頼はできないという理解をしておけば十分です。

▶GitHubのスター数やフォーク数

スマートコントラクトに限りませんが、Githubのスター数やフォーク数がどれくらいあるかは見ておくとよいでしょう。スター数が多ければ、より多くのプロジェクトで使用されたりより多くのユーザーによる検証がされていると判断できます。

▶開発チームの信頼性

誰が開発をしているかも確認しておくとよいでしょう。

企業が提供しているライブラリであれば、その企業がどんなことをしているのかや評判などを確認します。個人やコミュニティで開発している場合は、個人のGitHubアカウントなどを確認してどんな活動をしてきたのかなどは1つ指標になります。

また、コントラクトをライブラリ経由で読み込むのではなく、自身のコントラクトとして作ることもできるので、あまり信用できない場合にはこの方法も有効です。ただし、そのまま使用する場合はライセンスなどが関係してくるので注意が必要です。

SECTION-036

継承

ライブラリから読み込んだコントラクトはただ読み込むだけでは使用できず、「継承」ということをすることで使用できるようになります。コントラクトを「継承」するときは、コントラクト名の後ろに `is` を付けて、その後ろに継承したいコントラクトをカンマ区切りで定義していきます。

```
contract SolidityBasic is ERC721, AccessControl{
  ...
}
```

上記のコードでは、`SolidityBasic` というコントラクトで `ERC721` と `AccessControl` というコントラクトを継承しています。これにより、`SolidityBasic` コントラクトで `ERC721` と `AccessControl` に定義されている変数や関数を使用できるようになります。

コントラクトの継承順

コントラクトの継承時に、継承しているコントラクトの定義順は基本的にどんな順番でも問題ありません。しかし、特定の場合においては継承順序を意識する必要があります。

まず下記のコントラクトを用意します。

```
contract A {
    function getA() public pure returns (string memory) {
        return "A";
    }
}

contract B is A {
    function getB() public pure returns (string memory) {
        return "B";
    }
}
```

`A` と `B` という2つのコントラクトを作成しました。 `B` コントラクトは、`A` コントラクトを継承しているのがわかります。

そして、この `A` と `B` という2つのコントラクトを継承したコントラクトである `C` を作成します。

```
contract C is A, B {
    function getC() public pure returns (string memory) {
        return string(abi.encodePacked(getA(), getB()));
    }
}
```

Cコントラクトは継承順が正しいですが、下記の「InvalidC」コントラクトのようにすると `TypeError: Linearization of inheritance graph impossible` というエラーが出ます。

```
contract InvalidC is B, A {
    function getInvalidC() public pure returns (string memory) {
        return string(abi.encodePacked(getA(), getB()));
    }
}
```

これにより、Aコントラクトのほうを先に定義しないといけないことがわかります。理由としては、BコントラクトがAコントラクトに依存しているためです。

Bコントラクトを継承しつつ、Bコントラクトが継承しているコントラクトも継承するときは、一番基となるコントラクト(Aコントラクト)を先に継承する必要があります。

この場合、AとBコントラクトの関係性は次のようになります。

- 「A」コントラクト
  - 親コントラクト
- 「B」コントラクト
  - 子コントラクト

親コントラクトと子コントラクトの関係性がある2つ以上のコントラクトを継承するとき、必ず親コントラクトから先に定義する必要があるので注意してください。

別の例として下記のようにA、B、C、Dという4つのコントラクトを定義してみます。

```
contract A {
    string public name;

    function setName(string memory _name) public {
        name = string(abi.encodePacked("From A: ", _name));
    }
}

contract B is A {
    function setName(string memory _name) public override {
        name = string(abi.encodePacked("From B: ", _name));
    }
}

contract C is A {
    function setName(string memory _name) public override {
        name = string(abi.encodePacked("From C: ", _name));
```

01 02 03 04 05 06 Solidityの概要 07 08

```
    }
}

contract D is B, C {
    function setName(string memory _name) public override(B, C) {
        C.setName(_name);
    }
}
```

A コントラクトは何も継承しておらず、B と C コントラクトは A コントラクトを継承しています。D は、B と C コントラクトを継承しています。

この場合、継承順としては下図のようになります。

◉継承順

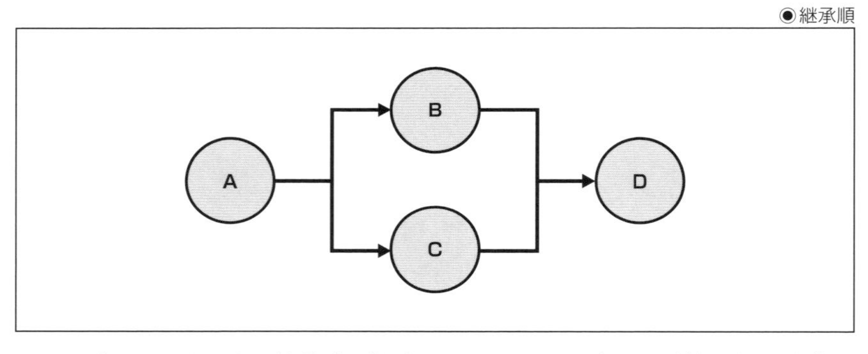

このように、コントラクトの継承時は継承しているコントラクトとの関係性にまで目を向けられると、作成しているコントラクトの全体像を把握できるのでおすすめです。

型

Solidityにはデータの型があります。たとえば、文字列を扱いたければ`string`という型があり、数値データを扱いたければ`uint`という型があります。

本節ではこの型について1つずつ説明していきます。型を理解することで、Solidityでさまざまなデータを使用することができるようになります。

Solidityで変数を定義した場合、読み取り関数として扱います。そのため、Remix上でコントラクトをデプロイしたときに、青色のボタンの部分に変数名が表示されます。また、コントラクトをデプロイした後に、変数を外部から実行できるようにする(青色のボタンとして表示する)には、次のコードのように変数の型定義の後ろに`public`と付ける必要があります。

```
bool public defaultValue = true;
```

`public`を付けないと関数の一覧の中に表示されないので、Remix上で確認したいときは上記のように`public`を付けるようにしてください、

逆に、関数が多すぎる場合は、`public`を外すことでデプロイしたコントラクトに表示されている関数を減らすことができます。

bool型

`bool`型は、`true`と`false`の値を扱うデータ型です。デフォルト値は`false`です。条件分岐や論理演算などで使用されます。

Solidityでは次のように記述します。

```
bool defaultValue = true;
```

上記のコードでは`bool`型の変数`defaultValue`を定義して、そこに`true`を格納しています。

int型／uint型

`int`型と`uint`型は、数値データを扱うことができる型です。デフォルト値は`0`です。比較演算やビット演算、算術演算などで使用されます。

`int`と`uint`の使い分けは次のようになります。

- int
  - 符号付き整数で、正の値・負の値の両方を格納できる
- uint
  - 符号なし整数で0以上の整数をのみを格納できる

8ビットの場合は `uint8` 、256ビットの場合は `uint256` のように定義でき、8ビット～256ビットの間を8ビット刻みで使用することができます。 `uint` や `int` と定義することもでき、この場合はそれぞれ `uint256` 、`int256` という扱いになります。

Solidityでは次のように記述します。

```
uint256 defaultValue = 100;
```

上記の例では `uint256` 型の変数 `defaultValue` を定義して、そこに `100` を格納しています。

COLUMN int型／uint型のTips

`int` 型と `uint` 型の数値が大きくなると可読性が低下します。そのため、可読性を向上させるために数字の間に `_` を挟むことができます。

```
int256 intUnderBar = 5_000;
uint256 uintUnderBar = 100_100_100;
```

また、指数表記で定義することも可能です。

```
int256 intE = -2e10; // -20,000,000,000
uint256 uintE = 2e10; // 20,000,000,000
```

fixed型／ufixed型

`fixed` 型と `ufixed` 型は、固定小数点数を扱うことができる型です。ただし、Solidityでは固定小数点数型が完全にサポートされておらず、宣言はできますが値を代入したり演算に使用することはできません。

`fixed` と `ufixed` には次のような違いがあります。

- fixed型
  - 負の値も扱える型
- ufixed型
  - 0以上の値のみ扱える型

`fixed` 型と `ufixed` 型の値を定義するときは次のようにします。

```
fixed fixedA = 10;
ufixed ufixedA = 5;
```

上記のように定義はできますが、完全なサポートをしていないため、コンパイル時にエラーになります。そのため、次のようにコメントアウトしておいてください。

```
// fixed fixedA = 10;
// ufixed ufixedA = 5;
```

小数点を値として保有することはできませんが、次のように計算の中で小数点を使用することはできます。

```
uint256 scaledValue1 = uint256(.5 * 10); // 5
uint256 scaledValue2 = uint256(1.3 * 10); // 13
```

ただ、次のように小数点のまま値を使用するとエラーになります。

```
// uint256 scaledValue3 = uint256(.3);
// uint256 public scaledValue2 = uint256(1.3 * 5);
```

address型

`address` 型は、ブロックチェーン上で使用できるEOAアドレスやコントラクトアドレスの型です。デフォルト値は `0x0000000000000000000000000000000000000000` です。この値は、「誰のアドレスでもない」ということを示し、もしこのアドレスにネイティブトークンであるETHやNFTを送付してしまうと、二度と取り戻せなくなってしまいます。

20バイトで構成されていて、次のように定義します。

```
address address1 = 0x1234567890123456789012345678901234567890;
address payable address2 = payable(0x0987654321098765432109876543210987654321);
```

`payable` を付けると、そのアドレスからネイティブトークンであるETHを送付したり、受け取ることができるようになります。

`payable` が付いていない `address` 型に `payable` を付けるには次のようにします。

```
address address1 = 0x1234567890123456789012345678901234567890;
address payable payableAddress = payable(address1);
```

`address` 型が保有するネイティブトークンである「ETH」の量を確認するには、次のように記述します。

```
function getBalance(address _addr) public view returns(uint256) {
    return _addr.balance;
}
```

他にもコントラクトアドレスにデプロイされたEVMバイトコードを取得することもできます。

```
function getCode(address _addr) public view returns (bytes memory, bytes32) {
    return (_addr.code, _addr.codehash);
}
```

`address` 型の変数の後ろに `code` と付けることでEVMバイトコードを取得することができ、`codehash` と付けることで `code` で取得したEVMバイトコードのKeccak-256ハッシュ値を取得することができます。

他にもEthereumのネイティブトークンである「ETH」の送金を行うことができます。詳細は175ページで説明しています。

01
02
03
04
05
06
Solidityの概要
07
08

bytes型

`bytes` 型は、固定長のバイト配列を扱うことができる型です。デフォルト値は `0x` です。固定のバイト配列は「bytes1（8ビット）」〜「bytes32（256ビット）」まで扱うことができます。

Solidityでは、次のように記述します。

```
bytes1 bytesA = 0x12;
bytes3 bytesB = 0x123456;
bytes32 bytesC =
    0x1234567890abcdef1234567890abcdef1234567890abcdef1234567890abcdef;
```

基本的に `int` 型や `uint` 型と同じで、比較演算子やビット演算子、シフト演算子などを使用することができます。また、バイト配列であるため、インデックス番号でアクセスしたり配列の長さを取得することもできます。

```
bytes32 public bytesIndex = bytesB[1]; // 0x34
uint256 public bytesLength = bytesC.length; // 32
```

Solidityでは、`bytes` 型のデータをよく使用します。代表的な使用例としては下記があります。

- 文字列の比較
  - Solidityでは直接、「string」型同士が一致しているかを比較することができないため、一度「bytes」型に変換して比較する必要がある。
- データのパッキング
  - 特定の関数の実行データなどを、「bytes」型に変換して渡すことがある。これにより、効率的にデータの受け渡しが可能になる。

string型

`string` 型は、文字列を扱うことができる型です。デフォルト値は `""` です。ダブルクォート（ `"` ）またはシングルクォート（ `'` ）でデータを囲むことで文字列として扱うことができます。

Solidityでは次のように記述します。

```
string hello = "hello";
string world = 'world';
```

string 型では、次のような代表的なエスケープシーケンスが存在します。

◉代表的なエスケープシーケンス

エスケープシーケンス	意味
\\	バックスラッシュ(「\」)
\'	シングルクォート(「'」)
\"	ダブルクォート(")
\n	改行

コードでは次のように記述します。

```
string public backslash = "backslash\\";
string public singleQuote = "single\'quote";
string public doubleQuote = "single\"quote";
string public newLine = "new\nline";
```

string 型では、絵文字を使用することもできます。

```
string rocket = unicode"🚀 Rocket";
```

enum型

enum 型は、複数の定数を名前付きで定義する型です。各定数は一意な値を持ち、インデックス番号のように定義した順に 0 から始まる連続した整数値を内部的に保有しています。

デフォルト値は、最初に定義した値になります。

Solidityでは次のように記述します。

```
enum EnumCountry { Japan, UnitedStates, Canada, Germany }
```

次のように enum 型を関数の引数に設定した場合、引数で渡す値は EnumCountry の要素の数(4つ)の 0 から始まる先頭からの連続した値を渡します。たとえば、0 を渡すと enumCountry == EnumCountry.Japan の条件に一致して、Japan という値が返されます。 EnumCountry.Japan には 0 という値が格納されているイメージです。

```
function getCountry(
    EnumCountry enumCountry
) external pure returns (string memory) {
    if (enumCountry == EnumCountry.Japan) {
        return "Japan";
    } else if (enumCountry == EnumCountry.UnitedStates) {
        return "United States";
    } else if (enumCountry == EnumCountry.Canada) {
        return "Canada";
    } else if (enumCountry == EnumCountry.Germany) {
```

01 02 03 04 05 06 Solidityの概要 07 08

```
        return "Germany";
    }

    return "Unknown";
}
```


type

type は、これまで紹介してきた型に対して特定の名前を付けて、新たな型定義をすることができるようになります。これにより、uint256 や string という型に意味を持たせることができるようになります。

Solidityでは、次のように記述します。

```
type Price is uint256; // Price型を定義(uint256のエイリアス)

contract PriceContract {
    Price public price;

    function setPrice(uint256 _price) public {
        price = Price.wrap(_price);
    }

    function doublePrice(Price _price) public pure returns (Price) {
        uint256 doubledValue = Price.unwrap(_price) * 2;
        return Price.wrap(doubledValue);
    }

    function getPrice() public view returns (uint256) {
        return Price.unwrap(price);
    }

}
```

type Price is uint256; という部分で、Price という型の名前で uint256 型に対してエイリアスを付けています。これにより、コントラクト内で Price という型を使用することができ、引数で受け取る値がわかりやすくなります。実際の型としては uint256 ですが、名前を付けることで可読性が向上し、誤った変数の使用を防止することもできます。

作成した Price 型に対して、wrap と unwrap という関数が呼び出されています。setPrice 関数内では、Price 型に対して wrap 関数を呼び出しています。これにより、uint256 型を Price 型に変換することができます。逆に getPrice 関数内で使用されている unwrap 関数では、Price 型から uint256 型に変換しています。

`Price` 型に対しては、`Price` 型のデータしか格納できず、下記のように `uint256` 型のデータを格納しようとするとエラーになります。これにより、特定の型以外を格納できなくなり、型の安全性が向上します。

```
function failSetPrice(uint256 _price) public {
    price = _price;
}
```

演算子

Solidityでは他のプログラミング言語と同様に演算子があります。ここではよく使われる演算子について説明します。

論理演算

論理演算は他のプログラミング言語でも使用されます。

▶論理否定

論理否定は、`true`と`false`を反転させます。

```
function changeDefault() public {
    defaultValue = !defaultValue;
}
```

上記の例では、`defaultValue`の値は最初は`true`ですが、`!defaultValue`と`!`を変数名の先頭に付けることで`false`になります。

▶論理積

論理積は、2つの値が`true`の場合は`true`が返され、片方でも`false`の場合は`false`が返されます。

```
function andValue(bool value1, bool value2) public pure returns (bool) {
    return value1 && value2;
}
```

上記の例では、引数で受け取った2つの値（`value1`と`value2`）を`&&`でつなぐことで、下表に基づいた値が返されます。

value1	value2	value1 && value2
true	true	true
true	false	false
false	true	false
false	false	false

▶論理和

論理和は、2つの値のうちどちらかが`true`の場合は`true`が返され、両方の値が`false`の場合は`false`が返されます。

```
function orValue(bool value1, bool value2) public pure returns (bool) {
    return value1 || value2;
}
```

上記の例では、引数で受け取った2つの値（ `value1` と `value2` ）を `||` でつなぐことで、下表に基づいた値が返されます。

value1	value2	value1 || value2
true	true	true
true	false	true
false	true	true
false	false	false

比較演算

比較演算は2つの値の比較を行い、その値に応じて `true` か `false` を返すことができます。

▶「==」（等しいことを比較）

`==` は、2つの値を比較して、等しい場合は `true` を返し、等しくない場合は `false` を返します。

```
function equalUint(
    uint256 value1,
    uint256 value2
) public pure returns (bool) {
    return value1 == value2;
}
```

上記の例では、`value1` と `value2` の値を比較して、同じ値の場合は `true` を返し、異なる場合は `false` を返します。2つの値を `==` でつなぐことで `true` か `false` の `bool` 値を取得できます。

▶「!=」（等しくないことを比較）

`!=` は、2つの値を比較して、等しくない場合は `true` を返し、等しい場合は `false` を返します。

```
function notEqualUint(
    uint256 value1,
    uint256 value2
) public pure returns (bool) {
    return value1 != value2;
}
```

上記の例では、`value1` と `value2` の値を比較して、異なる値の場合は `true` を返し、同じ場合は `false` を返します。2つの値を `!=` でつなぐことで `true` か `false` の `bool` 値を取得できます。

▶「<=」と「>=」(左右の値を比較)

`<=` および `>=` は、2つの値を比較して、値の大小によって `true` を返し、等しくない場合は `false` を返します。

```
function greaterThanOrEqualUint(
    uint256 value1,
    uint256 value2
) public pure returns (bool) {
    return value1 >= value2;
}
```

上記の例では、`value1` と `value2` の値を比較して、`value1` のほうが `value2` 以上の場合は `true` を返し、そうでない場合は `false` を返します。2つの値を `>=` でつなぐことで `true` か `false` の `bool` 値を取得できます。

```
function lessThanOrEqualUint(
    uint256 value1,
    uint256 value2
) public pure returns (bool) {
    return value1 <= value2;
}
```

上記の例では、`value1` と `value2` の値を比較して、`value1` のほうが `value2` 以下の場合は `true` を返し、そうでない場合は `false` を返します。2つの値を `<=` でつなぐことで `true` か `false` の `bool` 値を取得できます。

▶「<」と「>」(左右の値を比較)

`<` および `>` は、2つの値を比較して、値の大小によって `true` を返し、等しくない場合は `false` を返します。

```
function greaterThanUint(
    uint256 value1,
    uint256 value2
) public pure returns (bool) {
    return value1 > value2;
}
```

上記の例では、`value1` と `value2` の値を比較して、`value1` のほうが `value2` より大きい場合は `true` を返し、そうでない場合は `false` を返します。2つの値を `>` でつなぐことで `true` か `false` の `bool` 値を取得できます。

```
function lessThanUint(
    uint256 value1,
    uint256 value2
) public pure returns (bool) {
    return value1 < value2;
}
```

上記の例では、value1 と value2 の値を比較して、value1 のほうが value2 より小さい場合は true を返し、そうでない場合は false を返します。2つの値を < でつなぐことで true か false の bool 値を取得できます。

ビット演算

数値型のデータを使用してビット演算を行うことができます。より効率の良い計算を行いたいときなどによく使用されます。

▶AND

& は2つの値を比較してAND演算を行います。

```
uint256 uintA = 12; // (2進数: 1100)
uint256 uintB = 10; // (2進数: 1010)
uint256 andResult = uintA & uintB; // 結果: 8 (2進数: 1000)
```

上記の例では、uintA (12)と uintB (10)という2つの値でAND演算を行い、andResult (8)という値になっていることが確認できます。

2進数の計算になるため、次のように上2行の各値をもとに、どちらも 1 の場合は 1 となり、片方でも 0 の場合は 0 となります。2つの値を & でつなぐことでAND演算が行われ、1000 という値が出力されて10進数に変換すると 8 となります。

1	1	0	0
1	0	1	0
1	0	0	0

▶OR

| は、2つの値を比較してOR演算を行います。

```
uint256 uintA = 12; // (2進数: 1100)
uint256 uintB = 10; // (2進数: 1010)
uint256 orResult = uintA | uintB; // 結果: 14 (2進数: 1110)
```

上記の例では、uintA (12)と uintB (10)という2つの値でOR演算を行い、orResult (14)という値になっていることが確認できます。

2進数の計算になるため、次ページの表のように上2行の各値をもとに、片方の値が 1 の場合は 1 となり、両方の値が 0 の場合は 0 となります。

2つの値を `|` でつなぐことでOR演算が行われ、`1000` という値が出力されて10進数に変換すると `14` となります。

1	1	0	0
1	0	1	0
1	1	1	0

▶XOR

`^` は、2つの値を比較してXOR演算を行います。

```
uint256 uintA = 12; // (2進数: 1100)
uint256 uintB = 10; // (2進数: 1010)
uint256 exclusiveOrReult = uintA ^ uintB; // 結果: 6 (2進数: 0110)
```

上記の例では、`uintA`（12）と `uintB`（10）という2つの値でXOR演算を行い、`exclusiveOrReult`（6）という値になっていることが確認できます。

2進数の計算になるため、次のように上2行の各値をもとに、両方の値が異なる場合に `1` となり、両方の値が同じ場合は `0` となります。

2つの値を `^` でつなぐことでXOR演算が行われ、`0110` という値が出力されて10進数に変換すると `6` となります。

1	1	0	0
1	0	1	0
0	1	1	0

▶NOT

`~` は、特定の値のビットを反転させます。

```
uint256 uintA = 12; // (2進数: 1100)
uint256 notReult = ~a; // 結果: 0011 (2進数: 3)
```

上記の例では、`uintA`（12）のビットを反転させて `notReult`（3）という値になっていることが確認できます。

2進数の計算になるため、次のように特定の値の各ビットを反転させています。ビットを反転させたい値の先頭に `~` を付けることでビットが反転し、`0011` という値が出力されて10進数に変換すると `3` となります。

1	1	0	0
0	0	1	1

シフト演算

シフト演算は、ビット列を左または右にシフトします。より効率の良い計算を行いたいときなどによく使用されます。

▶左シフト

`<<` は、特定の値のビットを左に指定された数だけシフトします。

```
uint256 shiftA = 1; // (2進数: 0001)
uint256 leftShiftResult = shiftA << 2; // 結果: 4 (2進数: 100)
```

上記の例では、`shiftA`(1)という値を2ビット左にシフトさせて、`leftShiftResult`(4)という値になっていることが確認できます。

特定の値(`shiftA`)に対して、`<<` とずらしたいビット数(`2`)を付けることで左シフトが行えます。

2進数の計算になるため、次のように特定の値を指定されている値(`2`)をもとに左に2つずらしています。左にずらした箇所は `0` で埋める(0パディング)ようにします。

0	0	0	1
0	1	0	0

他の例でも見ていきます。

```
uint256 shiftB = 12; // (2進数: 1100)
uint256 leftShiftResult2 = a << 2; // 結果: 48 (2進数: 110000)
```

上記の例では、`shiftB`(12)という値を2ビット左にシフトさせて、`leftShiftResult2`(48)という値になっていることが確認できます。

0	0	1	1	0	0
1	1	0	0	0	0

▶右シフト

`>>` は、特定の値のビットを右に指定された数だけシフトします。

```
uint256 shiftC = 4; // (2進数: 100)
uint256 rightShiftResult = shiftC >> 1; // 結果: 2 (2進数: 10)
```

上記の例では、`shiftC`(4)という値を2ビット右にシフトさせて、`rightShiftResult`(1)という値になっていることが確認できます。

特定の値(`shiftC`)に対して、`>>` とずらしたいビット数(`2`)を付けることで右シフトが行えます。

2進数の計算になるため、次のページの表のように特定の値を指定されている値(`2`)をもとに右に2つずらしています。右にずらした箇所は `0` で埋める(0パディング)ようにします。

0	1	0	0
0	0	0	1

他の例でも見ていきます。

```
uint256 shiftD = 48; // (2進数: 110000)
uint256 rightShiftResult2 = shiftD >> 2; // 結果: 12 (2進数: 1100)
```

上記の例では、`shiftD` (48)という値を2ビット右にシフトさせて、`rightShiftResult2` (12)という値になっていることが確認できます。

1	1	0	0	0	0
0	0	1	1	0	0

算術演算

他のプログラミング言語でも行われている計算をSolidityでも行うことができます。

▶加算

`+` を使うと、2つ以上の値を足すことができます。

```
uint256 valueA = 100;
uint256 valueB = 50;
uint256 plusResult = valueA + valueB; // 150
```

上記の例では、`valueA` (100)と `valueB` (50)の2つの値を足し合わせ、`plusResult` (150)という値になっています。

足し合わせたい値である `valueA` と `valueB` を `+` でつなぐことで加算を行えます。

次のように3つの値を加算することもできます。

```
uint256 valueA = 100;
uint256 valueB = 50;
uint256 valueC = 10;
uint256 plusResult2 = valueA + valueB + valueC; // 160
```

▶減算

`-` を使うと、2つ以上の値で減算ができます。

```
uint256 valueA = 100;
uint256 valueB = 50;
uint256 minusResult = valueA - valueB; // 50
```

上記の例では、`valueA` (100)と `valueB` (50)の2つの値で減算を行い、`minusResult` (50)という値になっています。

減算したい値である `valueA` と `valueB` を `-` でつなぐことで計算を実行できます。

次のように3つの値を減算することもできます。

```
uint256 valueA = 100;
uint256 valueB = 50;
uint256 valueC = 10;
uint256 minusResult2 = valueA - valueB - valueC; // 40
```

▶乗算

`*` を使うと、2つ以上の値で乗算ができます。

```
uint256 valueA = 100;
uint256 valueB = 50;
uint256 multiResult = valueA * valueB; // 50
```

上記の例では、`valueA`(10)と`valueB`(5)の2つの値で減算を行い、`multiResult`(50)という値になっています。

乗算したい値である`valueA`と`valueB`を`*`でつなぐことで計算を実行できます。

次のように3つの値を乗算することもできます。

```
uint256 valueD = 100;
uint256 valueE = 5;
uint256 valueF = 10;
uint256 multiResult2 = valueD * valueE * valueF; // 5,000
```

▶除算

`/` を使うと、2つ以上の値で除算ができます。

```
uint256 valueG = 10;
uint256 valueH = 5;
uint256 divResult = valueG / valueH; // 2
```

上記の例では、`valueG`(10)と`valueH`(5)の2つの値で除算を行い、`divResult`(2)という値になっています。

除算したい値である`valueG`と`valueH`を`/`でつなぐことで計算を実行できます。

次のように3つの値を除算することもできます。

```
uint256 valueD = 100;
uint256 valueE = 5;
uint256 valueF = 10;
uint256 result = valueD / valueE / valueF; // 4
```

▶剰余

`%` を使うと、2つ以上の値を割り算した余りを計算できます。

```
uint256 valueI = 11;
uint256 valueJ = 5;
uint256 modResult = valueI % valueJ; // 1
```

上記の例では、`valueI`（11）と`valueJ`（5）の2つの値で剰余を行い、`modResult`（1）という値になっています。

剰余計算を行いたい値である`valueI`と`valueJ`を`%`でつなぐことで計算を実行できます。

▶べき乗

`**` を使うと、特定の値をべき乗することができます。

```
uint256 valueK = 10;
uint256 exp = 2;
uint256 expResult = valueK ** exp; // 100
```

上記の例では、`valueK`（10）という値に対して何回掛けるかという`exp`（2）という値を使用して計算を行い、`expResult`（100）という値になっています。

もととなる値（`valueK`）に対して何回掛け合わせるかという値（`exp`）を`**`でつなぐことで計算を実行できます。

他の値でも計算を見てみます。

```
uint256 valueL = 10;
uint256 exp2 = 3;
uint256 expResult2 = valueL ** exp2; // 1000
```

Ⅲ インクリメント／デクリメント

数値型のデータでは、特定の値に「1」を加算したり（インクリメント）、「1」を減算すること（デクリメント）ができる演算子があります。

それが`++`と`--`という演算子で、Solidityは次のように記述します。

```
uint256 incrementValue = 10;
uint256 decrementValue = 10;

function updateValue() external {
    incrementValue++;
    decrementValue--;
}
```

変数名の後ろに `++` を付けることで、変数に「1」が加算された値が格納されます。また、変数名の後ろに `--` を付けることで、変数に「1」が減算された値が格納されます。

`++` を付ける場所を変数の前と後ろにすると処理が変わってきます。

```
function checkUpdateValue() external returns(uint256, uint256) {
    uint256 value1 = incrementValue++;
    uint256 value2 = ++incrementValue;
    return (value1, value2);
}
```

変数名の後ろに `++` を付けると、`value1` にインクリメントされる前の `incrementValue` が格納されて、`incrementValue` がインクリメントされます。つまり、`incrementValue` が「10」のとき、`value1` には「10」が格納されて `incrementValue` が「11」になります。

逆に、変数名の前に `++` を付けると、`incrementValue` がインクリメントされてから `value1` にインクリメントされた値が格納されます。先ほど `incrementValue` が「11」になったので、インクリメントされて `value1` には「12」が格納されて `incrementValue` も「12」になります。

特定の値を加算することもできます。この場合は `+=` とすることで、左にある値に右の値を足し合わせることができます。

```
uint256 value_ = 10;
function addValue(uint256 _num) external {
    value_ += _num;
}
```

SECTION-039

変数・定数

本節ではSolidityの変数と定数について説明します。

他のプログラミング言語と同じで、「変数」には特定の値を格納することができて後から変更することができます。「定数」も特定の値を格納することができますが、後から値を変更することができません。

Solidityでの変数・定数は次のように記述します。

```
uint256 public supply;
string public description;
address public owner;
bytes32 public constant OPERATOR_ROLE = keccak256("OPERATOR_ROLE");
uint128 public constant MAX_SUPPLY = 10000;
uint64 public constant mintPrice = 0.01 ether;
uint32 public launch;
uint16 public rewardRate;
uint8 private _version;
bool public isDiscount;
```

`uint256` や `string` という一番左にある値は、「データの型」情報です。文字列であれば `string` を使用し、数字であれば `uint256` や `uint128` などを使用します。

`public` は外部からアクセス可能かどうかを示しています。他にも変数には次のようなアクセス制御をかけることができます。

●アクセス制御の修飾子

アクセス制御	説明
public	コントラクト外からアクセスしてデータを取得可能
internal	デフォルトの値。コントラクト内からのみアクセス可能
private	コントラクト内からのみアクセス可能。継承先のコントラクトからはアクセスができない

`public` の場合は、自動で読み取り用の関数が作成され、関数を呼び出すときのようにオフチェーンから実行できます。

変数内のデータはストレージという場所に格納されます。ストレージ内は32byteごとに「slot」と呼ばれる領域に分かれています。変数を定義した順に、この「slot」にデータが格納されていきます。32byteに満たないデータに関しては、右寄せで格納されたり、他の変数と同じ「slot」に格納されます。

定数のときは定数名を大文字で記載することが推奨されています。

◉ストレージのイメージ

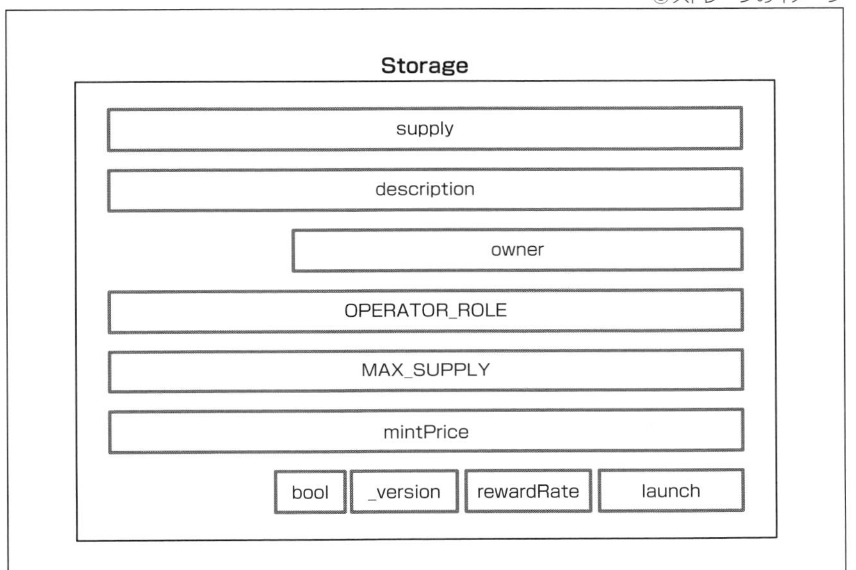

ストレージの詳細については、171ページを参照してください。

ここで特殊なのが定数です。定数はストレージに保存されておらず、コントラクトのコンパイル時に特定の値が格納されるようになっています。

SECTION-040

関数

Solidityでさまざまな処理を実行するために関数が使用されます。

Ⅲ 関数の基礎

関数には大きく分けて「書き込み」関数と「読み取り」関数の2つがあります。

「書き込み」関数は、コントラクト内(ブロックチェーン上)にデータを書き込んだり更新したりする関数で、実行時にガス代がかかります。

「読み取り」関数は、コントラクト内(ブロックチェーン上)からデータを取得する関数で、実行時にガス代がかかりません。

Solidityでは関数を次のように定義します。

```
uint256 num;

function setNum(uint256 _num) external {
    num = _num;
}

function getNum() external view returns(uint256) {
    return num;
}
```

関数を定義するときは、まず `function` の後ろに関数名を定義します。その後、引数やアクセス制御などの修飾子を定義し、必要であれば戻り値の情報についても定義します。

ここまで定義できたら、最後は具体的な関数の処理を実装するだけです。今回の場合は、変数の値を書き換えたり、特定の値を返しています。

Ⅲ 関数の修飾子

関数のアクセス制御では次の4つを設定することができます。

◉アクセス制御の修飾子

アクセス制御	説明
public	コントラクト内部からも外部からもアクセスが実行可能。Webアプリケーションや他のコントラクト、同じコントラクト内、継承先のコントラクト内の他の関数からアクセスすることができる
private	コントラクト内部からのみ実行可能。継承したコントラクトからは実行できない。同じコントラクト内の他の関数からのみアクセスできる
internal	コントラクト内部からのみ実行可能。継承したコントラクトから実行可能。同じコントラクト内、継承先のコントラクト内の他の関数からアクセスできる
external	コントラクト外部からのみ実行可能。Webアプリケーションや他のコントラクトからアクセスできる

private と internal 関数のときは、関数名の先頭に _ を付けることが望ましいです。これにより可読性が向上します。

```
function _internalOrPrivate() external view returns(uint256) {
    return  num * num;
}
```

他に読み取り関数のときに、次の2つの修飾子のどちらかを付けます。

◉読み取り関数の修飾子

修飾子	説明
view	コントラクト内のデータを読み取るが変更しない関数に付ける
pure	コントラクト内のデータを読み取らず変更しない関数に付ける。引数に受け取った値を使用したり、決まった値を返したりするときに使用される

他にも関数内でEthereumのネイティブトークンであるETHを受け取るには payable という修飾子を付けます。

```
event Deposit(address from, uint256 value);

function deposit() public payable {
    emit Deposit(msg.sender, msg.value);
}
```

上記の deposit という関数では資金を受け取るために、payable という修飾子を付けています。また、上記のように、複数の修飾子を付けることができます。

関数の戻り値

関数は戻り値を定義できます。主に読み取り関数の実装時に設定されますが、書き込み関数にも戻り値を設定することはできます。

returns(uint256) と修飾子の定義の後に記述することで、uint256 型の値を返すことができるようになります。

また、次のように複数の戻り値を定義することもできます。

```
function getNums() external view returns(uint256, uint256) {
    return (num, num);
}
```

getNums という関数では、戻り値にカンマ区切りで uint256 型の2つの値を設定し、return の部分で () に囲んで2つの値を返しています。

他にも、次のように戻り値の定義部分で、uint256 result とすることで、result という変数も合わせて定義できます。

```
function calculateNum(uint256 _num) external pure returns(uint256 _result) {
    _result = _num * _num;
}
```

これにより、`_result`という変数に直接、値を格納して、`return`を定義することなく戻り値として返すことができます。

▌関数の継承

コントラクトを継承した場合、そのコントラクト内の関数を上書きすることができます。ただし、上書きする場合は継承元のコントラクトで`virtual`という修飾子をつける必要があります。

`SolidityBasic`コントラクトでは、`ERC721`コントラクトを継承しています。`ERC721`コントラクトでは、`supportsInterface`関数が定義されています。この関数には`virtual`という修飾子が付いているため、上書きすることができます。

```
function supportsInterface(
    bytes4 interfaceId
) public view virtual override(ERC165, IERC165) returns (bool) {
    return
        interfaceId == type(IERC721).interfaceId ||
        interfaceId == type(IERC721Metadata).interfaceId ||
        super.supportsInterface(interfaceId);
}
```

関数を上書きするときは、`override`と付けることで明示的に上書きしていると示すことができます。`override`を付けなくても上書きはできますが、可読性の向上のために`override`と付けることを推奨します。

```
function supportsInterface(
    bytes4 interfaceId
) public view override returns (bool) {
    return super.supportsInterface(interfaceId);
}
```

上書きした関数内では、`super.supportsInterface(interfaceId)`とすることで、継承元のコントラクト内の`supportsInterface`関数を呼び出すことができます。

上書きをしない場合は継承元のコントラクト内の`supportsInterface`関数が呼び出されるため、上書きが必要なときは次のように何かしら関数に変更を加えた場合になります。

```
function supportsInterface(
    bytes4 interfaceId
) public view override returns (bool) {
    bool isInterface = super.supportsInterface(interfaceId);
    require(!isInterface, "Not supported interface");
    return isInterface;
}
```

上記の関数では継承元のコントラクト内の`supportsInterface`関数を実行し、その戻り値を受け取って`false`だった場合はエラーを返すようにしています。`true`の場合は`true`を返します。

関数を上書きするときは、関数の引数や戻り値を変更することはできません。この部分を変更した場合は別の関数として扱われてしまいます。

`SolidityBasic`コントラクトは、他に`AccessControl`コントラクトを継承しています。実は`AccessControl`コントラクトにも、`supportsInterface`関数が定義されています。

次のように継承元のコントラクトのうち2つ以上のコントラクトで同じ関数が定義されている場合は、`override`を付け、どのコントラクトの関数を上書きしているかを明示的に定義する必要があります。

```
function supportsInterface(
    bytes4 interfaceId
) public view override(ERC721, AccessControl) returns (bool) {
    return super.supportsInterface(interfaceId);
}
```

`override(ERC721, AccessControl)`とカンマ区切りで、`supportsInterface`を実装している継承元コントラクトをすべて記載する必要があります。このようにすることで、継承元コントラクト内の`supportsInterface`関数が順番に実行されていきます。

実行順序はコントラクトの継承順に従って実行されます。この場合は`ERC721`→`AccessControl`という順番です。

`override`内のコントラクトの定義順は、コントラクトの継承順と同じく親コントラクトほど後ろに定義する必要があります。

特殊な関数

Solidityではいくつか特殊な関数が用意されています。

▶constructor

`constructor` はコントラクトのデプロイ時に一度だけ実行される関数です。コントラクトの初期化を行い、再度呼び出されることはありません。

Solidityでは次のように定義します。

```
constructor(
    string memory _description,
    uint32 _launch,
    uint16 _rewardRate,
    uint8 version,
    bool _isDiscount
) ERC721("SolidityBasic", "SB") {
    _grantRole(DEFAULT_ADMIN_ROLE, msg.sender);
    description = _description;
    launch = _launch;
    rewardRate = _rewardRate;
    _version = version;
    isDiscount = _isDiscount;
}
```

変数にさまざまな値を格納しているのが確認できます。このとき、継承元コントラクト内の `constructor` を呼び出すときは、`ERC721("SolidityBasic", "SB")` のように修飾子の部分に継承元コントラクト名と `constructor` の引数を渡すことで実行することができます。

▶receive

`receive` はコントラクトで直接ETHを受け取ったときに呼び出される関数です。コントラクトがETHを受け取る必要があるときに実装されます。

Solidityでは次のように定義します。

```
event Received(address sender, uint256 amount);

receive() external payable {
    emit Received(msg.sender, msg.value);
}
```

ETHを受け取るため、`payable` を付けています。

今回の場合は処理は特に行っていませんが、何かしら任意の処理を実装することもできます。

▶fallback

`fallback` は定義されていない関数が呼び出されたときに実行される関数です。また、データ付きのETH送付時にも呼び出されます。

Solidityでは次のように定義します。ちなみに「データ付き」というのは、`msg.data` が渡されている場合です。

```
event FallbackCalled(address sender, uint256 amount, bytes data);

fallback() external payable {
    emit FallbackCalled(msg.sender, msg.value, msg.data);
}
```

定義されていない関数が呼び出されたときに実行されるのは、コントラクトのアップグレードの仕組みが活用されています。詳しくは99ページを参照してください。

`fallback` 関数の特殊な挙動として、`receive` 関数が存在しないときに、データ付きではないETH送付のときも呼び出されるというものがあります。

そのため、ETHをコントラクト内で受け取りたいときは、`fallback` 関数か `receive` 関数、もしくは両方の実装が必要になります。基本的には `receive` 関数を定義しておけば十分です。

SECTION-041

Array

`array` は、同じ型の複数データを配列として管理できます。

配列のタイプ

配列には2つのタイプがあります。

▶固定長配列

配列の長さが決まっている配列です。型とサイズを指定して定義します。各値のデフォルト値は、指定した型のデフォルト値になります。

Solidityでは次のように記述します。

```
uint256[5] fixArrayNum = [1, 2, 3, 4, 5];
string[3] fixArrayString = ["apple", "orange", "banana"];
```

型定義の後ろに `[5]` のように配列の長さを定義しています。

▶可変長配列

型定義の後ろに `[]` と記述すると、配列の長さが動的でデータを複数定義することができます。

```
uint256[] arrayNum = [1, 2, 3, 4, 5];
string[] arrayString = ["apple", "orange", "banana"];
```

配列を操作する関数

配列を操作する関数がSolidityにはいくつか用意されています。

▶length

`length` 関数は、配列の長さ(要素の数)を返す関数です。Solidityでは次のように記述します。

```
function getArrayLength() public view returns(uint256) {
    return numbers.length;
}
```

▶push

`push` は配列に新たにデータを追加する関数です。配列に一番後ろに追加されます。Solidityでは次のように記述します。

```
uint256[] public numbers;

function addArrayNum(uint256 _number) public {
    numbers.push(_number);
}
```

▶pop

pop は、配列の一番最後の値を取り除く関数です。Solidityでは次のように記述します。

```
function removeNumber(uint256 index) public {
    require(index < numbers.length, "Index out of bounds");

    for (uint256 i = index; i < numbers.length - 1; i++) {
        numbers[i] = numbers[i + 1];
    }

    numbers.pop();
}
```

上記のコードでは、削除したいインデックス番号を指定し、そのインデックス番号とそれ以降のデータに対して、1つずつ前のインデックス番号部分に格納していきます。このようにすると、指定したインデックスのデータが別の値に上書きされたことで配列内からなくなり、一番後ろのデータが不要なので pop で取り除きます。

たとえば、元の配列が [1, 2, 3, 4, 5, 6] で 3 を取り除く場合は次のような流れになります。

1. 元の配列：[1, 2, 3, 4, 5, 6]
2. 「3」（インデックス番号は「2」）を指定して1つずつ前のインデックス番号に格納：[1, 2, 4, 5, 6, 6]
3. 「pop」で一番最後のデータを削除：[1, 2, 4, 5, 6]

▶delete

delete は、配列内の指定したインデックス番号のデータを初期化する（値を 0 にする）関数です。

```
function resetNumber(uint256 index) public {
    require(index < numbers.length, "Index out of bounds");
    delete numbers[index];
}
```

上記の resetNumber 関数を実行すると、指定したインデックス番号の値が 0 になります。

今回は`numbers`という`uint256`型の配列を作成したので初期化時に`0`がセットされますが、`string`型であればデフォルト値である`""`がセットされ、`address`型であればデフォルト値の`0x00000…`がセットされます。

すでに配列内に存在する値を更新するには、インデックス番号をを指定してそこに新たな値を代入することで更新できます。

```
function updateArrayNum(uint256 index, uint256 _number) public {
    require(index < numbers.length, "Index out of bounds");
    numbers[index] = _number;
}
```

Struct

struct は、複数のデータ型を1つの型として扱うことができます。これにより、独自のデータ型を定義できます。

Solidityでは次のように定義します。

```
struct Person {
    string name;
    uint256 age;
    address addr;
    address[] friends;
}

Person public person;
```

上記は複数のデータ型を Person という名前で管理しています。 Person をコントラクト内で変数として扱う場合は、Person を型として扱い変数名を付けるだけで使用できるようになります。

person に新たにデータをセットするには次のように、登録するデータを Person 型に変換して格納しています。

```
function addPerson(
    string memory _name,
    uint256 _age,
    address _addr,
    address[] memory _friends
) external {
    person = Person(_name, _age, _addr, _friends);
}
```

struct は配列にすることができます。

```
Person[] public persons;

function addPersons(
    string memory _name,
    uint256 _age,
    address _addr,
    address[] memory _friends
) external {
    persons.push(Person({
```

```
            name: _name,
            age: _age,
            addr: _addr,
            friends: _friends
        }));
}
```

配列と同じで、`Person` の後ろに `[]` と付けることで `persons` という配列として定義しています。Solidityにデフォルトで用意されている `push` という関数を使用して、`Person` 型に変換したデータを配列に追加しています。

Mapping

`mapping` はキー(key)と値(value)のペアで管理されるデータです。Solidityでは次のように記述します。

```
// mapping(キーの型 => 値の型) public 名前;
mapping(address => uint256) public balances;
```

`address` 型の値をキーにして、`uint256` 型の値を取得できます。 `mapping` 配列では複数の値のペアを管理することができます。下図のように、指定した型のペアのデータを複数管理しています。

●mappingのイメージ

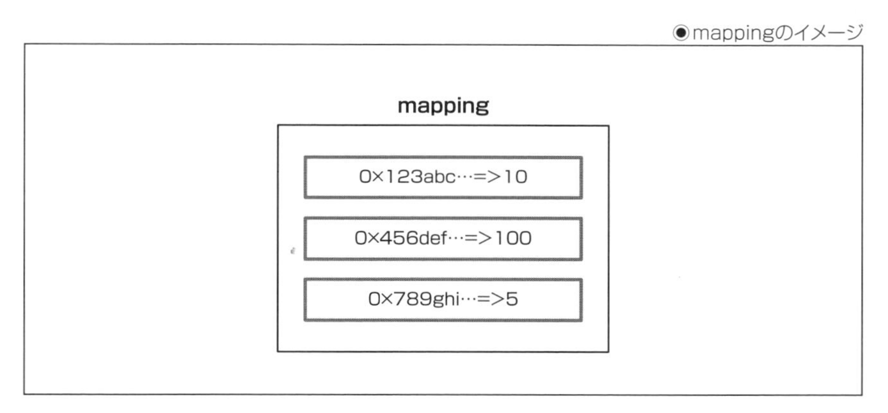

`mapping` にデータを追加するには、`balances[msg.sender]` とキーになる値をセットし、そこに値を格納します。データを取得する場合も `balances[msg.sender]` のように `address` 型のデータを指定することで、その `address` 型のデータのに紐付く `uint256` 型のデータを取得できます。

```
function setBalance(uint256 _amount) public {
    balances[msg.sender] = _amount;
}

function getBalances(address _account) public view returns (uint256) {
    return balances[_account];
}
```

`mapping` は階層を作成することができます。つまり、`mapping` 内に `mapping` を作成することができるということです。

```
mapping(uint256 => mapping(address => uint256)) public tokenBalances;
```

上記の例を整理すると、「uint256 => address => uint256」という構造になっています。ただ、この階層が深くなると、データアクセス時のガスコストがより多く必要になるため、最大でも2階層の `mapping`（`tokenBalances` のように2つの `mapping` 定義）に収めることが推奨されます。

SECTION-044

Event

`event` を使用すると、関数の実行結果をログとして記録することができます。これは、オフチェーン(ブロックチェーン外)から、関数の処理結果を確認するために使用されます。CHAPTER 04で取り上げている `Indexr` では、この `event` をIndexしてオフチェーンで取得しやすくしています。

また、ブロックチェーンExplorerでもこの `event` に格納したデータが表示されているため、実行されたかの確認がしやすくなります。

必ず `event` を発行する必要はないですが、オフチェーンでデータを取得しやすくするために、ガスコストも低いのでできる限り発行しておくことを推奨します。

Solidityでは次のように記述します。

```
event BalanceUpdated(
    address indexed user,
    uint256 oldBalance,
    uint256 newBalance
);
```

上記のコードは `BalanceUpdated` というイベント名で、`address` 型のデータと2つの `uint256` 型のデータをパラメーターとして設定しています。

`indexed` を付けた値は、外部からイベントを取得したときにフィルタリングして効率良くデータにアクセスすることができるようになります。 `indexed` は最大3つまでつけることができます。

また、注意点としては `string` 型などの値に `indexed` を付けると、文字列ではなくKeccak-256でハッシュ化した値が記録されてしまいます。そのため、イベントログを検索するときはハッシュ化された値で検索をかける必要があります。

イベントを発行するときは次のように記述します。

```
mapping(address => uint256) public eventBalances;

function updateBalance(uint256 newBalance) public {
    uint256 oldBalance = eventBalances[msg.sender];
    eventBalances[msg.sender] = newBalance;
    emit BalanceUpdated(msg.sender, oldBalance, newBalance);
}
```

上記のコードでは `emit` の後に発行したいイベント名である `BalanceUpdated` を指定してパラメーターを格納しています。

if

`if` 文を使用することで、特定の条件分岐を実装することができます。Solidityでは次のように記述します。

```
function checkRange(uint256 _num) public pure returns (string memory) {
    if (_num < 10) {
        return "Less than 10";
    } else if (_num >= 10 && _num < 15) {
        return "Between 10 and 14";
    } else if (_num >= 15 && _num <= 20) {
        return "Between 15 and 20";
    } else {
        return "Greater than 20";
    }
}
```

`if` で最初の条件を定義し、条件に合致した場合の処理を定義します。上記のコードでは、`_num < 10` という条件を定義しています。

他にも条件を定義したい場合は `else if` を1つ以上、定義できます。上記のコードでは、`_num >= 10 && _num < 15` と `_num >= 15 && _num <= 20` の2つの条件を定義しています。

条件に合致しないものに対して一括処理を行いたいときは `else` を使用します。

`if` 文の中に `if` 文を定義することもできますが、ネストが深くなるとその分使用するガスコストが上がったり、処理が複雑になり脆弱性につながるのであまり深くなりすぎないように気を付けてください。

Error

Solidityの関数内でエラーを起こすことで、実行を停止してエラーを返すことができます。エラーを返す方法は主に次の4つがあります。

require

`require` は特定の条件が満たされていない場合にエラーを返します。使用されていないガス代は呼び出し元に返します。主にコントラクト外部からのデータの検証に使用されます。

Solidityでは次のように記述します。

```
uint256 errorNum;

function requireSetNum(uint256 _num) external {
    // require(条件, エラーメッセージ)
    require(_num <= 100, "invalid value");
    errorNum += _num;
}
```

上記のコードでは引数で受け取った値が `100` 以下かを確認し、もし `100` を超えている場合は `invalid value` というメッセージでエラーを返します。 `100` 以下の場合は次の処理が実行されます。

assert

`assert` は、`require` と同じで特定の条件を満たしていない場合にエラーを返します。条件を満たさずエラーになった場合、ガス代をすべて消費してエラーメッセージは返しません。主にコントラクト内部のデータ検証に使用されます。

Solidityでは次のように記述します。

```
uint256 count;

function assertSetNum() external {
    count += 1;
    assert(count <= 100);
}
```

上記の `assertSetNum` 関数では、`count` 変数に `1` をプラスして、その値が `100` 以下かを確認しています。もし `100` より大きい場合はエラーを返します。

revert

revert は条件などを指定せずにエラーだけを返します。エラーメッセージのみを含めることができ、if 文などとともに使用されることが多いです。

Solidityでは次のように記述します。

```
uint256 revertBalance = 101;

function withdraw(uint256 _amount) public {
    if (_amount > revertBalance) {
        revert("Insufficient balance");
    }
    revertBalance -= _amount;
}
```

上記のコードでは、if 文の条件で、revertBalance よりも _amount が大きい場合に revert が実行されるようになっています。

カスタムエラー

エラーメッセージを定義して、そのエラーメッセージを使用してエラーを返すことができます。あくまでエラーメッセージを定義できるだけで、revert を使用してエラーを返します。同じエラーを複数の関数で使い回す場合などに使用することを推奨します。

Solidityでは次のように記述します。

```
error InsufficientBalance(uint256 available, uint256 required);

uint256 customErrorBalance = 101;

function withdrawCustomError(uint256 _amount) public {
    if (_amount > customErrorBalance) {
        revert InsufficientBalance(customErrorBalance, _amount);
    }
    customErrorBalance -= _amount;
}
```

上記のコードでは InsufficientBalance というエラーを定義し、エラーの内容として2つの uint256 型を含めています。 withdrawCustomError 関数の引数に渡した値が customErrorBalance より大きい場合は、先ほどカスタムエラーが revert で実行されるようになっています。

Solidity 0.8.27で、require のエラーメッセージの部分にカスタムエラーを入れることができるようになっているので、よりエラーの条件がわかりやすい require とともに使用することを推奨します。

```
function withdrawCustomErrorRequire(uint256 _amount) public {
    require(
        _amount <= customErrorBalance,
        InsufficientBalance(customErrorBalance, _amount)
    );
    customErrorBalance -= _amount;
}
```

Modifier

modifier を使用すると、関数の実行時に任意の条件や事前処理を追加できます。関数の説明部分で payable や external 、public などの修飾子を付けていましたが、それと同じように処理を定義することができます。

Solidityでは次のように記述します。

```
address contractOwner;

modifier onlyOwner() {
    require(msg.sender == owner, "Not owner");
    _;
}

function changeOwner(address newOwner) public onlyOwner {
    owner = newOwner;
}
```

上記のコードでは onlyOwner という名前で modifier を定義し、require を使用して関数の実行アドレスが owner に設定しているアドレスと同じか確認しています。この処理を関数に適用するには、changeOwner 関数のように修飾子の定義部分に付け加えます。

関数に複数の modifier を適用させることもでき、定義した順番に実行されていきます。

modifier には引数を渡すこともできます。引数を渡したい場合は、先ほどと異なり modifier 呼び出し部分で引数を渡すように変更するだけです。

```
address admin;

modifier onlyAdmin(address to) {
    require(to == admin, "Not admin");
    _;
}

function sendETH(address to) public onlyAdmin(to) payable {
    (bool success, ) = to.call{value: msg.value}("");
    require(success, "Transfer failed");
}
```

上記のコードでは、modifier 内の _ は関数の処理実行を示しており、次のように関数の処理実行後に特定の処理を modifier 内で実行することも可能です。

```
uint256 constant _NOT_ENTERED = 1;
uint256 constant _ENTERED = 2;

uint256 _status = _NOT_ENTERED;

modifier nonReentrant() {
    require(_status != _ENTERED, "ReentrancyGuard: reentrant call");

    // ステータスを変更
    _status = _ENTERED;

    // 関数を実行
    _;

    // ステータスをリセット
    _status = _NOT_ENTERED;
}

mapping(address => uint256) public reentrantBalances;

function withdraw(uint256 amount) external nonReentrant {
    require(reentrantBalances[msg.sender] >= amount, "Insufficient balance");
    reentrantBalances[msg.sender] -= amount;

    // ETHを送信
    (bool success, ) = msg.sender.call{value: amount}("");
    require(success, "Transfer failed");
}
```

ここでは `nonReentrant` という `modifier` の中では、まず現在の `_status` が `_ENTERED` ではないかを確認しています。もし `_ENTERED` であればエラーを返して処理を中止します。その後、`_status` を `_ENTERED` に変更し、関数内の処理を実行します。関数の処理が完了したのち、`_status` を `_NOT_ENTERED` に変更して全体の処理を終了しています。

このように、`modifier` を使用することで関数の処理の前後に特定の処理を差し込むことができます。

for

for 文は、特定の条件が満たされている間は定義されている処理を繰り返し実行します。たとえば、配列から特定のデータを取得したり、一定数同じ処理を実行するなどの場面で使用されます。

Solidityでは次のように記述します。

```
uint256[] nums;

function findNumber(uint256 _target) public view returns (bool, uint256) {
    // for (初期値; 条件; 値の増減)
    for (uint256 i = 0; i < numbers.length; i++) {
        if (numbers[i] == _target) {
            return (true, i);
        }
    }
    return (false, 0);
}
```

上記のコードでは、findNumber 関数は引数で特定の値を受け取り、もし nums 配列にその値が存在していればその値を返す処理をしています。

for の後ろでは、まず初期値である uint256 i = 0; を定義しています。次に、i < numbers.length; という条件を定義しており、先ほど定義した初期値である i が numbers 配列より小さいかを確認しています。

最後に、for 文内のループが繰り返されるたびに実行される処理を記載しています。今回は i++ としているため、ループが繰り返されるたびに i の値がインクリメントされていきます。

for 文の中では、nuimbers 配列の要素を先頭から1つずつ確認して、target に指定した値と一致するか確認し、もし一致したらその値と true（見つかった）ということを返しています。

continue

`for` 文では次のように `continue` という機能を使用することができます。

```
uint256[] nums = [1, 0, 3, 0, 5];

function skipZeroes() public view returns (uint256) {
    uint256 sum = 0;

    for (uint256 i = 0; i < nums.length; i++) {
        if (nums[i] == 0) {
            continue;
        }
        sum += nums[i];
    }

    return sum;
}
```

`continue` を使用すると、1回のループ内の後続の処理を実行せずに次のループにスキップする処理になります。上記のコードでは、`nums[i] == 0` という条件を設定しており、`nums` 配列の値を1つずつ確認していく中で、もし `0` という値があった場合は後続の処理（ `sum += nums[i]` ）を実行させずに次のループが実行されます。

while

`while` は指定した条件が `true` である限り特定の処理を実行し続けます。ただ、条件が `true` のまま変更されないと無限ループになってしまうため注意が必要です。

Solidityでは次のように記述します。

```
function addNumbers(uint256 num) public {
    uint256 counter = 0; // 初期化

    while (counter < num) {
        numbers.push(counter); // 配列に値を追加
        counter++; // カウンタをインクリメント
    }
}
```

上記のコードでは、引数で受け取った値より `counter` という変数が小さい間は、`while` 内の処理を繰り返し実行します。`while` 内では、`number` 配列に `counter` を追加し、`counter` をインクリメントしています。この `counter` が `num` と同じ値までまでインクリメントされていき、`num` と同じ値になった時点で `while` 内の処理が終了します。

Library

`library` は、特定の処理を1つにまとめて、コードの再利用性を高めるために使用されます。 `library` は、コントラクトのストレージに直接アクセスすることはできず、計算やデータの変換処理が主な機能になります。

Solidityで `library` を使用するには、次のように記述します。

```
pragma solidity 0.8.27;

library MathLibrary {
    function add(uint256 a, uint256 b) external pure returns (uint256) {
        return a + b;
    }

    function multiply(uint256 a, uint256 b) external pure returns (uint256) {
        return a * b;
    }
}
```

コントラクトと似ていて、`library` と記述してその後ろにライブラリ名を付けることができます。

`library` 内ではストレージにアクセスできないため、関数の定義のみを行っています。今回は `add` という2つの値を足しあわせた値を返す関数と、`multiply` という2つの値を掛け合わせた値を返す関数を定義しています。

`library` は別のSolidityファイルに記述することが多く、その場合はコントラクト側で次のように `import` して使用します。

```
import "./MathLibrary.sol";  // MathLibraryをインポート

contract MathContract {
    using MathLibrary for uint256;

    function addNumbers(
        uint256 a,
        uint256 b
    ) public pure returns(uint256 result) {
        result = a.add(b);
    }

    function multiplyNumbers(
```

```
        uint256 a,
        uint256 b
    ) public pure returns(uint256 result) {
        result = a.multiply(b);
    }
}
```

上記のコードで`using MathLibrary for uint256;`というのは、`uint256`型の値から`MathLibrary`内の関数を呼び出せるようにする設定です。これにより、たとえば`addNumbers`関数内で、引数の`uint256`型の変数から`a.add(b)`という形式で`MathLibrary`内の関数を呼び出すことができます。

`library`では、他にも定数や`struct`、エラーの定義などを記述することもできます。

```
// SPDX-License-Identifier: MIT
pragma solidity 0.8.27;

library MathLibraryV2 {

    // 定数の定義
    uint256 constant MULTIPLIER = 10;

    // 構造体の定義
    struct Result {
        uint256 value;
        bool success;
    }

    // エラー定義
    error DivisionByZero();

    function multiplyByConstant(uint256 a) external pure returns (uint256) {
        return a * MULTIPLIER;
    }

    function getResult(
        uint256 a,
        uint256 b
    ) external pure returns (Result memory) {
        uint256 sum = a + b;
        return Result(sum, sum > 0);  // 0 より大きければ成功
    }

```

```
    function divide(uint256 a, uint256 b) external pure returns (uint256) {
        if (b == 0) {
            revert DivisionByZero();  // b が 0 の場合エラー
        }
        return a / b;
    }
}
```

SECTION-051

Interface

`interface` は、コントラクトの設計書のようなものです。関数名と引数、戻り値のみを定義して、具体的な実装については記述しません。ストレージにアクセスすることもできないため、変数定義をすることもできません。

`interface` では、関数の他にイベントやカスタムエラー、構造体の定義を記述することもできます。また、`interface` は継承することができます。

Solidityでは次のように記述します。

```
// SPDX-License-Identifier: MIT
pragma solidity 0.8.27;

interface ISolidityBasic {
    error MaxSupplyReached();
    error InsufficientFunds();

    event Mint(address indexed operator, address indexed to, uint256[]);

    struct MintedItem {
        uint256 amount;
    }

    function mint(
        uint256 amount
    ) external payable returns (uint256[] memory tokenIds);

    function calculateDecimals(
        uint256 decimals,
        uint256 value1,
        uint256 value2
    ) external pure returns (uint256);
}
```

`interface` はコントラクトごとに作成することが多いので、コントラクト名の先頭に「interface」の `I` を付けることが多いです。

関数定義部分を見ると、関数名と引数、戻り値のみが設定されており、それ以降の具体的な処理は定義されていないことが確認できます。

また、関数はすべて `external` と定義する必要があります。 `interface` はコントラクトの設計書と最初に説明したように、主に他のコントラクトとやり取りするために使用されます。

そのため、`external` のみ定義することができます。`internal` や `private` の関数は外部からアクセスできないため、`interface` には定義できません。

`public` な関数については、内部からもアクセスできるため、`interface` 内に定義できませんが、コントラクトから `interface` を継承することで `public` に定義し直すこともできます。

コントラクトで `interface` を継承するときは、コントラクトの継承と同じように定義します。このとき、`interface` に定義されている関数はすべて継承先のコントラクト内で `override` する必要があります。

```
...

import {ISolidityBasic} from "./ISolidityBasic.sol";

contract SolidityBasic is ERC721, AccessControl, ISolidityBasic {
  ...
    function mint(
        uint256 amount
    ) public override payable onlyOperator returns (uint256[] memory tokenIds) {
        require(block.timestamp >= launch, "Not launched yet");
        if (supply + amount > MAX_SUPPLY) revert MaxSupplyReached();
        uint64 price = calculateMintPrice();
        if (msg.value < price * amount) revert InsufficientFunds();

        tokenIds = new uint256[](amount);
        for (uint256 i = 0; i < amount; i++) {
            _mint(msg.sender, supply + 1);
            tokenIds[i] = supply + 1;
            supply++;
        }
    }

    function calculateDecimals(
        uint256 decimals,
        uint256 value1,
        uint256 value2
    ) public pure override returns (uint256) {
        uint256 value = (value1 * (10 ** decimals)) / value2;
        return value;
    }
```

上記のコードのように、先ほど `interface` 内で定義されていた `mint` 関数と `calculateDecimals` 関数を `override` で上書きして、具体的な処理を記述しています。

SECTION-052

Abstruct

abstruct は、interface のように実装が省略されている関数を定義ができる抽象コントラクトです。abstruct のままではデプロイができないため、コントラクトから継承してもらう必要があります。一部の処理が異なるコントラクトを複数作成する必要があるときや、コントラクトをテンプレートとして使用したいときなどに活用されます。

interface と異なり、変数や修飾子の定義などもできます。

```
pragma solidity 0.8.27;

abstract contract Role {
    mapping(address => bool) private admins;

    // コンストラクタでデプロイしたアドレスを管理者に設定
    constructor() {
        admins[msg.sender] = true;
    }

    // 管理者のみが実行可能な修飾子
    modifier onlyAdmin() {
        require(admins[msg.sender], "Not an admin");
        _;
    }

    // 管理者を追加する関数
    function addAdmin(address newAdmin) public onlyAdmin {
        admins[newAdmin] = true;
    }

    // 管理者かどうかを確認する関数
    function isAdmin(address user) public view returns (bool) {
        return admins[user];
    }

    // 抽象関数(未実装)
    function executeTask(string memory taskName) public virtual;
}
```

上記のコードのように abstruct contract とすることで、抽象コントラクトを定義することができます。通常のコントラクトのように定義していて、executeTask 関数だけ具体的な処理を実装していません。

そして次のコントラクトのように、抽象コントラクトを継承して `executeTask` 関数を上書きしています。

```
contract CustomTaskManager is Role {
    event TaskExecuted(address indexed admin, string taskName);

    function executeTask(string memory taskName) public override onlyAdmin {
        // カスタムタスクの実行ロジック
        emit TaskExecuted(msg.sender, taskName);
    }
}
```

Opcode

「Opcode（オペコード）」とは、EVMが実行する低レベルの命令セットのことを指します。Solidityで記述されたスマートコントラクトは、最終的にコンパイルされてEVMバイトコードに変換されます。変換されたバイトコードの各命令は対応するOpcodeに変換されます。

Opcodeには主に次のようなものがあります。

◉主なOpcode

Opcode	説明	ガスコスト
PUSH1	スタックに1バイトの値をプッシュ	3
ADD	スタック上の2つの値を加算	3
MLOAD	メモリから値を読み取る	3
MSTORE	メモリに値を保存	3
SLOAD	ストレージから値を読み取る	100
SSTORE	ストレージに値を保存	20000
CALL	他のコントラクトを呼び出す	動的（高コスト）
JUMP	指定した命令にジャンプ	8
JUMPI	条件付きジャンプ	10
REVERT	エラーを返してトランザクションを中断	動的（高コスト）
LOG0	イベントを生成（ログ出力）。	375

なお、スタックとは、EVM内で処理を実行するためにデータを一時的に保存している領域です。

Assembly

`Assembly` はSolidityでスマートコントラクトのコードを作成する際に使用できる低レベル言語の1つです。SolidityのコードはEVMが理解できるバイトコードに変換されて実行されますが、`Assembly` を使用することで直接EVMが実行する命令を書くことができるようになります。

`Asssembly` を使用すると、Solidityでは表現できない細かい実装を行うことができたり、より効率的にコードを記述できるためガス効率がよくなります。ただ、しっかりと理解した上で使用しないと脆弱性に繋がるため、十分注意して使用してください。

下記がAssemblyの簡単な実装例です。

```
pragma solidity 0.8.27;

contract AssemblyExample {
    function addWithAssembly(
        uint256 a,
        uint256 b
    ) public pure returns (uint256 result) {
        assembly {
            // EVMの add 命令を使用して加算
            result := add(a, b)
        }
    }
}
```

これまでのSolidityの関数を定義して、処理の中で `assembly {}` と記述して、その中で `Asssembly` コードを実装しています。

Yul

`Yul` は、高レベルなプログラミング言語であるSolidityと低レベルな `Opcode` の中間に位置する「中間言語」です。 `Assembly` よりもわかりやすい構文で `Opcode` に近い表現で記述することができます。

Solidityのコンパイラはを経由してコードの最適化を行っています。そのため、 `Assebmly` と同様にガス効率がよく、Solidityでは実装が難しいロジックの作成ができます。

下記がYulの簡単な実装例です。

```
object "YulSample" {
    code {
        function addNumbers(a, b) -> result {
            result := add(a, b) // 2つの引数を加算
        }

        // 関数呼び出し
        let sum := addNumbers(5, 10)

        // 結果をメモリに保存して返す
        mstore(0x40, sum)
        return(0x40, 32)
    }
}
```

拡張子は `.yul` としてファイルを作成し、 `YulSample` というコントラクトを定義しています。

`code {}` 内に実装ロジックが記述されています。まず `addNumbers` という関数を定義しており、引数で2つの値を受け取り加算しています。この関数に `5` と `10` という値を渡して `sum` という変数に結果を格納しています。 `mstore` で加算結果をメモリアドレスの `0x40` に保存して、保存したデータを呼び出し元に返しています。

Yulについてより詳しく知りたい方は下記の公式ドキュメントを参照してください。

URL https://docs.soliditylang.org/en/latest/yul.html

ストレージについて

コントラクト内に保存されているストレージの構造について説明していきます。

コントラクト内のストレージは、「slot（スロット）」と呼ばれる32byteのデータが積み重なって構築されています。基本的にコントラクトに格納されたデータは、コントラクト内で定義されている順にslotの上から格納されていきます。データの更新時は、特定のslotを取得してそのデータを書き換えています。

slotには1つのデータしか格納されるわけではなく、複数格納できるようであればできる限り詰め込むようになっています。具体的には、次のデータを1つのslotに格納することができます。

- address
  - 20byte
- bool
  - 2byte
- uint64
  - 8byte

slotが32byteなので、その範囲で詰め込めるデータは同じslotに格納されていきます。もし、1byteでも32byteをオーバーしそうなときは、そのデータは次のslotに格納されます。

同じslotにデータが格納されることで、ガス代を節約することができます。これが、変数の定義順によってガス代が節約される仕組みの正体です。

memoryとcalldata

Solidityのデータ保存場所は、ストレージ以外にも`memory`と`calldata`という保存場所があります。
それぞれ次のような特徴があります。

memory

`memory`は一時的なデータの保存場所として使用されます。関数の実行中に使用され、関数実行終了後に破棄されます。`memory`に保存されたデータは変更することができます。

ストレージよりはガスコストが低いため、関数実行中のみ使用されるデータに関しては`memory`に保存しておくことを推奨します。

```
string contractName;

function setName(string memory _name) external {
    contractName = _name;
}
```

calldata

`calldata`は外部から渡されたデータの保存場所として使用され、関数の呼び出し中のみ有効なデータになります。`calldata`に保存されたデータは変更することができず、読み取り専用のデータになります。データの変更が起きないため、`memory`よりもガスコストが低いので関数の引数データを変更しない場合は`calldata`を使用することを推奨します。

```
string contractName;

function setName(string calldata _name) external {
    contractName = _name;
}
```

文字列の連結

文字列を連結するときの方法について説明します。文字列を連結するときは、主に `abi.encodePacked` と `string.concat` の2つがあります。

abi.encodePacked

`abi.encodePacked` は、`string` 型に限らず `uint` 型や `address` 型のデータも連結することができます。

```
function encodePack(
    string calldata name,
    uint256 age,
    address addr
) external pure returns(string memory) {
    return string(
        abi.encodePacked(
            "User: ",
            name,
            "Age: ",
            age,
            "Address: ",
            addr
        )
    );
}
```

上記のコードでは、`encodePack` 関数に3つの複数の型の引数を渡しています。関数の中では、`abi.encodePacked` の中にカンマ区切りで連結したいデータを格納しています。

string.concat

string.concat は、string 型のデータを連結することができます。 abi.encodePacked と異なり、string 型以外のデータを連結させることはできません。

```
function concat(
    string calldata name,
    string calldata age,
    string calldata addr
) external pure returns(string memory) {
    return string.concat(name, age, addr);
}
```

上記のコードでは、concat 関数に3つの string 型の引数を渡しています。関数の中では、string.concat の中にカンマ区切りで連結したい文字列データを格納しています。

SECTION-059

ETHの送金

アドレスが保有しているETHを送金する方法は次の3つが用意されています。

transfer

`transfer` はガスコストが固定で2300ガスかかります。送金トランザクションが失敗すると、実行が停止されてエラーが返されます。

送金先がコントラクトの場合、資金を受け取るときに実行される `fallback` 関数や `receive` 関数内で複雑な処理をしていると処理が失敗する可能性があります。これは、ガスコストが2300ガスと固定で決まってしまっているため、それ以上のガスコストがかかる処理を実行できないためです。

コード例は次のようになります。

```
function ethTransfer(address _recipient, uint256 _amount) public payable {
    payable(_recipient).transfer(_amount);
}
```

上記のコードでは、`_recipient` に指定したアドレスに対して、コントラクト内の `_amount` 分のETHを送付しています。

send

`send` も `transfer` と同様にガスコストが固定で2300ガスかかります。送金トランザクションが失敗すると、`false` を返すだけでエラーは返しません。

`transfer` との使い分けとしては、送金失敗時の処理を独自で定義したい場合に向いています。

コード例は次のようになります。

```
function ethSend(address _recipient, uint256 _amount) public payable {
    bool success = payable(_recipient).send(_amount);
    require(success, "ETH transfer failed");
}
```

上記のコードでは、`_recipient` に指定したアドレスに対して、コントラクト内の `_amount` 分のETHを送付しています。ETHの送付が成功したかどうかが `success` に格納されて、もし失敗していればエラーを返すようにしています。

call

callはtransferやsendと異なりガスコストの制限がありません。送金トランザクションが失敗した場合はfalseを返し、エラーになりません。

ガスコストに制限がないため、資金を受け取るときに実行されるfallback関数やreceive関数内で複雑な処理を実装することができます。一方、ガスコストの制限がないため、Reentrancy攻撃という繰り返しコントラクト内の資金を引き出す攻撃の対策が必要になります。

コード例は次のようになります。

```
function ethCall(address _recipient, uint256 _amount) public payable {
    (bool success, ) = _recipient.call{value: _amount}("");
    require(success, "ETH transfer failed");
}
```

_recipientに指定したアドレスに対して、コントラクト内の_amount分のETHを送付しています。ETHの送付が成功したかどうかがsuccessに格納されて、もし失敗していればエラーを返すようにしています。

callの戻り値として次の2つを受け取ります。

●「call」の戻り値

戻り値	説明
bool	トランザクション実行が成功したかどうかを「bool」値で受け取る
bytes	「call」はETHの送付だけでなく、他のコントラクトの関数の実行をすることができる。このときに、他コントラクトの関数からの戻り値を受け取る

戻り値が2つ以上あるときは、()で囲んでカンマ区切りでその値を受け取ります。

関数内で使用しない戻り値については、変数を定義せずにカンマ区切りだけ残して空にすることができます。

SECTION-060

関数呼び出し

他のコントラクト内に定義されている関数を実行するデフォルトの関数が存在します。

call

`call` は任意のコントラクトアドレスに対して関数の呼び出しなどを実行する関数です。任意のメソッドの実行を行ったり、データを他のコントラクトに渡すことができます。

Solidityでは次のように記述します。

```
pragma solidity 0.8.27;

contract Caller {
    function callFunction(address payable _to) public payable {
        (bool success, bytes memory data) = _to.call{
                                                value: msg.value,
                                                gas: 100000
                                            }
        (
            abi.encodeWithSignature("someFunction(uint256)", 123)
        );
        require(success, "Call failed");
    }
}
```

上記のコードでは、実行したいコントラクトアドレスである `to` に対して `call` 関数を実行しています。

まず、送金するETHの量とgasを指定しています。その後に実行する関数(`someFunction`)と引数の情報を渡しています。 `call` の実行が完了すると、`success` に実行が成功したかどうかが格納され、もし `false` の場合はエラーを返すようにしています。

`data` には指定した関数(`someFunction`)の戻り値が格納されます。

delgatecall

call と同様に、delegatecall を使用すると他のコントラクトを実行することができます。ただ、call と異なるのは、スマートコントラクト内でなんらかのデータを保存した場合、呼び出し元のコントラクト内に保存されるようになります。呼び出し先のコントラクトの変数などは一切変更されません。 msg.sender と msg.value は呼び出し元のコントラクトの値が使用されます。

Solidityでは次のように記述します。

```
pragma solidity 0.8.27;

contract Logic {
    uint public x;

    function setX(uint _x) public {
        x = _x;
    }
}

contract Proxy {
    uint public x;

    function executeDelegatecall(address _logic, uint256 _x) public {
        (bool success, ) = _logic.delegatecall(
            abi.encodeWithSignature("setX(uint256)", _x)
        );
        require(success, "Delegatecall failed");
    }
}
```

Logic というコントラクトでは、setX という関数を実行できることがわかります。Proxy コントラクトでは、executeDelegatecall という関数を定義しており、この中で delegatecall が実行されています。

delegatecall はコントラクトのUpgradeするときに使用されるデフォルト関数になります。

NatSpec

NatSpec はコントラクトやコントラクト内の処理について説明する特別な形式のコメントです。 NatSpec は次のように使用します。

```
// SPDX-License-Identifier: MIT
pragma solidity 0.8.27;

/**
 * @title MintableToken
 * @notice ERC20トークンコントラクト。
 * @dev ERC20規格に基づいて、トークンのMint機能を提供。
 */
contract MintToken {
    mapping(address => uint256) private balances;
    address public owner;
    uint256 public totalSupply;

    /**
     * @notice コントラクトをデプロイしたアカウントをownerに設定。
     */
    constructor() {
        owner = msg.sender;
    }

    /**
     * @notice ownerアカウントが新しいトークンをmint。
     * @dev mintはownerアカウントのみ実行可能。
     * @param to トークンを受け取るアカウントのアドレス
     * @param amount mintするトークン量
     */
    function mint(address to, uint256 amount) public {
        require(msg.sender == owner, "Only the owner can mint tokens");
        require(to != address(0), "Cannot mint to the zero address");

        balances[to] += amount;
        totalSupply += amount;
    }
}
```

上記のように ///@ の後ろに特定のタグを指定して、メッセージを付け足します。

それぞれのタグは次のような役割を持っています。

◉タグの役割

タグ	説明
@title	コントラクトのタイトル
@author	コントラクト作成者の名前
@notice	ユーザー向けの関数や変数の説明
@dev	開発者向けの説明。アクセス制御や使用時の注意点などを記載
@param	引数の説明
@return	戻り値の説明
@inheritdoc	親コントラクトやインターフェースから不足しているタグを継承
@custom:...	カスタムタグ

NatSpecがあると、他の開発者がコントラクトの内容を理解しやすくなるため積極的に使用することを推奨します。

CHAPTER 07

DApps開発ハンズオン

本章について

本章では実際にDAppsを作成するハンズオンを行っていきます。各ハンズオンのコードはGitHubの筆者のリポジトリで管理しています。

URL https://github.com/cardene777/dapps_book

本書で使用しているコードの一部は、下記のライブラリを基にしています。

◉本書で使用しているライブラリ

ライブラリ名	ライセンス
openzeppelin-contract	https://github.com/OpenZeppelin/openzeppelin-contracts/blob/master/LICENSE
openzeppelin-contracts-upgradeable	https://github.com/OpenZeppelin/openzeppelin-contracts-upgradeable

SECTION-063

MetaMask

ハンズオンを始めるにあたって、ウォレットを使用できるようにする必要があります。ウォレットは仮想通貨の管理やブロックチェーン上でトランザクションを起こすときに使用されます。

さまざまウォレットがありますが、代表的なMetaMaskを使用していきます。今回はPCを使用していくので、ブラウザ(本書ではGoogle Chromeを前提とします)を開き「MetaMask」と検索をしてください。検索上位に出てくるChrome拡張を開いてください(ウォレットアプリには偽物が多いため、あえてリンクを貼っていません)。

MetaMaskのChome拡張を開くと下図のように表示されるので、右上の「Chomeに追加」ボタンをクリックしてください。

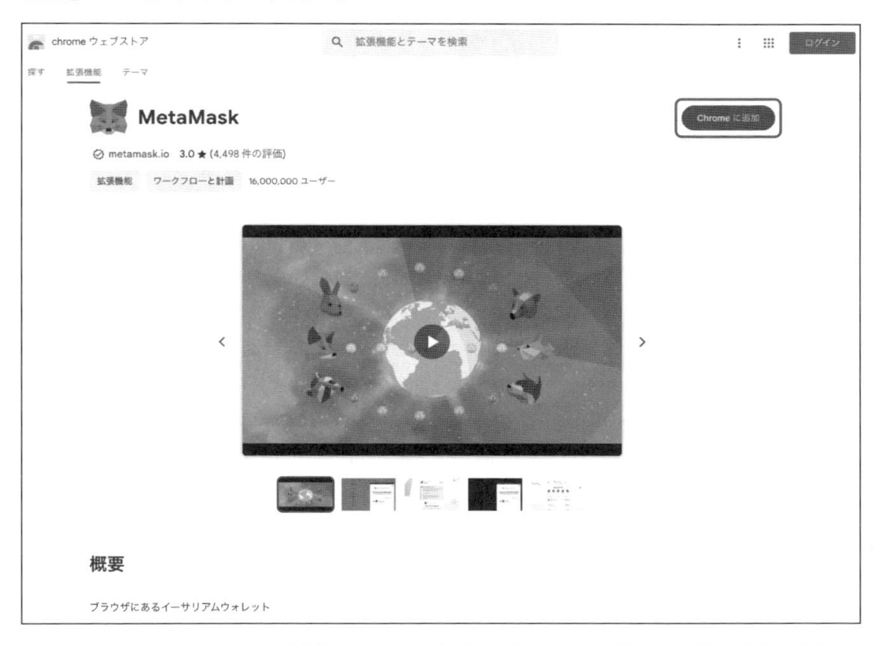

ChromeにMetaMaskが追加されると、自動で別のタブが開き、下図のように表示されます。右上から言語を切り替えることができます。「MetaMaskの利用規約に同意します」をONにし、「新規ウォレットを作成」というボタンをクリックしてください。

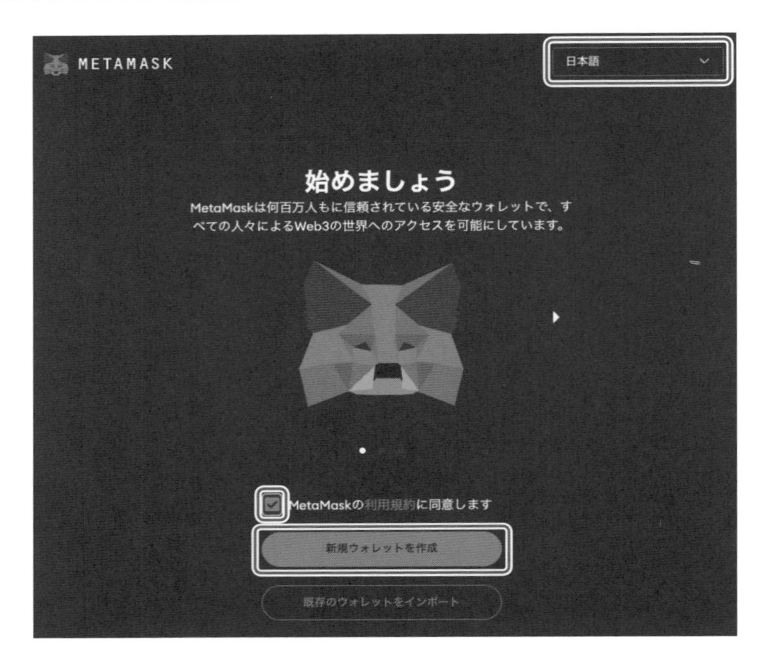

次に下図が表示されるので、「このデータは、ユーザーによる〜」というチェックボックスをONにして「同意します」ボタンをクリックしてください。

そうすると下図のようにパスワードの入力が求められるので、パスワードマネージャーなどを使用してできる限り複雑なパスワードを入力してください。入力できたら「私はMetaMaskが〜」というチェックボックスをONにし、「新規ウォレットを作成」ボタンをクリックしてください。

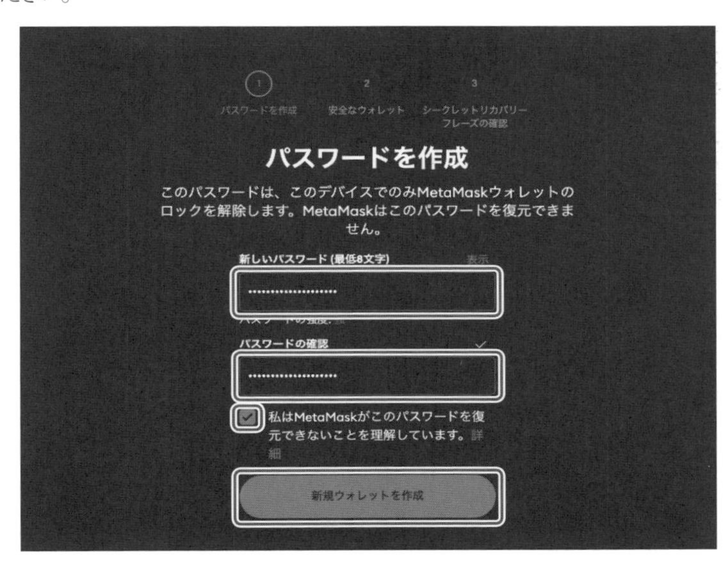

パスワードの設定ができると下図のようにウォレット保護設定を求められるので、推奨されている「ウォレットの安全性を確保(推奨)」ボタンをクリックしてください。

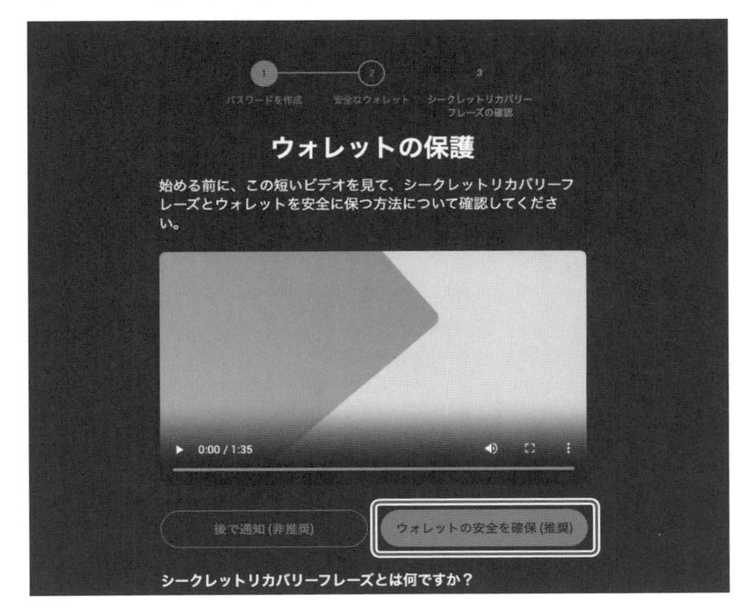

次に下図のようにシークレットリカバリーフレーズ（シードフレーズともいいます）の保存が求められます。シークレットリカバリーフレーズは、ランダムな12単語から構成されており、生成されるウォレットアドレスのもとの値となるものです。そのため、シークレットリカバリーフレーズを他の人に見せないように気をつけてください。

「シークレットリカバリーフレーズを確認」というボタンをクリックしてください。

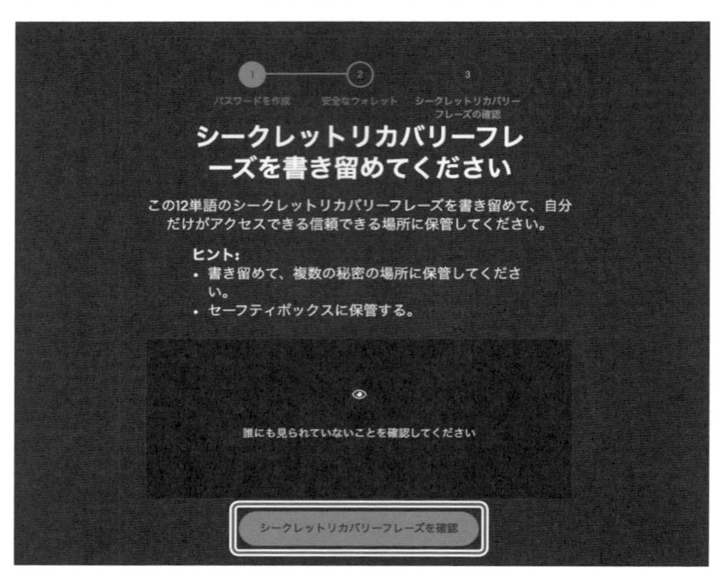

そうすると、シークレットリカバリーフレーズが表示されるので、紙などに書き留めてください。先ほども書きましたが、シークレットリカバリーフレーズは誰にも見せてはいけません。そのため、紙などオフライの媒体での管理が望ましいです。

シークレットリカバリーフレーズを書き留めることができたら「次へ」というボタンをクリックしてください。

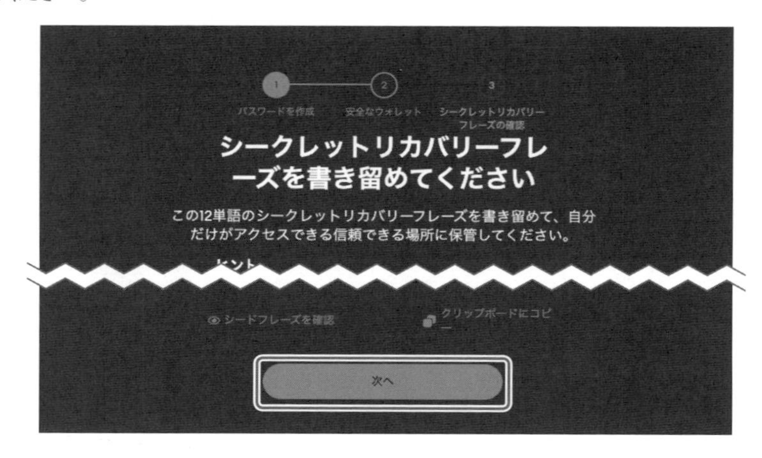

その後、下図のようにシークレットリカバリーフレーズの確認が求められます。保存した12単語のうち3単語がランダムに消されているので、先ほど書き留めたものをもとに入力をしてください。

入力が完了したら、「確認」というボタンをクリックしてください。

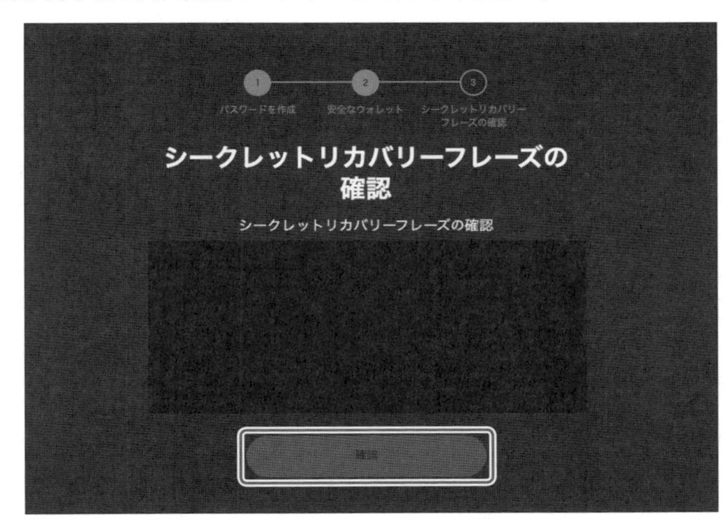

確認が完了すると、下図の画面が表示されてウォレットの生成が完了します。「了解」というボタンをクリックしてください。もし下図の画面に遷移しない場合は、シークレットリカバリーフレーズの確認が失敗しているので、入力した値を再度確認してください。

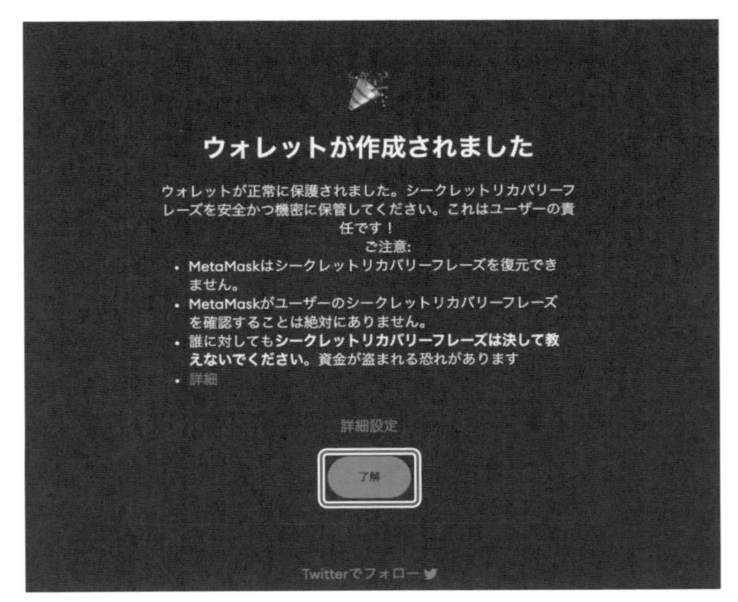

下図の画面に遷移してウォレットの作成の完了が確認できます。

これでMetaMaskウォレットの作成は完了です。

NFT Mintサイトの作成

DAppsハンズオンとしては、まずはNFT Mintサイトを作成していきます。NFT Mintサイトとは、NFTを新規発行できるサイトで、新しくNFTプロジェクトを開始するときなどに作成されます。これにより、NFT専用のサイトを用意してユーザーがNFTを新規発行できるようになります。

では、早速作成していきましょう。

コードは、下記のGitHub内にあります。

URL https://github.com/cardene777/dapps_book

上記の `dapps_book` リポジトリの `nft_mint_site` ディレクトリ内にまとめています。

Hardhat環境作成

NFT Mintサイトを作成する上で、まずはスマートコントラクトを作成する必要があります。コントラクトの作成のために、コントラクト開発環境を「Hardhat」というツールを使用して構築していきます。

まずは、`nft_mint_site` というディレクトリを作成してください。作成したディレクトリに移動してから、TerminalなどのCLIを開いて下記のコマンドを実行してください。

```
$ mkdir src/contract
$ cd src/contract
```

ディレクトリを変更できたら、下記のコマンドを実行して `hardhat` ライブラリをインストールしてください。

```
$ npm install --save-dev hardhat
```

インストールが完了したら、下記のコマンドを実行してhardhat環境を構築します。

```
$ npx hardhat init
```

次ページのように選択を求められるので、`Create a TypeScript project` を選択してください。

```
888    888                      888 888               888
888    888                      888 888               888
888    888                      888 888               888
8888888888  8888b.  888d888 .d88888 88888b.   8888b.  888888
888    888     "88b 888P"  d88" 888 888 "88b     "88b 888
888    888 .d888888 888    888  888 888  888 .d888888 888
888    888 888  888 888    Y88b 888 888  888 888  888 Y88b.
888    888 "Y888888 888     "Y88888 888  888 "Y888888  "Y888

👷 Welcome to Hardhat v2.22.12 👷

? What do you want to do? …
  Create a JavaScript project
❯ Create a TypeScript project
  Create a TypeScript project (with Viem)
  Create an empty hardhat.config.js
  Quit
```

その後、下記のように選択を求められるのですが、そのままEnterキーを押し続けてください。

```
✔ Hardhat project root: · ~/nft_mint_site/src
✔ Do you want to add a .gitignore? (Y/n) · y
✔ Do you want to install this sample project's dependencies with npm (@
nomicfoundation/hardhat-toolbox)? (Y/n) · y
```

環境が構築され始め、下記のように出力されればhardhat環境の構築完了です。

```
✨ Project created ✨

See the README.md file for some example tasks you can run

Give Hardhat a star on Github if you're enjoying it! ⭐️✨

     https://github.com/NomicFoundation/hardhat
```

作成されたhardhat環境は下記のような構成になっています（hardhat のバージョンによっては異なります）。

```
.
├── .gitignore
├── README.md
├── contracts
│   └── Lock.sol
├── hardhat.config.ts
├── ignition
│   └── modules
│       └── Lock.ts
├── package-lock.json
├── package.json
├── test
│   └── Lock.ts
└── tsconfig.json
```

これでhardhat環境の構築は完了です。

コードはGitHubの nft_mint_site/1_create_hardhat/src ディレクトリを参照してください。

Smart Contractの作成

コントラクトを作成するためのhardhat環境が構築できたので、早速コントラクトを作成していきましょう。

まずは、下記のコマンドを実行して Openzeppelin というライブラリをインストールします。

```
$ npm install @openzeppelin/contracts
```

SolidityでERC20形式のトークンやERC721・ERC1155形式のNFTのコントラクトを開発するときはほとんどの場合、この Openzeppelin のライブラリを使用します。

コントラクトを開発するとき、一度デプロイしてしまうと変更できないなどから、1から作成するよりもすでに監査などを通して安全性が高いコードを使用する方が望ましいです。Openzeppelin ライブラリは複数の監査済みコントラクトの提供やUpgradeableコントラクトのデプロイなどを可能にします。今後、DAppsを開発する際、ほとんどの開発者が使用することになるので覚えておいてください。

URL https://github.com/OpenZeppelin/openzeppelin-contracts

次に下記のコマンドを実行して、contracts/Lock.sol というデフォルトのコントラクトファイルを削除してください。

```
$ rm contracts/Lock.sol
```

次に、下記のコマンドを実行して今回使用するNFTコントラクト用のファイル`NFT.sol`を作成してください。

```
$ touch contracts/NFT.sol
```

1からコントラクトを作成することもできますが、先ほどインストールしたライブラリの開発元である`Openzeppelin`というコントラクト開発ライブラリやツールなどを提供している企業が出している「Openzeppelin Wizard」を使用するのがおすすめです。

URL https://wizard.openzeppelin.com/

このサイトでは、「ERC20」「ERC721」「ERC1155」などのコントラクトを必要な機能を選択することで作成できるツールです。

「ERC721」のタブをクリックして、左にあるサイドメニューを次のようにしてください。

- 「Name」に「DAppsNft」と入力する
- 「Symbol」に「DNFT」と入力する
- 「FEATURES」の項目で下記をONにする
  - Mintable
    - ▷Mint機能実装。
  - Auto Increment Ids
    - ▷各NFTのtoken idを自動でインクリメントする
  - Burnable
    - ▷NFTを消滅させる機能
  - Pausable
    - ▷NFTのtransfer機能を停止させる機能
  - URI Storage
    - ▷各NFTのメタデータURIを設定できる機能
- 「ACCESS CONTROL」の項目で下記をONにする
  - Roles
    - ▷関数の実行権限などを管理できる機能

コードが生成されたらコード欄の右上にある3つのアイコンの一番左にある「Copy to Clipboard」ボタンをクリックしてコピーしてください。コピーができたら、先ほど作成した`NFT.sol`に貼り付けてください。

下記のようなコントラクトを貼り付けることができたら一部変更をしていきます。なお、VS Codeなどのエディタによっては、`import`部分でエラーが出ますが、無視して問題ありません。また、通常、Solidityファイル名とコントラクト名は同じにすることが多いです。

SAMPLE CODE NFT.sol

```
// SPDX-License-Identifier: MIT
// Compatible with OpenZeppelin Contracts ^5.0.0
pragma solidity ^0.8.20;

import "@openzeppelin/contracts/token/ERC721/ERC721.sol";
import "@openzeppelin/contracts/token/ERC721/extensions/ERC721URIStorage.sol";
import "@openzeppelin/contracts/token/ERC721/extensions/ERC721Pausable.sol";
import "@openzeppelin/contracts/access/AccessControl.sol";
import "@openzeppelin/contracts/token/ERC721/extensions/ERC721Burnable.sol";

contract DAppsNft is
   ERC721,
   ERC721URIStorage,
   ERC721Pausable,
   AccessControl,
   ERC721Burnable
{
   bytes32 public constant PAUSER_ROLE = keccak256("PAUSER_ROLE");
   bytes32 public constant MINTER_ROLE = keccak256("MINTER_ROLE");
   uint256 private _nextTokenId;

   constructor(address defaultAdmin, address pauser, address minter)
       ERC721("DAppsNft", "DNFT")
   {
       _grantRole(DEFAULT_ADMIN_ROLE, defaultAdmin);
       _grantRole(PAUSER_ROLE, pauser);
       _grantRole(MINTER_ROLE, minter);
   }

   function pause() public onlyRole(PAUSER_ROLE) {
       _pause();
   }

   function unpause() public onlyRole(PAUSER_ROLE) {
       _unpause();
   }

   function safeMint(
      address to,
      string memory uri
   ) public onlyRole(MINTER_ROLE) {
       uint256 tokenId = _nextTokenId++;
```

```
        _safeMint(to, tokenId);
        _setTokenURI(tokenId, uri);
    }

    // The following functions are overrides required by Solidity.

    function _update(address to, uint256 tokenId, address auth)
        internal
        override(ERC721, ERC721Pausable)
        returns (address)
    {
        return super._update(to, tokenId, auth);
    }

    function tokenURI(uint256 tokenId)
        public
        view
        override(ERC721, ERC721URIStorage)
        returns (string memory)
    {
        return super.tokenURI(tokenId);
    }

    function supportsInterface(bytes4 interfaceId)
        public
        view
        override(ERC721, ERC721URIStorage, AccessControl)
        returns (bool)
    {
        return super.supportsInterface(interfaceId);
    }
}
```

変更点としては、`safeMint` 関数を次のようにして、`onlyRole(MINTER_ROLE)` を削除してください。

```
function safeMint(address to, string memory uri) public {
        uint256 tokenId = _nextTokenId++;
        _safeMint(to, tokenId);
        _setTokenURI(tokenId, uri);
    }
```

削除できたら、MINTER_ROLEを使用する箇所がなくなり不要になるので、下記のように定義部分とconstructorから削除をしてください。

```
bytes32 public constant PAUSER_ROLE = keccak256("PAUSER_ROLE");
    bytes32 public constant MINTER_ROLE = keccak256("MINTER_ROLE"); // 削除
    uint256 private _nextTokenId;

    constructor(
        address defaultAdmin,
        address pauser,
        address minter // 削除
    ) ERC721("DAppsNft", "DNFT") {
        _grantRole(DEFAULT_ADMIN_ROLE, defaultAdmin);
        _grantRole(PAUSER_ROLE, pauser);
        _grantRole(MINTER_ROLE, minter); // 削除
    }
```

最終的なコードは下記になります。

SAMPLE CODE NFT.sol

```
// SPDX-License-Identifier: MIT
// Compatible with OpenZeppelin Contracts ^5.0.0
pragma solidity ^0.8.20;

import "@openzeppelin/contracts/token/ERC721/ERC721.sol";
import "@openzeppelin/contracts/token/ERC721/extensions/ERC721URIStorage.sol";
import "@openzeppelin/contracts/token/ERC721/extensions/ERC721Pausable.sol";
import "@openzeppelin/contracts/access/AccessControl.sol";
import "@openzeppelin/contracts/token/ERC721/extensions/ERC721Burnable.sol";

contract DAppsNft is
    ERC721,
    ERC721URIStorage,
    ERC721Pausable,
    AccessControl,
    ERC721Burnable
{
    bytes32 public constant PAUSER_ROLE = keccak256("PAUSER_ROLE");
    uint256 private _nextTokenId;

    constructor(
        address defaultAdmin,
        address pauser
    ) ERC721("DAppsNft", "DNFT") {
```

```
        _grantRole(DEFAULT_ADMIN_ROLE, defaultAdmin);
        _grantRole(PAUSER_ROLE, pauser);
    }

    function pause() public onlyRole(PAUSER_ROLE) {
        _pause();
    }

    function unpause() public onlyRole(PAUSER_ROLE) {
        _unpause();
    }

    function safeMint(address to, string memory uri) public {
        uint256 tokenId = _nextTokenId++;
        _safeMint(to, tokenId);
        _setTokenURI(tokenId, uri);
    }

    // The following functions are overrides required by Solidity.

    function _update(
        address to,
        uint256 tokenId,
        address auth
    ) internal override(ERC721, ERC721Pausable) returns (address) {
        return super._update(to, tokenId, auth);
    }

    function tokenURI(
        uint256 tokenId
    ) public view override(ERC721, ERC721URIStorage) returns (string memory) {
        return super.tokenURI(tokenId);
    }

    function supportsInterface(
        bytes4 interfaceId
    )
        public
        view
        override(ERC721, ERC721URIStorage, AccessControl)
        returns (bool)
    {
        return super.supportsInterface(interfaceId);
```

```
    }
}
```

ここまでできたら最後にコンパイルしていきます。コンパイルすることでデプロイの準備が整います。

下記のコマンドを実行してください。

```
$ npx hardhat compile
```

下記のように出力されていればコンパイル成功です。

```
Downloading compiler 0.8.27
Generating typings for: 21 artifacts in dir: typechain-types for target:
ethers-v6
Successfully generated 68 typings!
Compiled 21 Solidity files successfully (evm target: paris).
```

コードはGitHubの `nft_mint_site/2_create_contract/src` ディレクトリを参照してください。

Smart Contractの解説

では、いったん、ここで手を止めて作成したコントラクトの中身を見ていきましょう（ハンズオンだけを進めたい場合はスキップしてください）。

▶ライセンスとSolidityのバージョン

まずは下記の部分です。

```
// SPDX-License-Identifier: MIT
// Compatible with OpenZeppelin Contracts ^5.0.0
pragma solidity ^0.8.20;
```

1行目ではライセンス識別子を定義しています。今回はMITライセンスが使用されています。

2行目はOpenzeppelinのバージョン5以上を使用していることを示しています。ただ、これは必須ではないので消しても問題ありません。

3行目はSolidityのバージョンを指定しています。今回はバージョン0.8.20以降を使用しています。

▶ライブラリのインポート

下記では色々なライブラリ内のコントラクトをインポートをしています。今回は `Openzeppelin` ライブラリからERC721関連のコントラクトをインポートしています。

```
import "@openzeppelin/contracts/token/ERC721/ERC721.sol";
import "@openzeppelin/contracts/token/ERC721/extensions/ERC721URIStorage.sol";
import "@openzeppelin/contracts/token/ERC721/extensions/ERC721Pausable.sol";
import "@openzeppelin/contracts/access/AccessControl.sol";
import "@openzeppelin/contracts/token/ERC721/extensions/ERC721Burnable.sol";
```

▶コントラクトの定義と継承

下記ではコントラクトの定義を行っています。

```
contract DAppsNft is
   ERC721,
   ERC721URIStorage,
   ERC721Pausable,
   AccessControl,
   ERC721Burnable
{
```

`DAppsNft` というコントラクト名で定義し、複数の他のコントラクトを継承しています。継承することで、継承元のコントラクトの機能を継承先のコントラクトで使用できるようになります。今回は5つのコントラクトを継承しています。

▶変数と定数の定義

下記では変数や定数の定義を行っています。

```
bytes32 public constant PAUSER_ROLE = keccak256("PAUSER_ROLE");
   uint256 private _nextTokenId;
```

Solidityでは定数は `constant` と付けることで定義でき、可読性向上の観点から定数名はすべて大文字で書くことを推奨します。今回は `PAUSER_ROLE` という定数が定義されています。

変数としては、`_nextTokenId` という値が定義されており、`private` となっているので外部からアクセスできないようになっています。

▶ constructor

下記の部分でコントラクトデプロイ時に一度だけ実行される関数である constructor の定義をしています。

```
constructor(
    address defaultAdmin,
    address pauser
) ERC721("DAppsNft", "DNFT") {
    _grantRole(DEFAULT_ADMIN_ROLE, defaultAdmin);
    _grantRole(PAUSER_ROLE, pauser);
}
```

引数で defaultAdmin と pauser という値を受け取っています。どちらも address 型なので何らかのアドレスを受け取っています。 ERC721("DAppsNft", "DNFT") の部分では、継承しているコントラクトの constructor を実行しています。

ERC721.sol の constructor は下記のようになっています。

```
/**
 * @dev Initializes the contract by setting a `name` and a `symbol` to
 * the token collection.
 */
constructor(string memory name_, string memory symbol_) {
    _name = name_;
    _symbol = symbol_;
}
```

引数でNFTの名前とシンボルを受け取っています。 ERC721("DAppsNft", "DNFT") の部分で渡している値と一致するため、ERC721.sol の constructor を呼び出していることが確認できます。

URL https://github.com/OpenZeppelin/openzeppelin-contracts/blob/master/contracts/token/ERC721/ERC721.sol

_grantRole は、AccessControl コントラクト内の関数になります。AccessControl は権限管理を行うコントラクトで、特定の権限をアドレスに付けたり外したり、アドレスが特定の権限を持っているかの確認を行い関数の実行を制御したりできます。

今回は DEFAULT_ADMIN_ROLE と PAUSER_ROLE の2つの権限が登場しています。

◉「AccessControl」コントラクトで管理されている権限

権限	説明
DEFAULT_ADMIN_ROLE	権限の付け外しができるデフォルトで定義されている権限
PAUSER_ROLE	カスタムで定義した権限で、今回作成したコントラクトの送付を停止できる関数を実行できる権限として使用する

必要であれば他にもカスタムロールを定義することができます。

`constructor` の中では、`_grantRole` という関数を実行して2つの権限を特定のアドレスに付与しています。`_grantRole` を確認すると、次のように「付与するロール(権限)」と「付与対象のアドレス」を引数で渡して権限の付与を行っています。`hasRole` というのは、アドレスが特定の権限を持っているか確認する機能で、今回の場合、すでに権限を持っている場合は処理をスキップしています。

```
function _grantRole(
    bytes32 role,
    address account
) internal virtual returns (bool) {
        if (!hasRole(role, account)) {
            _roles[role].hasRole[account] = true;
            emit RoleGranted(role, account, _msgSender());
            return true;
        } else {
            return false;
        }
    }
```

`_roles` というのは次のようにmapping配列になっており、特定のロール(権限)を `key` にして `RoleData` という構造体を `value` として管理しています。

`RoleData` ではそのロール(権限)の管理者アドレス(`adminRole`)とそのロール(権限)が付与・剥奪された `mapping` 配列(`hasRole`)を管理しています。

```
    struct RoleData {
        mapping(address account => bool) hasRole;
        bytes32 adminRole;
    }

    mapping(bytes32 role => RoleData) private _roles;
```

詳細については下記のURLを参照してください。

URL https://github.com/OpenZeppelin/openzeppelin-contracts/blob/master/contracts/access/AccessControl.sol

▶pause／unpause

下記の部分では、NFTの送付の停止の管理を行う関数が定義されています。関数名の通り、`pause`が送付機能の停止を実行し、`unpause`が送付機能停止解除を実行します。

```
function pause() public onlyRole(PAUSER_ROLE) {
    _pause();
}

function unpause() public onlyRole(PAUSER_ROLE) {
    _unpause();
}
```

下記では、それぞれ`_pause`と`_unpause`という関数を実行しています。

```
function _pause() internal virtual whenNotPaused {
    _paused = true;
    emit Paused(_msgSender());
}

function _unpause() internal virtual whenPaused {
    _paused = false;
    emit Unpaused(_msgSender());
}
```

処理内容は似ていて、`_paused`という値を`true`か`false`にしています。その後、`_pause`の場合は`Paused`というイベントを、`_unpause`の場合は`Unpaused`というイベントを発行しています。この後で解説する`trasnferFrom`の部分で`_pause`を使用して実行の制御を行っています。

また、それぞれ関数に`onlyRole(PAUSER_ROLE)`という`modifier`が付いています。これは、実行アドレスに`PAUSER_ROLE`権限がついていれば実行できるということです。

`onlyRole`は下記のようになっています。

```
modifier onlyRole(bytes32 role) {
    _checkRole(role);
    _;
}

function _checkRole(bytes32 role) internal view virtual {
    _checkRole(role, _msgSender());
}
```

```
function _checkRole(bytes32 role, address account) internal view virtual {
    if (!hasRole(role, account)) {
        revert AccessControlUnauthorizedAccount(account, role);
    }
}
```

ここでは`_checkRole`という関数を呼び出し、`onlyRole`の`modifier`が付いている関数(今回の場合`pause`、`unpause`)の実行アドレスを`_msgSender()`の部分で取得して、`!hasRole(role, account)`で実行アドレスが特定の権限を保有しているか確認しています。もし保有していなければ`AccessControlUnauthorizedAccount`というエラーを返します。

`_checkRole`という関数が2つあるように見えますが、引数の数が異なります。Solidityでは引数が異なれば同じ関数名でも別の関数として扱われます。

URL https://github.com/OpenZeppelin/openzeppelin-contracts/blob/master/contracts/access/AccessControl.sol

念のため、`_msgSender()`についても確認しておきましょう。

```
function _msgSender() internal view virtual returns (address) {
    return msg.sender;
}
```

上記のような関数になっており、`msg.sender`の実行をしているだけです。`msg.sender`は関数の呼び出しアドレスを取得できる組み込み変数です。よく使う機能なので覚えておいてください。

URL https://github.com/OpenZeppelin/openzeppelin-contracts/blob/master/contracts/utils/Context.sol

▶ safeMint

`safeMint`関数は新しくNFTを発行するための関数です。

```
function safeMint(address to, string memory uri) public {
    uint256 tokenId = _nextTokenId++;
    _safeMint(to, tokenId);
    _setTokenURI(tokenId, uri);
}
```

`tokenId`というのはNFTに紐付くユニークな値になります。`_nextTokenId`という値をインクリメント(1足し合わせる)して代入しているように見えますが、順序としては次のようになります。

1. 「_nextTokenId」の値を「tokenId」に代入する。
2. 「_nextTokenId」の値をインクリメント(1足し合わせる)する。

たとえば、_nextTokenId の値が 5 のとき、tokenId には 5 が代入され、_nextTokenId の値が 6 になります。

その後、下記の _safeMint という関数を呼び出しています。

```
function _mint(address to, uint256 tokenId) internal {
    if (to == address(0)) {
        revert ERC721InvalidReceiver(address(0));
    }
    address previousOwner = _update(to, tokenId, address(0));
    if (previousOwner != address(0)) {
        revert ERC721InvalidSender(address(0));
    }
}

function _safeMint(address to, uint256 tokenId) internal {
    _safeMint(to, tokenId, "");
}

function _safeMint(
    address to,
    uint256 tokenId,
    bytes memory data
) internal virtual {
    _mint(to, tokenId);
    ERC721Utils.checkOnERC721Received(
        _msgSender(),
        address(0),
        to,
        tokenId,
        data);
}
```

_safeMint はNFTの新規発行をしており、まずは _mint 関数を実行しています。_mint では、下記の複数の確認を行っています。

- 引数で受け取っている「to」アドレスが「address(0)」でないかを確認し、もし「address(0)」であれば「ERC721InvalidReceiver」を返す。
- 送付しているNFTの前の保有者を確認し、「address(0)」でなければ「ERC721InvalidSender」を返す。

address(0) とは、ゼロアドレスと呼ばれるaddress型の初期値として扱われる特殊なアドレスです。特定のアドレスが存在しないことや未設定のことを示し、誰も操作することができないアドレスになります。

_update は後ほど説明しますが、戻り値としてNFTの from アドレス、つまり送り元のアドレスを取得できます。今回はNFTの新規発行のため、必ず from アドレスが address(0) である必要があります。それ以外のアドレスの場合は新規発行ではなく、既存のNFTの送付をしてしまっているためです。

具体的なNFTの送付処理は _update で行っています。

safeMint 関数に戻ると、その後、下記の _setTokenURI 関数を実行しています。

```
mapping(uint256 tokenId => string) private _tokenURIs;

function _setTokenURI(
    uint256 tokenId,
    string memory _tokenURI
) internal virtual {
    _tokenURIs[tokenId] = _tokenURI;
    emit MetadataUpdate(tokenId);
}
```

_setTokenURI 関数は、各token idごとのNFTにメタデータを紐付ける処理を行います。メタデータとは、簡単にいうと各token idごとのNFTの情報といえます。名前や説明、画像データなどを紐付けることができるようになっています。

引数で次の2つの値を受け取っています。

◉「_setTokenURI」関数が受け取る値

値	説明
tokenId	メタデータを紐付けるNFTのtoken id
_tokenURI	紐付けるメタデータのURI（https://～など）

_tokenURIs というmapping配列で各token idごとのメタデータURIを管理しているため、引数で受け取った tokenId を key にしてメタデータURIを保存しています。

これで、各token idごとに個別のメタデータを設定することができました。

URL https://github.com/OpenZeppelin/openzeppelin-contracts/blob/master/contracts/token/ERC721/extensions/ERC721URIStorage.sol

▶ _update

_update 関数は、NFTの送付が行われるときに実行される関数です。

```
function _update(
    address to,
    uint256 tokenId,
    address auth
) internal override(ERC721, ERC721Pausable) returns (address) {
    return super._update(to, tokenId, auth);
}
```

super._update というのは継承元のコントラクト内に実装されている _update 関数を実行するという意味です。

では、どのコントラクトの _update 関数を実行しているのでしょうか。答えは override の部分を見るとわかります。 override(ERC721, ERC721Pausable) と2つのコントラクトの _update を上書きしています。

ERC721 と ERC721Pausable のどちらにも _update 関数が実装されているため、override しないとどちらのコントラクトの _update 関数を実行すればよいかわかりません。そのため、継承先のコントラクトでこのように上書きして、どちらのコントラクトの処理を実行すればよいか示しています。

また、次のように override してから機能を追加することもできます(下記は仮に追加したものなのでコンパイル時にエラーが出ます)。

```
function _update(
    address to,
    uint256 tokenId,
    address auth
) internal override(ERC721, ERC721Pausable) returns (address) {
    checkTokenId(tokenId);
    return super._update(to, tokenId, auth);
}
```

override はわかったと思いますが、結局、ERC721 と ERC721Pausable のどちらのコントラクト内の _update 関数を呼び出しているかわかりません。この答えは両方のコントラクトの _update 関数が呼び出されます。

両方が呼び出されるとすると、次に呼び出される順番が気になります。順番としては ERC721Pausable → ERC721 となり、コントラクトの継承順が影響しています。

今回作成しているコントラクトである DAppsNFT は ERC721 と ERC721Pausable の両方を継承しています。一方、ERC721Pausable も ERC721 を継承しています。つまり、下図のようになっており、継承順が最も近い ERC721Pausable の _update 関数が先に実行されます。

●DAppsNFTコントラクトの継承

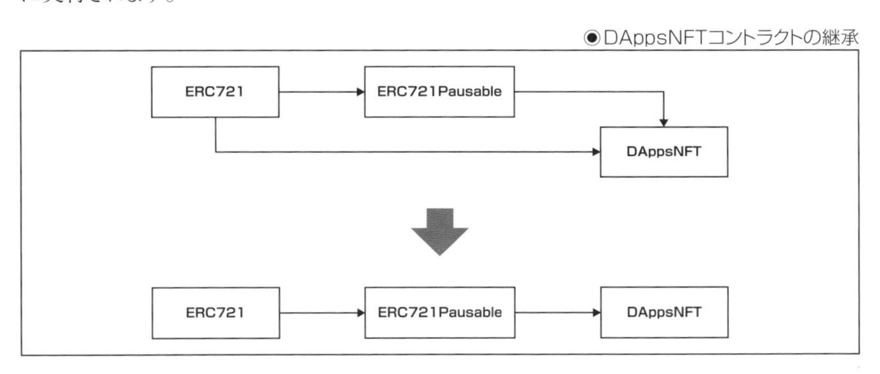

場合によっては、次のように継承順が同じことがあります。

◉継承順が同じ場合

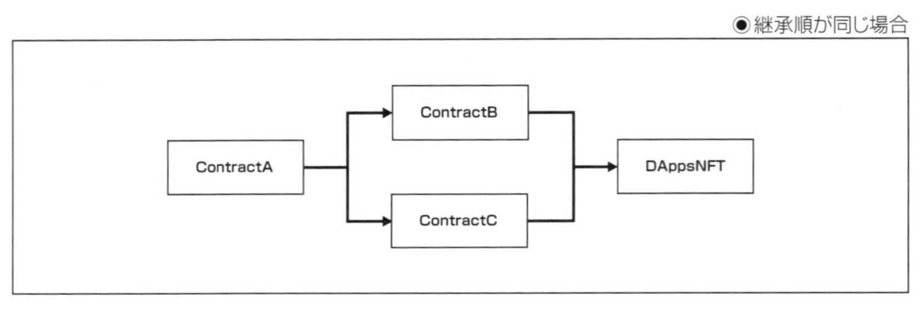

このような場合は、コントラクトの継承順序が影響します。たとえば、コントラクト定義で ContractA を先に継承している場合は ContractA から実行されます。

また、次のようにどのコントラクトの関数を実行するか示すこともできます。この場合は、指定したコントラクトの関数のみ実行されます。

```
contract DAppsNft is
    ContractA,
    ContractB
    {
    ...
    function _update(
        address to,
        uint256 tokenId,
        address auth
    ) internal override(ContractA, ContractB) returns (address) {
        return ContractA._update(to, tokenId, auth);
    }
```

どのコントラクトの _update 関数を使用するかがわかってきたところで、_update 関数の中身を見ていきましょう。

ERC721Pausable コントラクトでは、下記のように _update 関数が定義されています。

```
    function _update(
        address to,
        uint256 tokenId,
        address auth
    ) internal virtual override whenNotPaused returns (address) {
        return super._update(to, tokenId, auth);
    }
```

ここでも super._update が登場しています。今回は ERC721 コントラクトの _update 関数を実行しています。

ただ、その前に ERC721Pausable コントラクトの _update 関数では、whenNotPaused という modifier が付いています。この modifier は次のように、_paused という値を参照して、もし true であれば EnforcedPause というエラーを返すようになっています。

```
modifier whenNotPaused() {
    _requireNotPaused();
    _;
}

function paused() public view virtual returns (bool) {
    return _paused;
}

function _requireNotPaused() internal view virtual {
    if (paused()) {
        revert EnforcedPause();
    }
}
```

pause 、unpause の部分で説明したように、この値を切り替えることでNFTの送付処理を止めることができます。

この確認が問題なければ、いよいよ ERC721 の _update 関数を見ていきます。

```
function _update(
    address to,
    uint256 tokenId,
    address auth
) internal virtual returns (address) {
    address from = _ownerOf(tokenId);

    // Perform (optional) operator check
    if (auth != address(0)) {
        _checkAuthorized(from, auth, tokenId);
    }

    // Execute the update
    if (from != address(0)) {
        // Clear approval. No need to re-authorize or
        // emit the Approval event
```

```
        _approve(address(0), tokenId, address(0), false);

        unchecked {
            _balances[from] -= 1;
        }
    }

    if (to != address(0)) {
        unchecked {
            _balances[to] += 1;
        }
    }

    _owners[tokenId] = to;

    emit Transfer(from, to, tokenId);

    return from;
}
```


上記のように少し長いですが、1つずつ説明していきます。

まず、`_ownerOf` の部分では送付したいtoken idの保有アドレスを取得します。

```
mapping(uint256 tokenId => address) private _owners;

function _ownerOf(
    uint256 tokenId
) internal view virtual returns (address) {
    return _owners[tokenId];
}
```

上記のように、各token idの現在の保有者を `_owners` というmappingh配列で管理し、`_ownerOf` 関数を実行することで引数の `tokenId` を `key` に保有アドレスを取得できます。

次に `auth != address(0)` という確認をし、もし `true` であれば `_checkAuthorized` という関数を実行しています。 `auth` というのは、NFTの保有アドレス以外が保有アドレスの代わりに他アドレスへNFTを送付するときに指定するアドレスです。新規発行や自信が保有するNFTの送付時には `address(0)` が渡されるため、この処理はスキップされます。

次に、`to != address(0)`という確認をして、NFTの送り先アドレスが`address(0)`でない場合、`to`アドレスの保有NFTの数をインクリメントしています。`to`アドレスはNFTが送付されるアドレスであるため、mppaing配列の`_balances`で管理しているアドレスごとの保有数を増加させています。

ここまでできたら、token idの保有アドレスを更新し、`Transfer`というイベントを発行してNFTの前の保有アドレスを返します。`_owners`というmapping配列では、各token idをkeyにしてNFT保有者アドレスを管理しています。保有者が変わる、または新規取得のため、token idとアドレスの紐付けを設定しています。

● _checkAuthorized

気になる方のために`_checkAuthorized`を解説します。

```
mapping(uint256 tokenId => address) private _tokenApprovals;
mapping(
    address owner => mapping(address operator => bool)
) private _operatorApprovals;

function _isAuthorized(
    address owner,
    address spender,
    uint256 tokenId
) internal view virtual returns (bool) {
    return
        spender != address(0) &&
        (owner == spender || isApprovedForAll(owner, spender) ||
            _getApproved(tokenId) == spender);
}

function _checkAuthorized(
    address owner,
    address spender,
    uint256 tokenId
) internal view virtual {
    if (!_isAuthorized(owner, spender, tokenId)) {
        if (owner == address(0)) {
            revert ERC721NonexistentToken(tokenId);
        } else {
            revert ERC721InsufficientApproval(spender, tokenId);
        }
    }
}
```

`_tokenApprovals` というmapping配列で、特定のtoken idの保有アドレスの代わりに他アドレスへ送付できるアドレスを管理しています。ここに設定されたアドレスは、`key` となっているtoken idのNFTを操作することができます。

`_operatorApprovals` というmapping配列では、特定のアドレス（`owner`）が保有するNFTをすべて操作（送付など）できるかを管理しています。なお、ここで操作権限を管理できるのは、あくまで `DAppsNFT` コントラクト内のNFTのみで、他のコントラクトのNFTの管理は各NFTコントラクトに委ねられています。

NFT Marketplaceと呼ばれるNFTの販売所があるのですが、このMarketplaceで販売するときにMarketplace側の販売コントラクトからNFTを操作できるようにする必要があります。このときに、1つひとつNFTの操作権限を付与していると手間や思わぬ不具合を生んでしまうため、このように一括で操作権限を付与する機能を活用しています。このように、操作権限を付与することを `approve` といいます。

`_checkAuthorized` 関数では、`_isAuthorized` という関数を実行していて、この関数内で先ほど説明した2つのmapping配列を確認してNFTの保有者の代わりにNFTを送付しようとしているアドレスに権限があるかを確認しています。

`_checkAuthorized` 関数の説明はここまでにして次に進みます。

`from != address(0)` の部分では、送り元のアドレスが `address(0)` でない場合に次の処理を実行しています。

- _approve(address(0), tokenId, address(0), false);
  - 別のアドレスにNFTが送付されるため、「approve」されているアドレスをリセットします。
- _balances[from] -= 1;
  - 「_balances」は特定のアドレスが保有しているNFTの数を管理するmapping配列です。
  - NFTを送付するため、保有数を-1しています。

NFTの新規発行の場合は、`address(0)` が `from` になるため、上記の処理はスキップされます。

COLUMN uncheked

次のように`unchecked {}`で囲われているのが気になったと思います。

```
unchecked {
    _balances[from] -= 1;
}
```

これは何をしているかというと、簡潔にいえば「ガスコストの削減」です。

Solidityのバージョン0.8以前では、「オーバーフロー」と「アンダーフロー」が数値演算時に起きていました。

オーバーフローは変数に保持できる最大値を超えたときに、数値が0に戻ってしまう現象のことです。例は次の通りです。

```
uint8 x = 255;
x = x + 1; // オーバーフローが発生してxは0になる。
```

アンダーフローは変数に保持できる最小値を超えたとき、数値が最大値に戻ってしまう現象のことです。例は次の通りです。

```
uint8 x = 0;
y = y - 1; // アンダーフローが発生してyは255になる。
```

この現象は脆弱性につながるため、Soldityのバージョン0.8以降で起きないようになりました。ただ、その分、実行時のガスコストが少しですが増加しました。

そこで「オーバーフロー」と「アンダーフロー」が起きない想定の数値は`unchecked {}`で囲むことで「オーバーフロー」と「アンダーフロー」の確認を行わなくなりガスコストが削減されるようにしています。

ガスコストが削減されるのは喜ばしいことですが、必ず「オーバーフロー」と「アンダーフロー」が起きないと想定される場合にのみ使用してください。たとえば、NFTコントラクトの`_nextTokenId`が`uint256`型であれば最大値(2^{256-1})を超える可能性は限りなく0に近いですし、最大発行可能数などを定義しておけば超えることはないことがわかります。

▶ tokenURI

下記のように `tokenURI` という関数が定義されていて、継承元の `tokenURI` 関数を呼び出しているのがわかります。

```
function tokenURI(
    uint256 tokenId
) public view override(ERC721, ERC721URIStorage) returns (string memory) {
    return super.tokenURI(tokenId);
}
```

`_update` のときと同じように2つの継承元のコントラクトを上書きしていて、`ERC621URIStorage` コントラクトに定義されている `tokenURI` から実行します。

●「tokenURI」関数の継承

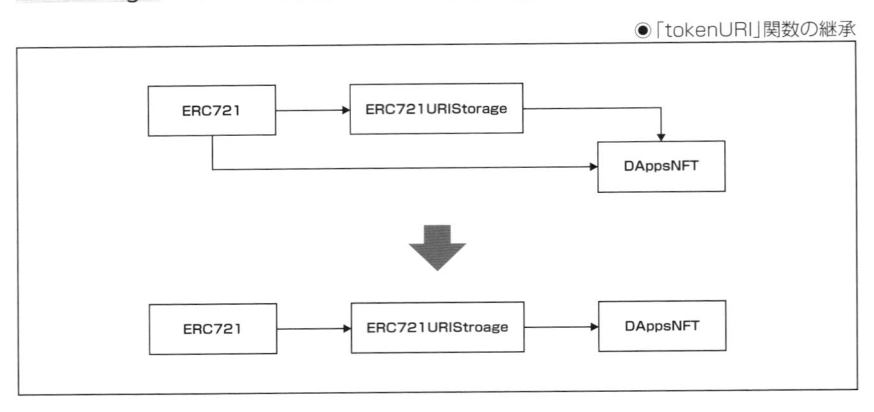

`ERC621URIStorage` コントラクトでは次のように定義されています。

```
function tokenURI(
    uint256 tokenId
) public view virtual override returns (string memory) {
    _requireOwned(tokenId);

    string memory _tokenURI = _tokenURIs[tokenId];
    string memory base = _baseURI();

    // If there is no base URI, return the token URI.
    if (bytes(base).length == 0) {
        return _tokenURI;
    }
    // If both are set, concatenate the baseURI and
    // tokenURI (via string.concat).
    if (bytes(_tokenURI).length > 0) {
        return string.concat(base, _tokenURI);
```

```
        }

        return super.tokenURI(tokenId);
    }
```

_requireOwned 関数を最初に呼び出しています。 _requireOwned 関数は次のように定義されています。

```
    function _requireOwned(uint256 tokenId) internal view returns (address) {
        address owner = _ownerOf(tokenId);
        if (owner == address(0)) {
            revert ERC721NonexistentToken(tokenId);
        }
        return owner;
    }
```

引数で受け取った tokenId の保有アドレスを取得して、address(0) でないかを確認しています。もし address(0) の場合は、まだそのtoken idのNFTは発行されていないことを意味するため、ERC721NonexistentToken というエラーを返しています。

次に _tokenURIs というmapping配列から、tokenId を key にtoken idのメタデータURIを取得しています。これは safeMint 関数実行時に設定しています。

```
    mapping(uint256 tokenId => string) private _tokenURIs;
```

_baseURI 関数はメタデータURIの共通化部分を定義している変数です。今回の DAppsNFT コントラクトでは定義していませんが、https://example.com/… のようにメタデータURIの先頭部分が一致しているときなどの使用されます。

その後、bytes(base).length == 0 という確認をしています。これは、_baseURI 関数で取得した文字列の長さを確認していて、もし何も定義されていない場合は空(長さが0)の文字列と判定され、先ほど取得した _tokenURI を返します。

次に bytes(_tokenURI).length > 0 という確認をしています。これは、取得した _tokenURI の文字列の長さが0以上であれば、base 変数(baseUri)と _tokenURI 変数を結合します。たとえば、次のような処理になります。

```
base = "https://example.com/"
_tokenURI = "book-1"
base + _tokenURI = "https://example.com/book-1"
```

もし上記の条件の両方に一致しない場合は、親コントラクト(ERC721)の tokenURI 関数を実行します。 ERC721 コントラクトの tokenURI 関数は次のように定義されています。

```
function tokenURI(
    uint256 tokenId
) public view virtual returns (string memory) {
    _requireOwned(tokenId);

    string memory baseURI = _baseURI();
    return
        bytes(baseURI).length > 0 ?
            string.concat(baseURI, tokenId.toString()) : "";
}
```


先ほどと同じく `_requireOwned` 関数を実行して、引数で受け取っている `tokenId` が存在しているか確認します。

次に `_baseURI` 関数を実行します。デフォルトでは `ERC721` コントラクトの場合、次のように空の文字列が返されます。

```
function _baseURI() internal view virtual returns (string memory) {
    return "";
}
```

もし、この `_baseURI` を上書きして、空の文字列以外が返される場合は `baseURI` と文字列に変換した `tokenId` を結合して返します。たとえば、次のような処理になります。

```
base = "https://example.com/"
tokenId = "1"
base + _tokenURI = "https://example.com/1"
```

以上がNFTのメタデータを取得できる関数である `tokenURI` の解説です。

URL https://github.com/OpenZeppelin/openzeppelin-contracts/blob/master/contracts/token/ERC721/extensions/ERC721URIStorage.sol

また、メタデータは次のような構造で保存されています。

```
{
  "name": "Sample NFT #123",
  "description": "This is a sample NFT metadata description.",
  "image": "https://example.com/images/123.png",
  "attributes": [
    {
      "trait_type": "Background",
      "value": "Blue"
    },
```

```
    {
      "trait_type": "Eyes",
      "value": "Green"
    },
  ],
}
```

▶ supportsInterface

最後に supportsInterface 関数を解説していきます。supportsInsterface 関数は次のように定義されています。

```
function supportsInterface(
    bytes4 interfaceId
)
    public
    view
    override(ERC721, ERC721URIStorage, AccessControl)
    returns (bool)
{
    return super.supportsInterface(interfaceId);
}
```

supportsInsterface 関数は ERC721 コントラクトに限らず、すべてのコントラクトで使用される関数です。どのような役割をしているかというと、「特定のコントラクトに対応しているかどうかを問い合わせる」関数です。この説明だけではわかりにくいので、実際に処理を見ていきながら理解を深めていきましょう。

まず、この関数は3つのコントラクトの supportsInsterface 関数を override しています。継承の深さを見ると ERC721URIStorage と AccessControl は同じですが、コントラクトの継承部分の定義順が ERC721URIStorage のほうが先になっているため、下図のような順番になります。

●「supportInsterface」関数の継承

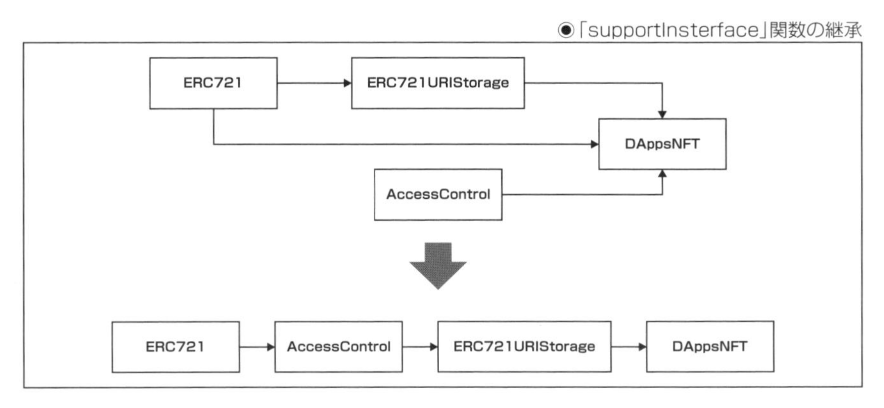

ERC721URIStorage の supportsInterface 関数は次のように定義されています。

```
function supportsInterface(
    bytes4 interfaceId
) public view virtual override(ERC721, IERC165) returns (bool) {
    return
        interfaceId == ERC4906_INTERFACE_ID ||
        super.supportsInterface(interfaceId);
}
```

ERC721URIStorage はERC4906という規格を使用しているため、引数に渡された interfaceId と同じであれば true を返し、それ以外の場合や親コントラクト supportsInterface 関数を実行しています。

URL https://eips.ethereum.org/EIPS/eip-4906

次に AccessControl です。

```
function supportsInterface(
    bytes4 interfaceId
) public view virtual override returns (bool) {
    return
        interfaceId == type(IAccessControl).interfaceId ||
        super.supportsInterface(interfaceId);
}
```

type(IAccessControl).interfaceId と引数に渡された interfaceId と同じであれば true を返し、それ以外の場合や親コントラクトの supportsInterface 関数を実行しています。

type(IAccessControl).interfaceId というのは、下記の IAccessControl インターフェース内に定義されているすべての関数セレクタをXOR演算した値です。

URL https://github.com/OpenZeppelin/openzeppelin-contracts/blob/master/contracts/access/IAccessControl.sol

関数セレクタとは、関数をハッシュ化した先頭4Byteの値のことです（例： bytes4(keccak256("transfer(address,uint256)")); ）。

この場合、IAccessControl インターフェース内で定義されている関数自体や引数が1つでも変われば値が変わってしまうことになります。

次に ERC721 です。

```
function supportsInterface(
    bytes4 interfaceId
) public view virtual override(ERC165, IERC165) returns (bool) {
    return
        interfaceId == type(IERC721).interfaceId ||
        interfaceId == type(IERC721Metadata).interfaceId ||
        super.supportsInterface(interfaceId);
}
```

ここでは先ほどと同様に、`IERC721` インターフェースと `IERC721Metadata` インターフェースの `interfaceId` と一致しているか確認しています。

URL https://github.com/OpenZeppelin/openzeppelin-contracts/blob/master/contracts/token/ERC721/IERC721.sol

URL https://github.com/OpenZeppelin/openzeppelin-contracts/blob/master/contracts/token/ERC721/extensions/IERC721Metadata.sol

このように、`supportsInterface` 関数を使用することで、どのコントラクトに対応しているか確認することができます。

そもそも `supportsInterface` 関数があると何がよいのでしょうか。

たとえば、NFTを間違って他のコントラクトに送ったとします。しかし、送り先のコントラクトはNFTを送付できる機能を備えていません。そのため、永久にそのコントラクトからNFTを動かすことができなくなってしまいます。

このようにNFTを間違ってコントラクトに送るなどを防ぐために、送付前に `supportsInterface` 関数を実行してNFTの送付機能があるかの確認に使用されます。

▶最後に

本項では今回実装するコントラクトを詳しく見てきました。一見どんな処理をしているかわからなくても、今回解説してきたように1つずつ確認することでどんな処理をしているか理解できます。 `ERC721` コントラクトよりも複雑なコントラクトはたくさんあるので、1つずつ処理を確認して理解を深めてください。

Smart Contractのテスト

コントラクトの作成とコントラクトの解説ができたところで、コントラクトのテストコードを書いていきます。コントラクトを作成した後、動作確認のためのテストが重要になります。

まずは下記のコマンドを実行し、既存のテストファイルを削除して、今回使用するテストファイルを作成します。

```
$ rm test/Lock.ts
$ touch test/NFT.ts
```

次に下記のテストコードを先ほど作成した`NFT.ts`ファイルに貼り付けてください。

SAMPLE CODE NFT.ts

```
import { loadFixture } from "@nomicfoundation/hardhat-toolbox/network-helpers";
import { expect } from "chai";
import hre from "hardhat";

describe("DAppsNft", function () {
 async function deployDAppsNftFixture() {
   const [admin, pauser, otherAccount] = await hre.ethers.getSigners();

   const DAppsNft = await hre.ethers.getContractFactory("DAppsNft");
   const dappsNft = await DAppsNft.deploy(admin.address, pauser.address);

   return { dappsNft, admin, pauser, otherAccount };
 }

 describe("Deployment", function () {
   it("Should set the right roles", async function () {
     const { dappsNft, admin, pauser } = await loadFixture(
       deployDAppsNftFixture
     );

     expect(
       await dappsNft.hasRole(
         await dappsNft.DEFAULT_ADMIN_ROLE(),
         admin.address
       )
     ).to.be.true;
     expect(
       await dappsNft.hasRole(await dappsNft.PAUSER_ROLE(), pauser.address)
     ).to.be.true;
   });
 });
```

```
describe("Minting", function () {
  it("Should mint a new token and set token URI", async function () {
    const { dappsNft, admin, otherAccount } = await loadFixture(
      deployDAppsNftFixture
    );
    const tokenURI = "https://example.com";

    await expect(dappsNft.safeMint(otherAccount.address, tokenURI)).to.emit(
      dappsNft,
      "Transfer"
    );

    const tokenId = 0;
    expect(await dappsNft.ownerOf(tokenId)).to.equal(otherAccount.address);
    expect(await dappsNft.tokenURI(tokenId)).to.equal(tokenURI);
  });
});

describe("Pausable", function () {
  it("Should pause and unpause the contract by pauser", async function () {
    const { dappsNft, pauser } = await loadFixture(deployDAppsNftFixture);

    // Pausing the contract
    await dappsNft.connect(pauser).pause();
    expect(await dappsNft.paused()).to.be.true;

    // Trying to mint while paused should fail with custom error EnforcedPause
    await expect(
      dappsNft.safeMint(pauser.address, "https://example.com")
    ).to.be.revertedWithCustomError(dappsNft, "EnforcedPause");

    // Unpausing the contract
    await dappsNft.connect(pauser).unpause();
    expect(await dappsNft.paused()).to.be.false;

    // Minting should succeed after unpausing
    await expect(
      dappsNft.safeMint(pauser.address, "https://example.com")
    ).to.emit(dappsNft, "Transfer");
  });

  it("Should fail to pause/unpause if not the pauser", async function () {
```

```
      const { dappsNft, otherAccount } = await loadFixture(
        deployDAppsNftFixture
      );

      // Trying to pause with a non-pauser account should fail
      await expect(
        dappsNft.connect(otherAccount).pause()
      ).to.be.revertedWithCustomError(
        dappsNft,
        "AccessControlUnauthorizedAccount"
      );
    });

    it("Should revert with ExpectedPause when calling unpause while not paused",
      async function () {
      const { dappsNft, pauser } = await loadFixture(deployDAppsNftFixture);

      // Trying to unpause when the contract is not paused
      await expect(
        dappsNft.connect(pauser).unpause()
      ).to.be.revertedWithCustomError(dappsNft, "ExpectedPause");
    });
  });

  describe("Transfers", function () {
    it("Should transfer token between accounts", async function () {
      const { dappsNft, admin, otherAccount } = await loadFixture(
        deployDAppsNftFixture
      );
      const tokenURI = "https://example.com";

      await dappsNft.safeMint(admin.address, tokenURI);
      const tokenId = 0;

      // Transfer token from admin to otherAccount
      await expect(
        dappsNft.transferFrom(admin.address, otherAccount.address, tokenId)
      )
        .to.emit(dappsNft, "Transfer")
        .withArgs(admin.address, otherAccount.address, tokenId);

      expect(await dappsNft.ownerOf(tokenId)).to.equal(otherAccount.address);
    });
```

```
  it("Should fail to transfer token from non-owner", async function () {
    const { dappsNft, admin, otherAccount } = await loadFixture(
      deployDAppsNftFixture
    );
    const tokenURI = "https://example.com";

    await dappsNft.safeMint(admin.address, tokenURI);
    const tokenId = 0;

    await expect(
      dappsNft
        .connect(otherAccount)
        .transferFrom(admin.address, otherAccount.address, tokenId)
    ).to.be.revertedWithCustomError(dappsNft, "ERC721InsufficientApproval");
  });
});

describe("Burnable", function () {
  it("Should burn a token", async function () {
    const { dappsNft, admin } = await loadFixture(deployDAppsNftFixture);
    const tokenURI = "https://example.com";

    await dappsNft.safeMint(admin.address, tokenURI);
    const tokenId = 0;

    // Burn the token
    await expect(dappsNft.burn(tokenId))
      .to.emit(dappsNft, "Transfer")
      .withArgs(admin.address, hre.ethers.ZeroAddress, tokenId);

    await expect(dappsNft.ownerOf(tokenId)).to.be.revertedWithCustomError(
      dappsNft,
      "ERC721NonexistentToken"
    );
  });
});
});
```

1つずつ簡単に説明していきます。

▶deployDAppsNftFixture

deployDAppsNftFixture関数では、DAppsNftコントラクトのデプロイを行っています。この関数は各テストの最初に実行されます。

```
async function deployDAppsNftFixture() {
  const [admin, pauser, otherAccount] = await hre.ethers.getSigners();

  const DAppsNft = await hre.ethers.getContractFactory("DAppsNft");
  const dappsNft = await DAppsNft.deploy(admin.address, pauser.address);

  return { dappsNft, admin, pauser, otherAccount };
}
```

getSignersは任意のアドレスを生成する機能で、次の3つのアドレスを作成しています。

- admin
- pauser
- otherAccount

次にDAppsNftコントラクトをデプロイするために、ファクトリーを取得しています。ファクトリーとは、コントラクトをデプロイしたり、デプロイ済みのコントラクトのインスタンスを作成する役割を担います。

ファクトリーを取得できたら、deployという関数を使用してコントラクトをデプロイします。このとき、引数として先ほど作成したadminとpauserのアドレスを渡しています。

デプロイができたら、作成した3つのアドレスとデプロイしたDAppsNftコントラクトのアドレスを返します。

これ以降が実際のテスト項目のコードになります。

▶Deployment

Deploymentテストコードでは、コントラクトのデプロイを確認しています。

```
describe("Deployment", function () {
  it("Should set the right roles", async function () {
    const { dappsNft, admin, pauser } = await loadFixture(
      deployDAppsNftFixture
    );

    expect(
      await dappsNft.hasRole(
        await dappsNft.DEFAULT_ADMIN_ROLE(),
        admin.address
```

```
      )
    ).to.be.true;
    expect(
      await dappsNft.hasRole(await dappsNft.PAUSER_ROLE(), pauser.address)
    ).to.be.true;
  });
});
```

まずは、`loadFixture` 関数を実行しています。これはすべてのテストコードで最初に実行されていて、コントラクトのデプロイと3つのアドレスを返す `deployDAppsNftFixture` 関数を呼び出しています。

テストコード内での実際のテスト項目は `expect()` で囲まれた部分になります。今回は次の2つの項目の確認が行われています。

- デプロイした「DAppsNft」コントラクトのロール管理アドレスである「DEFAULT_ADMIN_ROLE」が、デプロイ時に引数で渡している「admin」アドレスと一致しているか（「DEFAULT_ADMIN_ROLE」については199ページ参照）。
- デプロイした「DAppsNft」コントラクトのコントラクト停止ロールである「PAUSER_ROLE」が、デプロイ時に引数で渡している「pauser」アドレスと一致しているか。

どちらも一致していれば `true` が返され、`to.be.true` というのは一致していることを想定していています。

▶Minting

`Minting` テストコードでは、NFTのmint処理について確認しています。

```
describe("Minting", function () {
  it("Should mint a new token and set token URI", async function () {
    const { dappsNft, admin, otherAccount } = await loadFixture(
      deployDAppsNftFixture
    );
    const tokenURI = "https://example.com";

    await expect(dappsNft.safeMint(otherAccount.address, tokenURI)).to.emit(
      dappsNft,
      "Transfer"
    );

    const tokenId = 0;
    expect(await dappsNft.ownerOf(tokenId)).to.equal(otherAccount.address);
    expect(await dappsNft.tokenURI(tokenId)).to.equal(tokenURI);
  });
});
```

まずは、先ほどと同様に `loadFixture` 関数を実行しています。

`tokenURI` にメタデータのURIを格納し、`otherAccount` というアドレスとともに引数に渡して `safeMint` 関数を実行しています。

`to.emit` というのは、`safeMint` 関数実行時に発行されるイベントを確認しています。`safeMint` 関数は、`ERC721` コントラクトで定義されている `Transfer` イベントを実行の最後に発行するため、その発行がされているか確認しています。

次に下記の2つの確認をしています。

- 渡された「tokenId」の保有アドレスを返す「ownerOf」関数を実行して、「tokenId」が「0」のNFTの保有アドレスが「otherAccount」か。
- 「tokenURI」関数を実行して、「tokenId」が「0」のNFTのメタデータURIが「safeMint」関数実行時に渡したものと一致するか。

▶Pausable

`Pausable` テストコードでは、`DAppsNft` コントラクトの停止・再起動処理について確認しています。

```
describe("Pausable", function () {
  it("Should pause and unpause the contract by pauser", async function () {
    const { dappsNft, pauser } = await loadFixture(deployDAppsNftFixture);

    // Pausing the contract
    await dappsNft.connect(pauser).pause();
    expect(await dappsNft.paused()).to.be.true;

    // Trying to mint while paused should fail with custom error EnforcedPause
    await expect(
      dappsNft.safeMint(pauser.address, "https://example.com")
    ).to.be.revertedWithCustomError(dappsNft, "EnforcedPause");

    // Unpausing the contract
    await dappsNft.connect(pauser).unpause();
    expect(await dappsNft.paused()).to.be.false;

    // Minting should succeed after unpausing
    await expect(
      dappsNft.safeMint(pauser.address, "https://example.com")
    ).to.emit(dappsNft, "Transfer");
  });

  it("Should fail to pause/unpause if not the pauser", async function () {
    const { dappsNft, otherAccount } = await loadFixture(
      deployDAppsNftFixture
```

▼

```
    );

    // Trying to pause with a non-pauser account should fail
    await expect(
      dappsNft.connect(otherAccount).pause()
    ).to.be.revertedWithCustomError(
      dappsNft,
      "AccessControlUnauthorizedAccount"
    );
  });

  it("Should revert with ExpectedPause when calling unpause while not paused",
    async function () {
    const { dappsNft, pauser } = await loadFixture(deployDAppsNftFixture);

    // Trying to unpause when the contract is not paused
    await expect(
      dappsNft.connect(pauser).unpause()
    ).to.be.revertedWithCustomError(dappsNft, "ExpectedPause");
  });
});
```

このテストは大きく3つのテストで構成されています。 `it("～");` の部分で区切られています。

まずは、これまでと同様に `loadFixture` 関数を実行しています。

次に、`DAppsNft` コントラクトの停止を行うために `pause` 関数を実行し、実際に停止されているか `paused` 関数を実行して確認しています。もし停止されていれば `true` が返ってきます。また、`pause` 関数時に `connect(pauser)` と実行していますが、これは `pause` 関数実行アドレスを `pauser` に指定しています。

次に、停止されている状態で `safeMint` 関数を実行したときに、`EnforcedPause` というコントラクトで定義されているエラーが返されるか確認しています。

停止の確認ができたら、次は `DAppsNft` コントラクトを再起動して `safeMint` 関数が実行されるかの確認をしています。

ここまでが1つ目の大枠のテストです。

2つ目の大枠のテストでは、`PAUSER_ROLE` 権限がないアドレス(`otherAccount`)で `pause` 関数を実行して、権限がないというエラーが出るかを確認しています。

3つ目の大枠のテストでは、`DAppsNft` コントラクトが停止状態ではないのに、再起動用の `unpase` 関数を実行したときに、停止されていないというエラーが出るかを確認しています。

これで3つのテストが完了です。

▶ Transfers

`Transfers` テストコードでは、`DAppsNft` コントラクトのNFTの送付について確認しています。


```
describe("Transfers", function () {
  it("Should transfer token between accounts", async function () {
    const { dappsNft, admin, otherAccount } = await loadFixture(
      deployDAppsNftFixture
    );
    const tokenURI = "https://example.com";

    await dappsNft.safeMint(admin.address, tokenURI);
    const tokenId = 0;

    // Transfer token from admin to otherAccount
    await expect(
      dappsNft.transferFrom(admin.address, otherAccount.address, tokenId)
    )
      .to.emit(dappsNft, "Transfer")
      .withArgs(admin.address, otherAccount.address, tokenId);

    expect(await dappsNft.ownerOf(tokenId)).to.equal(otherAccount.address);
  });

  it("Should fail to transfer token from non-owner", async function () {
    const { dappsNft, admin, otherAccount } = await loadFixture(
      deployDAppsNftFixture
    );
    const tokenURI = "https://example.com";

    await dappsNft.safeMint(admin.address, tokenURI);
    const tokenId = 0;

    await expect(
      dappsNft
        .connect(otherAccount)
        .transferFrom(admin.address, otherAccount.address, tokenId)
    ).to.be.revertedWithCustomError(dappsNft, "ERC721InsufficientApproval");
  });
});
```

このテストは大きく2つのテストで構成されています。

まずは、これまでと同様に `loadFixture` 関数を実行しています。

1つ目の大枠では、`safeMint`関数を実行して`mint`処理まで確認した後、`transferFrom`関数を実行して`admint`アドレスから`otherAccount`アドレスにNFTを送付します。

このとき、`Transfer`イベントが発行されるため、イベントに設定されている値も含め確認をしています。

その後、`ownerOf`関数を実行して、`transferFrom`関数で送付した`tokenId`の保有アドレスが`otherAccount`アドレスと一致しているか確認しています。

2つ目の大枠では、現在`otherAccount`アドレスが保有している`tokenId`が`0`のNFTを`admin`アドレスが送付しようとしてエラーになるかの確認をしています。

これでNFTの送付(transfer)処理の確認は終了です。

▶Burnable

`Burnable`テストコードでは、`DAppsNft`コントラクトのNFTのburn処理について確認しています。

```
describe("Burnable", function () {
  it("Should burn a token", async function () {
    const { dappsNft, admin } = await loadFixture(deployDAppsNftFixture);
    const tokenURI = "https://example.com";

    await dappsNft.safeMint(admin.address, tokenURI);
    const tokenId = 0;

    // Burn the token
    await expect(dappsNft.burn(tokenId))
      .to.emit(dappsNft, "Transfer")
      .withArgs(admin.address, hre.ethers.ZeroAddress, tokenId);

    await expect(dappsNft.ownerOf(tokenId)).to.be.revertedWithCustomError(
      dappsNft,
      "ERC721NonexistentToken"
    );
  });
});
```

まずは、これまでと同様に`loadFixture`関数を実行しています。

`safeMint`関数を実行して`mint`処理まで確認した後、`mint`した`tokenId`のNFTを`address(0)`に送付(burn)し、ちゃんとburnできたかを確認しています。

`ownerOf`関数を実行して、所有者を確認するが先ほどburnした`tokenId`は存在しないというエラーが出るかを確認しています。

▶テストの実行

テストコードの解説をしてきたところで、実際にテストを実行してみましょう。

まずは、`package.json`に下記の`scripts`というコードを追加してください。

SAMPLE CODE package.json

```
{
 "devDependencies": {
   ...
 },
 "dependencies": {
   ...
 },
 "scripts": {
   "test": "hardhat test"
 }
}
```

追加できたら、下記のコマンドを実行してください。

```
$ npm run test
```

下記のように出力されていればテストは無事完了です。

```
> test
> hardhat test




  DAppsNft
    Deployment
      ✔ Should set the right roles (670ms)
    Minting
      ✔ Should mint a new token and set token URI
    Pausable
      ✔ Should pause and unpause the contract by pauser
      ✔ Should fail to pause/unpause if not the pauser
      ✔ Should revert with ExpectedPause when calling unpause while not paused
    Transfers
      ✔ Should transfer token between accounts
      ✔ Should fail to transfer token from non-owner
    Burnable
      ✔ Should burn a token


  8 passing (708ms)
```

▶まとめ

本項ではコントラクトのテストコードについて見てきました。

今回はメインの部分のみのテストを簡単に実行してみましたが、実際にコントラクトを作るときはもっとテストケースを増やすことが望ましいです。

コントラクトは基本、一度デプロイしてしまうと2度と変更することはできません。そのため、テストケースを増やして脆弱性がないかしっかり確認してください。

コードはGitHubの `nft_mint_site3_contract_test/src` ディレクトリを参照してください。

Smart Contractのデプロイ

コントラクトのテストまでできたので、次はコントラクトのデプロイをしていきます。

まずは、下記のコマンドを実行し、既存のデプロイスクリプトを削除して、`DAppsNFT` コントラクト用のデプロイスクリプトを作成しましょう。

```
$ rm ignition/modules/Lock.ts
$ touch ignition/modules/DAppsNFT.ts
```

`ignition/modules/DAppsNFT.ts` ファイルを作成できたら、下記のコードを記載してください。

SAMPLE CODE DAppsNFT.ts

```
import { buildModule } from "@nomicfoundation/hardhat-ignition/modules";

const DAppsNFTModule = buildModule("DAppsNFTModule", (m) => {
  const defaultAdmin = m.getParameter("admin", "");

  if (!defaultAdmin) {
    throw new Error("defaultAdmin is required");
  }

  const dappsNft = m.contract("DAppsNft", [defaultAdmin, defaultAdmin]);

  return { dappsNft };
});

export default DAppsNFTModule;
```

上記のコードにはデプロイに必要な処理が記述されています。

`DAppsNFTModule` という名前で定義し、`admin` というパラメータを取得して `defaultAdmin` という変数に格納しています。この値はコントラクトデプロイ時に引数で渡す値になります。そのため、ちゃんと `defaultAdmin` で受け取れているかを確認して、値がない場合はエラーを返しています。

01 02 03 04 05 06 07 08 DApps開発ハンズオン

その後、defaultAdminを引数で渡してDAppsNftコントラクトをデプロイしています。

次に下記のコマンドを実行して必要なライブラリをインストールします。

```
$ npm install --save-dev dotenv
```

次に下記のコマンドを実行して環境変数ファイルを作成します。

```
$ touch .env.example .env
```

ここまでで下準備は完了です。

▶ローカルノードにデプロイ

まずはローカルノードを起動してDAppsNFTコントラクトをデプロイしていきます。通常、ブロックチェーンのメインネットやテストネットでは複数のノードがデータを保持しています。

ただ、テストネットにデプロイするためにもガス代としてテストネットトークンの取得が必要になります。これはコントラクトのデプロイを確認するのにだいぶ手間になります。そのため、まずはローカルに1つだけノードを起動して、そのノードを使用してコントラクトのデプロイを確認することができます。

ローカルノードを起動してデプロイする前に、必要な設定をしていきましょう。

まずは、MetaMaskなどのウォレットの秘密鍵を取得します。下図のようにMetaMaskを開いて、アカウント名のところをクリックしてアカウント一覧を開きます。

アカウント一覧の中から今回のハンズオンで使用したいウォレットアドレスを選び、右にある「：」ボタンをクリックして「アカウントの詳細」をクリックしてください。

そうすると下図のようにアドレス情報が表示されるので、「秘密鍵を表示」ボタンをクリックしてください。

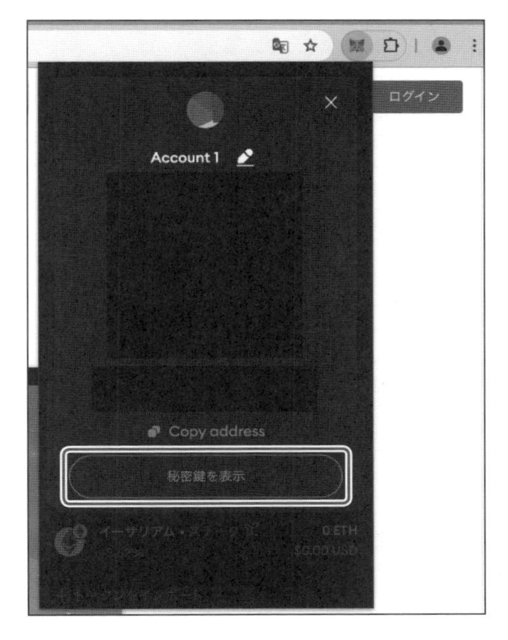

MetaMaskのパスワードの入力を求められるので入力してください。入力できたら「確認」ボタンをクリックしてください。

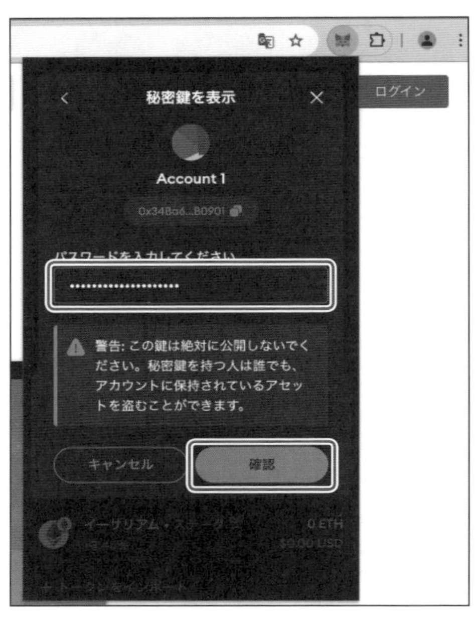

正しいパスワードが入力できると下図が表示されます。「長押しして秘密鍵を表示します」というボタンを長押しすると、アドレスの秘密鍵をコピーできるようになるのでコピーしてください。

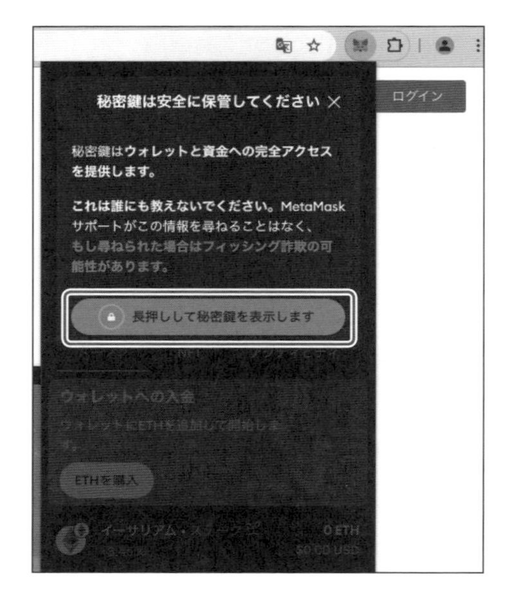

コピーできたら下記のように .env ファイルに貼り付けてください。

SAMPLE CODE .env

```
PRIVATE_KEY=<コピーした秘密鍵>
```

次に hardhat.config.ts というファイルの中身を下記に書き換えてください。

SAMPLE CODE hardhat.config.ts

```
import { HardhatUserConfig } from "hardhat/config";
import "@nomicfoundation/hardhat-toolbox";
import "dotenv/config";

const { PRIVATE_KEY } = process.env;

if (!PRIVATE_KEY) {
 throw new Error("PRIVATE_KEY is not set");
}

const config: HardhatUserConfig = {
 solidity: "0.8.27",
 networks: {
   holesky: {
     url: "https://holesky.drpc.org",
     accounts: [`0x${PRIVATE_KEY}`],
     chainId: 17000,
   },
 },
};

export default config;
```

このコードでは、環境変数（ .env ファイル）から PRIVATE_KEY という値を読み込んで、もし値がなければエラーを返すようにしています。

また、Solidityのバージョンは 0.8.27 を使用し、テストネットチェーンとしてEthersumのテストネットである「Holesky」を使用するようにしています。 url の部分では、HoleskyのRPCノードURLを指定しています。

accounts では、先ほど環境変数（ .env ファイル）から読み込んだ PRIVATE_KEY の値を設定しています。この部分でデプロイに使用されるアドレスを設定しています。

次に下記のコマンドを実行してファイルを作成してください。

```
$ touch ignition/parameters.json
```

この ignition/parameters.json ファイルは、コントラクトデプロイ時に渡すパラメータを定義しています。 ignition/parameters.json に下記を記載してください。

SAMPLE CODE parameters.json

```
{
  "DAppsNFTModule": {
    "admin": "<公開鍵>"
  }
}
```

<公開鍵> の部分には、.env ファイルに設定した秘密鍵に対応する公開鍵を入力してください。公開鍵はMetaMaskだと下図のアカウント名の下に一部が表示されていて、コピーアイコンをクリックすることで取得できます。

最後に、package.json に下記を追加してください。

SAMPLE CODE package.json

```
{
  ...
  "scripts": {
    // 以下を追加
    "test": "hardhat test",
    "node": "hardhat node",
    "console": "hardhat console",
```

```
    "deploy": "hardhat ignition deploy ./ignition/modules/DAppsNFT.ts
--network localhost --parameters ./ignition/parameters.json",
    "deploy:holesky": "hardhat ignition deploy ./ignition/modules/DAppsNFT.
ts --network holesky --parameters ./ignition/parameters.json"
  }
}
```

ここではテストコマンドとローカルノード起動コマンド、ノード接続コマンド、デプロイコマンドを追加しています。`./ignition/modules/DAppsNFT.ts`と`./ignition/parameters.json`ファイルを指定して、holeskyやlocalhostなどのネットワークにデプロイするというコマンドです。

では、ローカルノードを起動してコントラクトをデプロイしてみましょう。まずは下記のコマンドを実行してローカルノードを起動してください。

```
$ npm run node
```

下記のように出力されていれば実行成功です。

```
...
Account #19: 0x8626f6940E2eb28930eFb4CeF49B2d1F2C9C1199 (10000 ETH)
Private Key: ...

WARNING: These accounts, and their private keys, are publicly known.
Any funds sent to them on Mainnet or any other live network WILL BE LOST.
```

いくつかアドレスが出力されていますが、これはローカルノードを使用してテスト実行するためのアドレスになります。`(10000 ETH)`となっているのは、あらかじめローカルノード用のネイティブトークンが1000ETH分付与されているということです。ローカルノードで色々試したいときに使用できます(このアドレスはテスト以外で使用しないように気を付けてください)。

では、ローカルノードが起動したところで、早速コントラクトをローカルノードにデプロイしてみましょう。

別のターミナルを開いて、下記のコマンドを実行してください。

```
$ npm run deploy
```

下記のように出力されていれば成功です。

```
> deploy
> hardhat ignition deploy ./ignition/modules/DAppsNFT.ts --network localhost
--parameters ./ignition/parameters.json
```

```
Hardhat Ignition 🚀

Deploying [ DAppsNFTModule ]

Batch #1
  Executed DAppsNFTModule#DAppsNft

[ DAppsNFTModule ] successfully deployed 🚀

Deployed Addresses

DAppsNFTModule#DAppsNft - 0x5FbDB2315678afecb367f032d93F642f64180aa3
```


最後の行の `0x5FbDB2315678afecb367f032d93F642f64180aa3` がデプロイされたコントラクトアドレスになります。これは実行された環境でアドレスが変わるので、別のアドレスになっているはずです。

ちゃんとデプロイできているのか確認してみましょう。下記のコマンドを実行してください。

```
$ npm run console  --network localhost
```

下記のように出力されていれば実行成功です。

```
Welcome to Node.js v20.12.0.
Type ".help" for more information.
>
```

このコマンドは、先ほど起動したローカルノードに対して接続を行い、デプロイしたコントラクトなどを操作できる環境になります。

まずは下記のコマンドを実行して、デプロイしたコントラクトを取得しましょう。

```
> const Contract = await ethers.getContractFactory("DAppsNft");
undefined
> const contract = await Contract.attach("<デプロイしたコントラクトアドレス>")
undefined
```

ここまでできたら、コントラクトの情報を取得してみましょう。

```
> await contract.name();
'DAppsNft'
> await contract.symbol();
'DNFT'
```

name と symbol 関数を実行すると、NFTコントラクトの constructor で設定した値が取得できます。これでデプロイされた DAppsNft コントラクトに接続していることが確認できました。

では、次に「mint」→「transfer」→「burn」の処理を実行してみましょう。

先ほど起動したローカルノードのターミナルに戻り、下記のように Account #0 のアドレスをコピーしてください。下記の場合は 0xf39Fd6e51aad88F6F4ce6aB8827279cffFb92266 をコピーします。

```
Account #0: 0xf39Fd6e51aad88F6F4ce6aB8827279cffFb92266 (10000 ETH)
Private Key: …

…
```

次に、「console」タブに戻り、下記のコマンドを実行してください。

```
> await contract.safeMint("<Account #0のアドレス>", "https:/example.com/1")
```

safeMint 関数を実行して、先ほどコピーした Account #0 のアドレスと適当なURIを引数で渡します。実行後、下記のように出力されれば実行成功です。

```
ContractTransactionResponse {
  provider: HardhatEthersProvider {
    _hardhatProvider: LazyInitializationProviderAdapter {
      _providerFactory: [AsyncFunction (anonymous)],
      _emitter: [EventEmitter],
      _initializingPromise: [Promise],
      provider: [BackwardsCompatibilityProviderAdapter]
    },
    _networkName: 'localhost',
    _blockListeners: [],
    _transactionHashListeners: Map(0) {},
    _eventListeners: []
  },
  blockNumber: 2,
  blockHash: '0x84e432f9ebad3f166b610e75d24a333f9d4a4a7b49ccd61cee0d64e5176
2ec30',
  index: undefined,
  hash: '0x77e9ee3d15e193f002d8b58e5276cd689b0842cd596dc1962af90a1a56789
da5',
  type: 2,
  to: '0x5FbDB2315678afecb367f032d93F642f64180aa3',
  from: '0xf39Fd6e51aad88F6F4ce6aB8827279cffFb92266',
  nonce: 1,
```

```
  gasLimit: 30000000n,
  gasPrice: 1785024720n,
  maxPriorityFeePerGas: 1000000000n,
  maxFeePerGas: 1993546911n,
  maxFeePerBlobGas: null,
  data: '0xd204c45e000000000000000000000000f39fd6e51aad88f6f4ce6ab8827279cf
ffb92266000000000000000000000000000000000000000000000000000000000000004000
00000000000000000000000000000000000000000000000000000000000001468747470733a
2f6578616d706c652e636f6d2f31000000000000000000000000',
  value: 0n,
  chainId: 31337n,
  signature: …,
  accessList: [],
  blobVersionedHashes: null
}
```

では本当にmintできているか確認してみましょう。下記のコマンドを実行することで情報を確認できます。

```
> await contract.balanceOf("0xf39Fd6e51aad88F6F4ce6aB8827279cffFb92266");
1n
> await contract.ownerOf(0);
'0xf39Fd6e51aad88F6F4ce6aB8827279cffFb92266'
> await contract.tokenURI(0);
'https:/example.com/1'
```

それぞれ次の情報を確認しています。

- balanceOf
  - 特定のアドレスが保有しているNFTの数を確認する関数。
  - 「0xf39Fd6e51aad88F6F4ce6aB8827279cffFb92266」というアドレスが1つNFTを保有していることがわかる。
- ownerOf
  - 特定のtoken idのNFTを保有しているアドレスを取得する関数。
  - token idが0のNFTの保有アドレスは「0xf39Fd6e51aad88F6F4ce6aB8827279cffFb92266」ということがわかる。
- tokenURI
  - 特定のtoken idのNFTのメタデータURIを取得する関数。
  - token idが0のNFTのメタデータURIが、mint時に渡した値になっていることがわかる。

では次にtransferを実行して、別のアドレスにNFTを送付してみます。

再度、ローカルノードを起動しているターミナルタブに戻り、`Account #1` のアドレスをコピーしてください。その後、console起動タブに戻り、下記のコマンドを実行してください。

```
> await contract.transferFrom("<Account #0のアドレス>", "<Account #1のアドレス>", 0);
```

下記のように出力されていれば実行成功です。

```
ContractTransactionResponse {
  provider: HardhatEthersProvider {
    _hardhatProvider: LazyInitializationProviderAdapter {
      _providerFactory: [AsyncFunction (anonymous)],
      _emitter: [EventEmitter],
      _initializingPromise: [Promise],
      provider: [BackwardsCompatibilityProviderAdapter]
    },
    _networkName: 'localhost',
    _blockListeners: [],
    _transactionHashListeners: Map(0) {},
    _eventListeners: []
  },
  blockNumber: 3,
  blockHash: '0x616d27b63d07d0576ba1025659392b998b3311194b1a79fdab2c00bb4
fd74103',
  index: undefined,
  hash: '0xf1bcfc54faae044eef3eff382bf3f17a8fb0529405d38c5facbd01fa1188a8
bd',
  type: 2,
  to: '0x5FbDB2315678afecb367f032d93F642f64180aa3',
  from: '0xf39Fd6e51aad88F6F4ce6aB8827279cffFb92266',
  nonce: 2,
  gasLimit: 30000000n,
  gasPrice: 1687675853n,
  maxPriorityFeePerGas: 1000000000n,
  maxFeePerGas: 1870339751n,
  maxFeePerBlobGas: null,
  data: '0x23b872dd000000000000000000000000f39fd6e51aad88f6f4ce6ab882727
9cfffb92266000000000000000000000000070997970c51812dc3a010c7d01b50e0d17dc7
9c8000000000000000000000000000000000000000000000000000000000000000000',
  value: 0n,
  chainId: 31337n,
  signature: …,
```

```
  accessList: [],
  blobVersionedHashes: null
}
```


ではちゃんと実行できているか確認してみましょう。下記のコマンドを実行して出力を確認してください。

```
> await contract.balanceOf("0xf39Fd6e51aad88F6F4ce6aB8827279cffFb92266");
0n
> await contract.balanceOf("0x70997970C51812dc3A010C7d01b50e0d17dc79C8");
1n
> await contract.ownerOf(0);
'0x70997970C51812dc3A010C7d01b50e0d17dc79C8'
```

先ほどのNFT保有者である `0xf39Fd6e51aad88F6F4ce6aB8827279cffFb92266` はNFTを保有しておらず、先ほどコピーした `Account #1` のアドレスである `0x70997970C51812dc3A010C7d01b50e0d17dc79C8` というアドレスが保有しており、token idが0のNFTの保有者も `Account #1` のアドレスになっています。

最後にburnを実行していきます。

まずは実行アドレスを変更したいので、ローカルノードを起動しているターミナルタブに戻り、`Account #1` の `Private Key` 部分に表示されている `0x…` という値をコピーしてください。

```
Account #1: 0x70997970C51812dc3A010C7d01b50e0d17dc79C8 (10000 ETH)
Private Key: …

…
```

コピーができたら、console起動タブに戻り、下記のコマンドを実行してください。

```
> const wallet2 = new ethers.Wallet("<コピーしたAccount #1のPrivate Key>", 
ethers.provider);
undefined
> wallet2
Wallet {
  provider: HardhatEthersProvider {
    _hardhatProvider: LazyInitializationProviderAdapter {
      _providerFactory: [AsyncFunction (anonymous)],
      _emitter: [EventEmitter],
      _initializingPromise: [Promise],
      provider: [BackwardsCompatibilityProviderAdapter]
    },
```

```
    _networkName: 'localhost',
    _blockListeners: [],
    _transactionHashListeners: Map(0) {},
    _eventListeners: []
  },
  address: '0x70997970C51812dc3A010C7d01b50e0d17dc79C8'
}
> await contract.connect(wallet2).burn(0);
ContractTransactionResponse {
  provider: HardhatEthersProvider {
    _hardhatProvider: LazyInitializationProviderAdapter {
      _providerFactory: [AsyncFunction (anonymous)],
      _emitter: [EventEmitter],
      _initializingPromise: [Promise],
      provider: [BackwardsCompatibilityProviderAdapter]
    },
    _networkName: 'localhost',
    _blockListeners: [],
    _transactionHashListeners: Map(0) {},
    _eventListeners: []
  },
  blockNumber: null,
  blockHash: null,
  index: undefined,
  hash: '0x3232e049863732f696c30c37ec21d7bade6fbebd82716b979b85ab105191a
9e1',
  type: 2,
  to: '0x5FbDB2315678afecb367f032d93F642f64180aa3',
  from: '0x70997970C51812dc3A010C7d01b50e0d17dc79C8',
  nonce: 0,
  gasLimit: 39347n,
  gasPrice: null,
  maxPriorityFeePerGas: 1000000000n,
  maxFeePerGas: 2204098242n,
  maxFeePerBlobGas: null,
  data: '0x42966c680000000000000000000000000000000000000000000000000000000
0000000',
  value: 0n,
  chainId: 31337n,
  signature: …,
  accessList: [],
  blobVersionedHashes: null
}
```

これでburn処理の実行完了です。burnされているか確認してみましょう。下記のコマンドを実行してください。

```
> await contract.balanceOf("0x70997970C51812dc3A010C7d01b50e0d17dc79C8");
0n
> await contract.ownerOf(0);
Uncaught:
ProviderError: Error: VM Exception while processing transaction: reverted 
with custom error 'ERC721NonexistentToken(0)'
    at HttpProvider.request (/Users/akira/Desktop/project/nft_mint_site/
src/node_modules/hardhat/src/internal/core/providers/http.ts:107:21)
    at processTicksAndRejections (node:internal/process/task_queues:95:5)
    at async staticCallResult (/Users/akira/Desktop/project/nft_mint_site/
src/node_modules/ethers/src.ts/contract/contract.ts:337:22)
    at async staticCall (/Users/akira/Desktop/project/nft_mint_site/src/
node_modules/ethers/src.ts/contract/contract.ts:303:24)
    at async Proxy.ownerOf (/Users/akira/Desktop/project/nft_mint_site/src/
node_modules/ethers/src.ts/contract/contract.ts:351:41)
    at async REPL94:1:33
    at async node:repl:645:29
```

先ほどまでのtoken idが0のNFTの保有アドレスである `Account #1` のNFT保有数が0になり、`ownerOf` を実行すると `ERC721NonexistentToken(0)` というエラーが出ており、token idが0のNFTは存在しないことがわかります。

これでローカルノードの起動とデプロイ、デプロイしたコントラクトの確認までできました。

▶テストネットにデプロイ

次にテストネットにデプロイしていきます。今回は「Holesky」というEthereumのテストネットを使用していきます。テストネットを使用するには、ガス代となるテストネット用のネイティブトークンの取得が必要になります。

テストネットのネイティブトークンは「Faucet」と呼ばれるサイトで取得することができます。「holesky faucet」と検索をすると色々なサイトが出てきます。Ethereumメインネットのネイティブトークンを保有していないとテストネットトークンを取得できないfaucetもあるため、いくつかfaucetを確認して無条件で取得できるサイトを選んでください。時期によっては閉鎖されてしまっている可能性がありますが、下記のfaucetが代表的です。

URL https://cloud.google.com/application/web3/faucet/ethereum/holesky

URL https://faucet.quicknode.com/ethereum/holesky

取得するときは `.env` ファイルに設定した秘密鍵に対応するアドレスで取得してください。

トークンが取得できているか確認するためにMetaMaskを開いてください。MetaMaskを開いたら左上のEthereumアイコンの部分をクリックしてください。

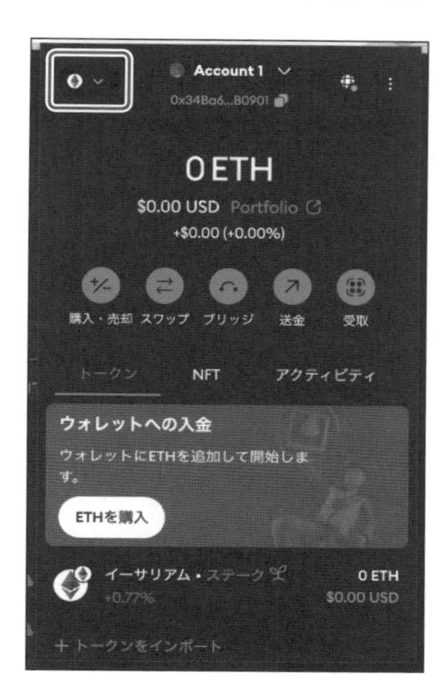

MetaMaskに追加されているブロックチェーン一覧が表示されるので、下部にある「ネットワークを追加」ボタンをクリックしてください。

下図の画面が開くので、「ネットワークを手動で追加」をクリックしてください。

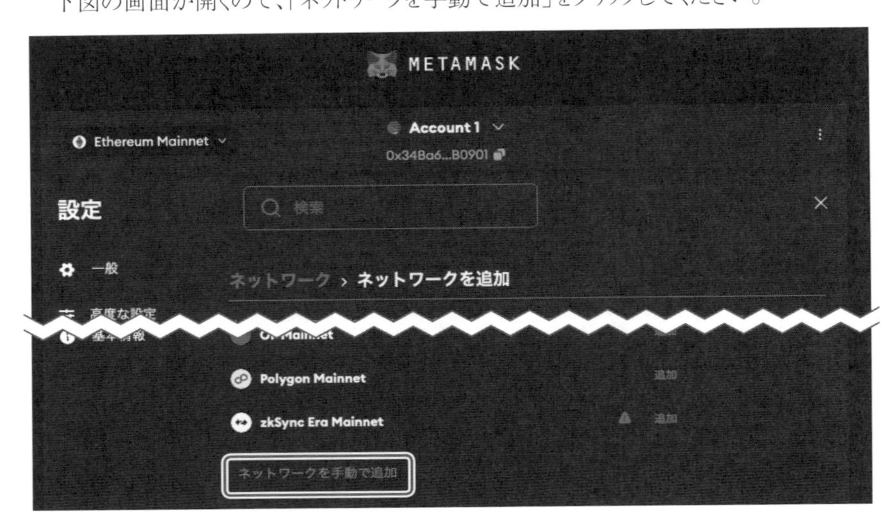

下図の画面が開くので、Holeskyテストネットの情報を入力して「保存」ボタンをクリックしてください。

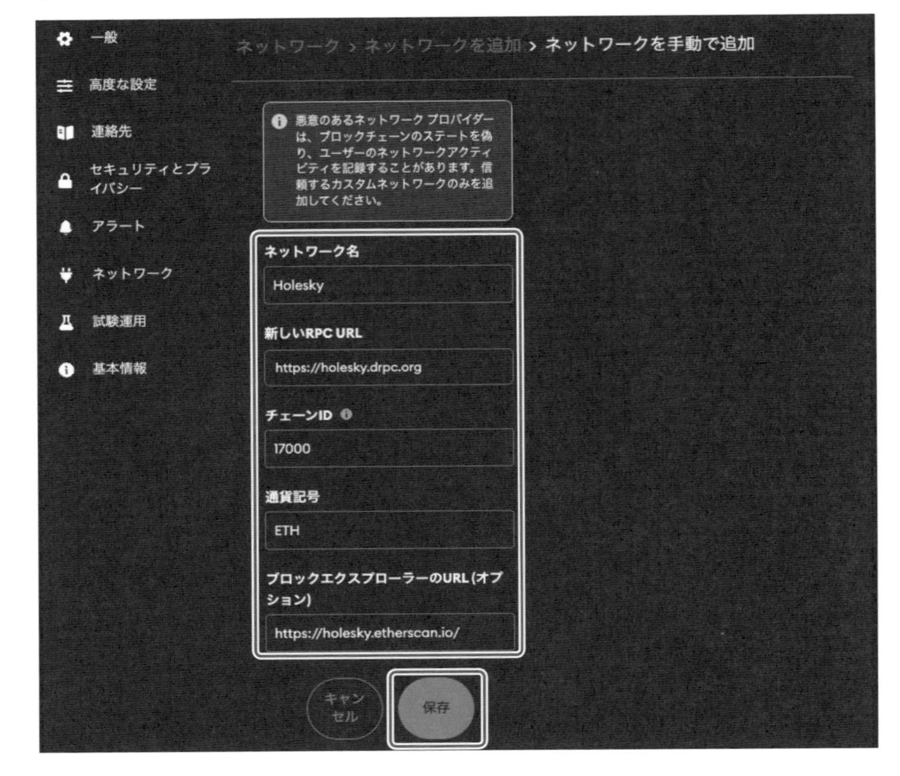

ここでは次のように入力します。

項目	設定値
ネットワーク名	Holesky
新しいRPC URL	https://holesky.drpc.org
チェーンID	17000
通貨記号	ETH
ブロックエクスプローラーのURL	https://holesky.etherscan.io/

下記のGitHubにも設定値を置いています。

URL https://github.com/cardene777/dapps_book/tree/main/nft_mint_site/4_contract_deploy/src

下図のように表示されていれば、HoleskyテストネットをMetaMaskに追加できています。

Holeskyテストネットに切り替えたいので、「Holeskyに切り替える」というボタンをクリックしてください。

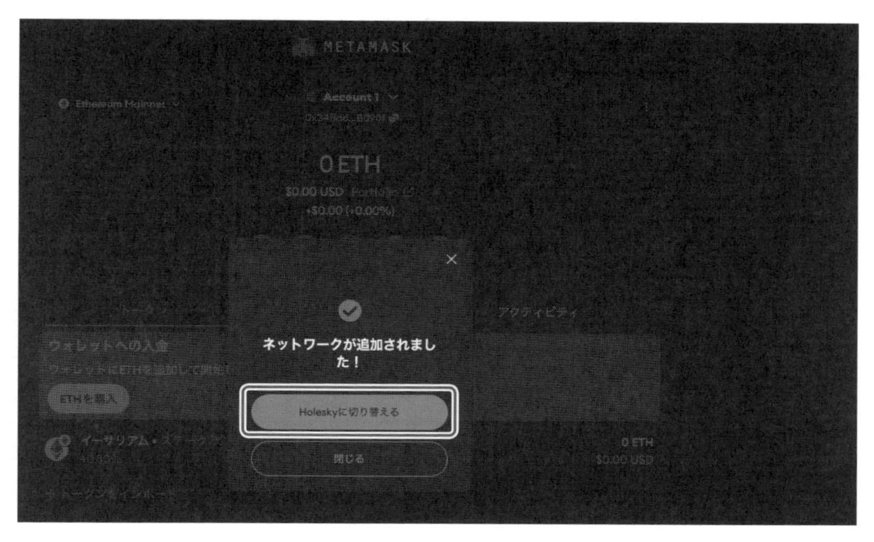

そうすると、次ページの図のようにHoleskyテストネットに表示が切り替わり、保有しているテストネットトークンが表示されます。

先ほどfaucetからHoleskyテストネットのネイティブトークンを受け取っていれば、囲みの部分が0以外の数値になっているはずです。もし0のままの場合、まだfaucetからのリクエストが完了していないか失敗している可能性があります。5分ほど待っても更新されないようであれば、再度faucetに取得しに行くか、別のfaucetから取得してみてください。

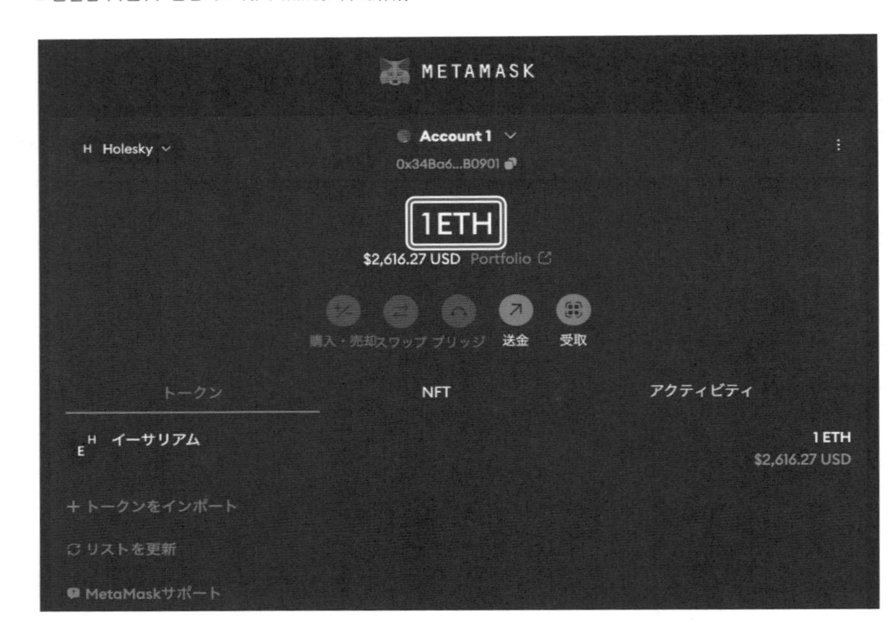

Holeskyテストネットトークンが取得できたので、早速Holeskyテストネットにコントラクトをデプロイしていきましょう。

ターミナルを開いて下記のコマンドを実行してください。

```
$ npm run deploy:holesky
```

下記のように確認が求められるので「y」を入力してください。

```
> deploy:holesky
> hardhat ignition deploy ./ignition/modules/DAppsNFT.ts --network holesky
--parameters ./ignition/parameters.json

✔ Confirm deploy to network holesky (17000)? … yes
```

デプロイまで数分かかりますが、下記のように出力されればデプロイ成功です。

```
Hardhat Ignition 🚀

Deploying [ DAppsNFTModule ]

Batch #1
  Executed DAppsNFTModule#DAppsNft

[ DAppsNFTModule ] successfully deployed 🚀
```

```
Deployed Addresses

DAppsNFTModule#DAppsNft - 0x1B41A542CA821B211d141540672a804A3e8e0B68
```

デプロイされているか確認するために、下記のHoleskyテストネットのExplorerを開いてください。

URL https://holesky.etherscan.io/

検索窓にデプロイしたコントラクトアドレス(`0x1B41A542CA821B211d141540672a804A3e8e0B68`など)を入力して検索してください。

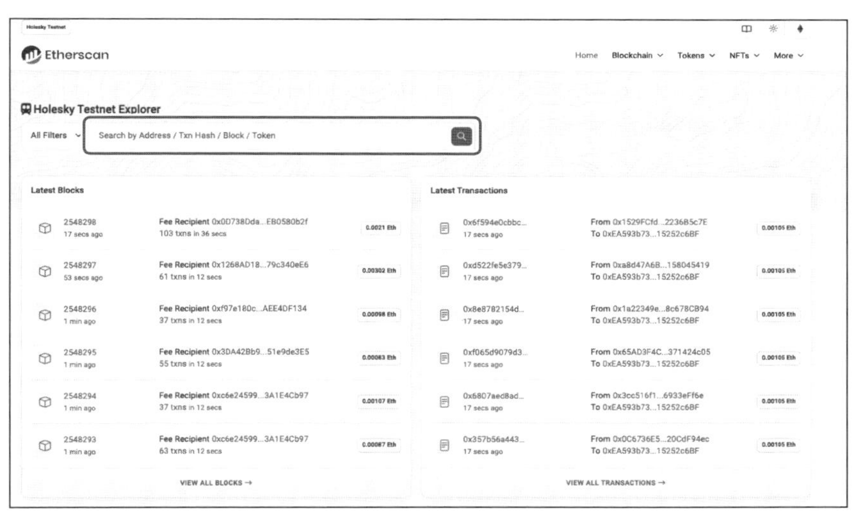

下図のように「Contract Creation」というトランザクションのみ表示されていればコントラクトのデプロイが成功しています。

URL https://holesky.etherscan.io/address/0x1B41A542CA821B211d141540672a804A3e8e0B68

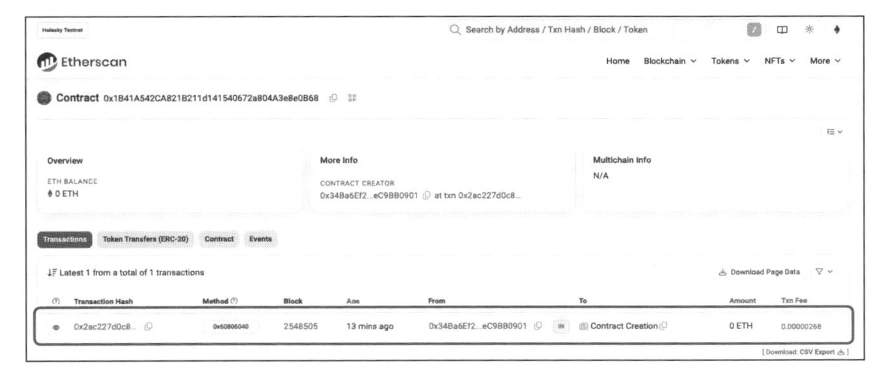

コントラクトのデプロイが成功したところで、Holeskyテストネットで実際に動作確認をしていきます。

コントラクト内の機能の実行はExplorerからできます。Explorer画面の「Contract」タブをクリックしてください。

そうするとよくわからない文字が並んでいる画面が表示されます。これはコントラクトのバイトコードになります。

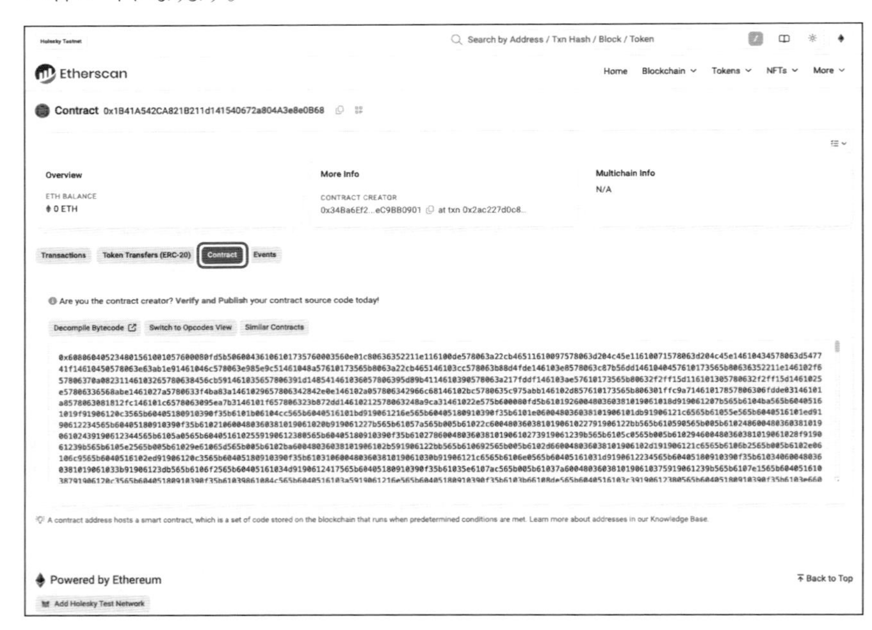

コントラクトのバイトコードは人間からは読みにくいですが、コントラクトを実行するEVM(Ethereum Virtual Machine)が理解できる形式になっており、処理手順が細かく書かれています。

Explorerでは、バイトコードがデフォルトで表示されています。しかし、Verifyという「コントラクトを外部に公開する」という手順を踏むことで、コントラクトのコードやコントラクトの実行がExplorerからできるようになります。

まずは、この「Verify」を行ってExplorer上でコントラクトを公開していきます。Explorerの右上のEthereumアイコンをクリックして、「Ethereum Mainnet」をクリックしてください。

Ethereum MainnetのExplorerが表示されるので、右上の「Sgn In」をクリックしてください。

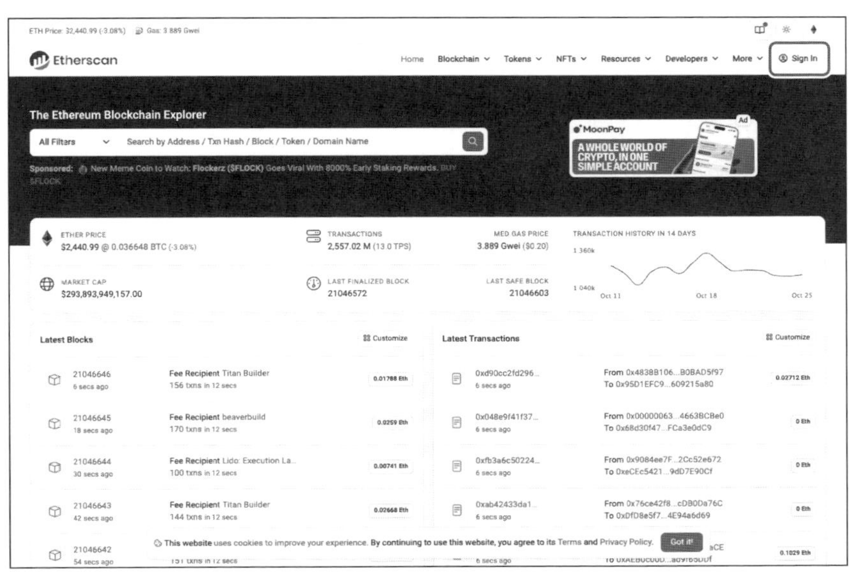

新規登録なので、「Sign Up」をクリックしてください。

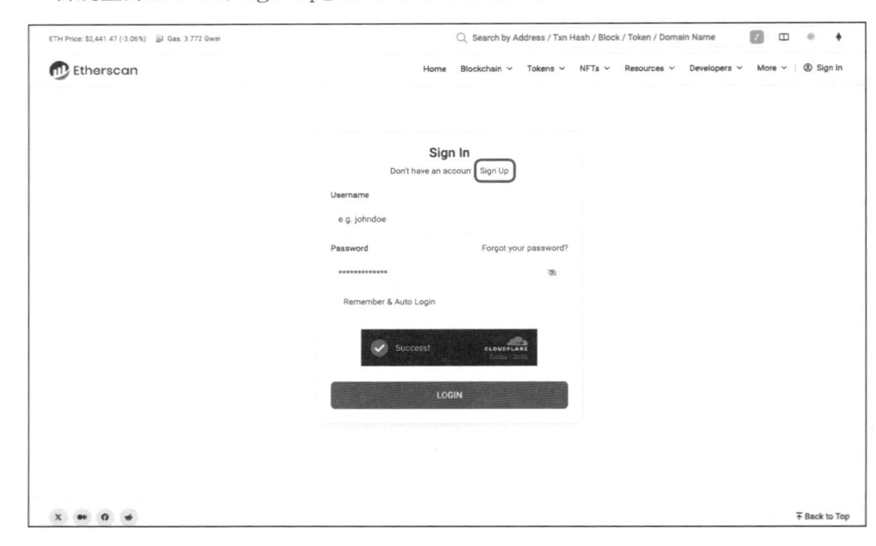

必要な情報を入力して、「Create an Account」ボタンをクリックしてください。

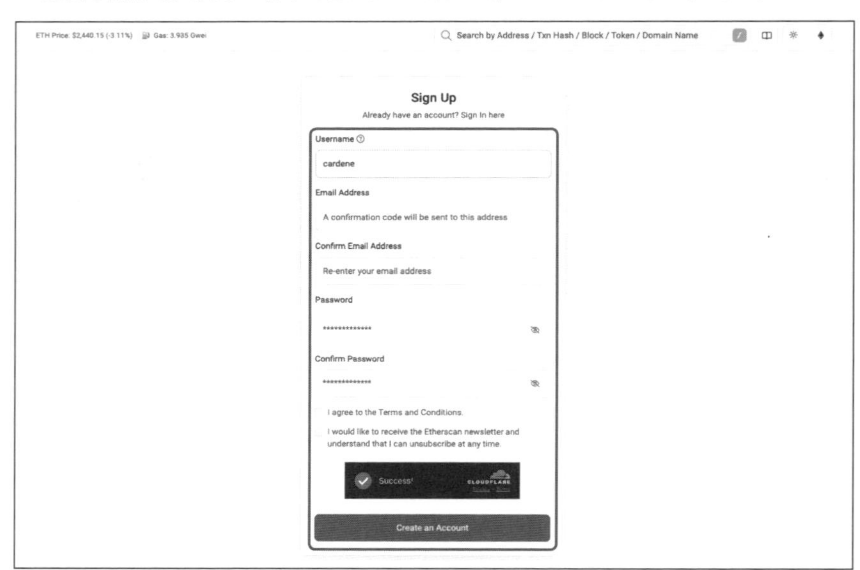

入力したメールアドレスに確認メールが届くので「Confirmation Link」をクリックしてください。

下図のように「Welcome to Etherscan!」と表示されていれば成功です。右上の「Sign In」を再度クリックしてログインしていきます。

先ほど設定した「Username」と「Password」を入力して、「LOGIN」ボタンをクリックしてください。

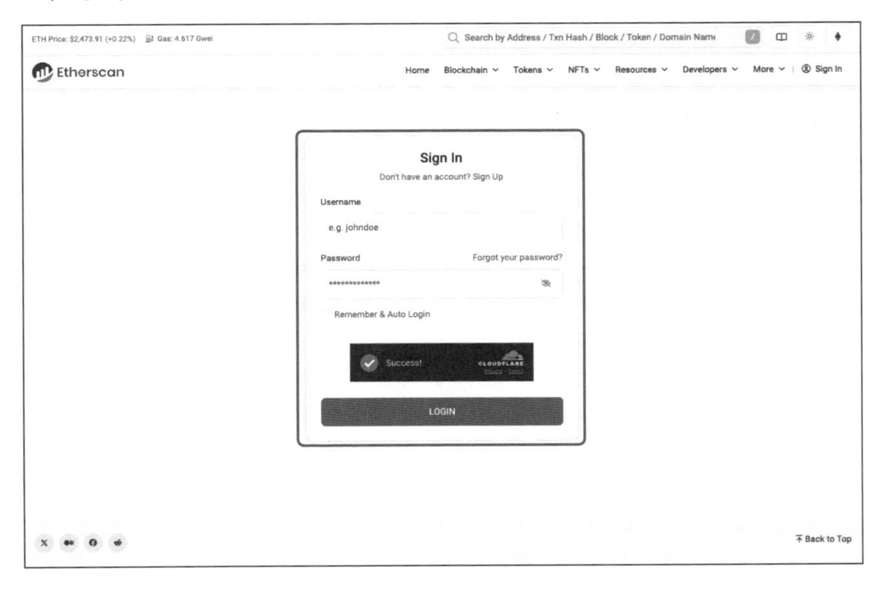

下図のようなダッシュボードが表示されていればログイン成功です。

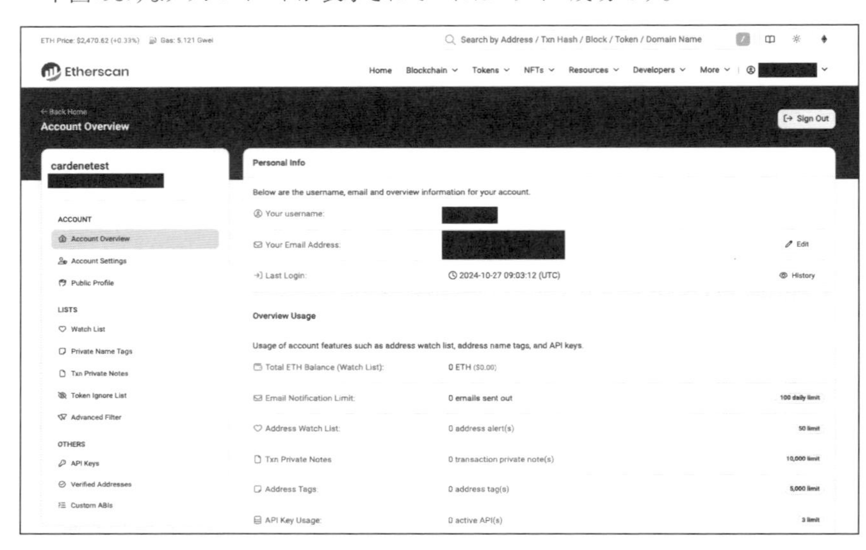

サイドメニューの「API Keys」をクリックして、右下の「+Add」ボタンをクリックしてください。「App Name」に任意の名前を入力して、「Create New API Key」ボタンをクリックしてください。

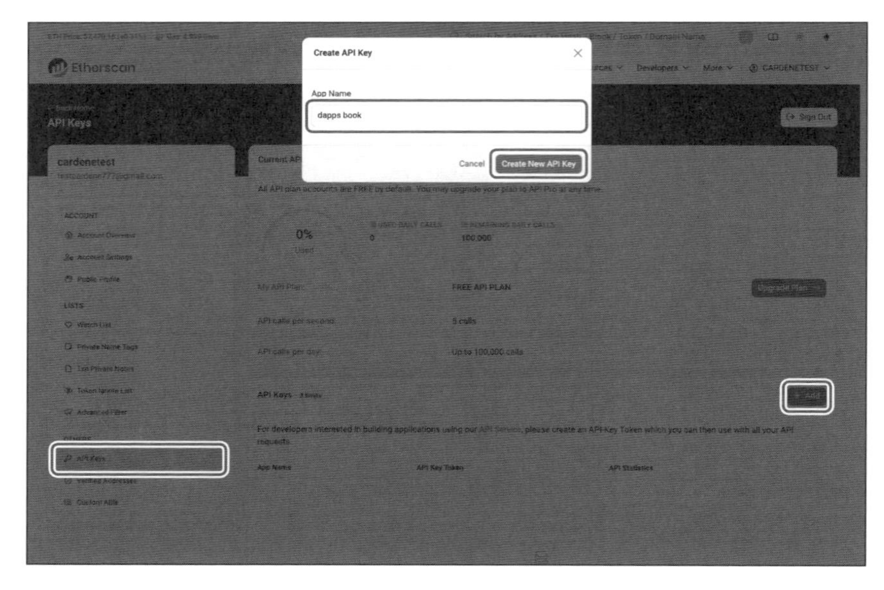

下図のようにAPI Keyが新たに作成されます。作成されたAPI Keyをコピーしてください。

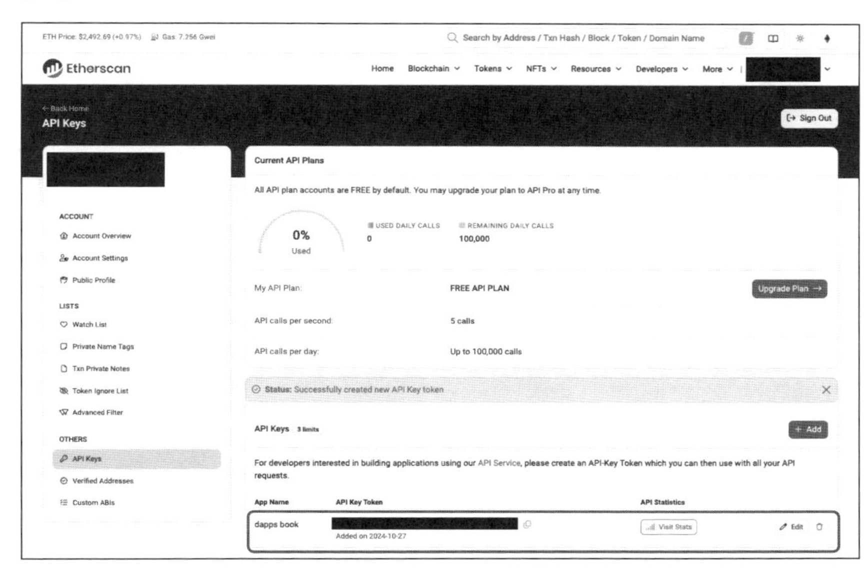

コピーできたらコードに戻って、`ETHERSCAN_API_KEY` を `.env` ファイルに追加して、先ほどコピーしたAPI Keyを貼り付けてください。

SAMPLE CODE .env

```
PRIVATE_KEY=
ETHERSCAN_API_KEY=<コピーしてAPI Key> // 追加
```

`.env` ファイルの更新ができたら、下記のコマンドを実行してください。

```
npm install --save-dev @nomicfoundation/hardhat-verify
```

インストールができたら、`hardhat.config.ts` に下記を追加してください。

SAMPLE CODE hardhat.config.ts

```
import { HardhatUserConfig } from "hardhat/config";
import "@nomicfoundation/hardhat-toolbox";
import "dotenv/config";
import "@nomicfoundation/hardhat-verify"; // 追加

const { PRIVATE_KEY, ETHERSCAN_API_KEY } = process.env; // 更新

if (!PRIVATE_KEY) {
 throw new Error("PRIVATE_KEY is not set");
```

```
}

// 追加
if (!ETHERSCAN_API_KEY) {
  throw new Error("ETHERSCAN_API_KEY is not set");
}

const config: HardhatUserConfig = {
  solidity: "0.8.27",
  networks: {
    holesky: {
      url: "https://holesky.drpc.org",
      accounts: [`0x${PRIVATE_KEY}`],
      chainId: 17000,
    },
  },
  // 追加
  etherscan: {
    apiKey: ETHERSCAN_API_KEY,
  },
  // 追加
  sourcify: {
    enabled: true,
  },
};

export default config;
```

追加できたら `package.json` に下記を追加してください。

SAMPLE CODE package.json

```
...
    "deploy": "hardhat ignition deploy ./ignition/modules/DAppsNFT.ts
--network localhost --parameters ./ignition/parameters.json",
    "deploy:holesky": "hardhat ignition deploy ./ignition/modules/DAppsNFT.
ts --network holesky --parameters ./ignition/parameters.json",
    "verify:holesky": "hardhat verify --network holesky" // 追加
  }
}
```

追加できたら下記のコマンドを実行してください。

```
npm run verify:holesky <デプロイしたコントラクトアドレス> "<引数 1>" "<引数 2>"
```

コントラクトアドレスを忘れてしまった場合は、`nft_mint_site/src/ignition/chain-17000/deployed_addresses.json`に自動で記載されているので参照してください。

引数については、`nft_mint_site/src/ignition/parameters.json`に書かれている`admin`の値を`<引数 1>`と`<引数 2>`に入れてください。例としては次のようになります。

```
npm run verify:holesky 0x1B41A542CA821B211d141540672a804A3e8e0B68 "0x4fc7b40
cd8757bD279A848293501dc0695321399" "0x4fc7b40cd8757bD279A848293501dc0695321
399"
```

実行後、下記のように出力されていれば成功です。

```
> verify:holesky
> hardhat verify --network holesky 0x1B41A542CA821B211d141540672a804A3e8e
0B68 0x4fc7b40cd8757bD279A848293501dc0695321399 0x4fc7b40cd8757bD279A848293
501dc0695321399

Successfully submitted source code for contract
contracts/NFT.sol:DAppsNft at 0x1B41A542CA821B211d141540672a804A3e8e0B68
for verification on the block explorer. Waiting for verification result...

Successfully verified contract DAppsNft on the block explorer.
https://holesky.etherscan.io/address/0x1B41A542CA821B211d141540672a804A3e8e
0B68#code

The contract 0x1B41A542CA821B211d141540672a804A3e8e0B68 has already been
verified on Sourcify.
https://repo.sourcify.dev/contracts/full_match/17000/0x1B41A542CA821B211d14
1540672a804A3e8e0B68/
```

再度Explorerの「Contract」タブを確認してみると、コントラクトのコードが表示されています。このとき、コンソールに出力されている「https://holesky.etherscan.io/address/～」を開いてください。API Keyを発行した画面から確認すると、Ethereum MainnetのExplorerなので目的のコントラクトが表示されません。

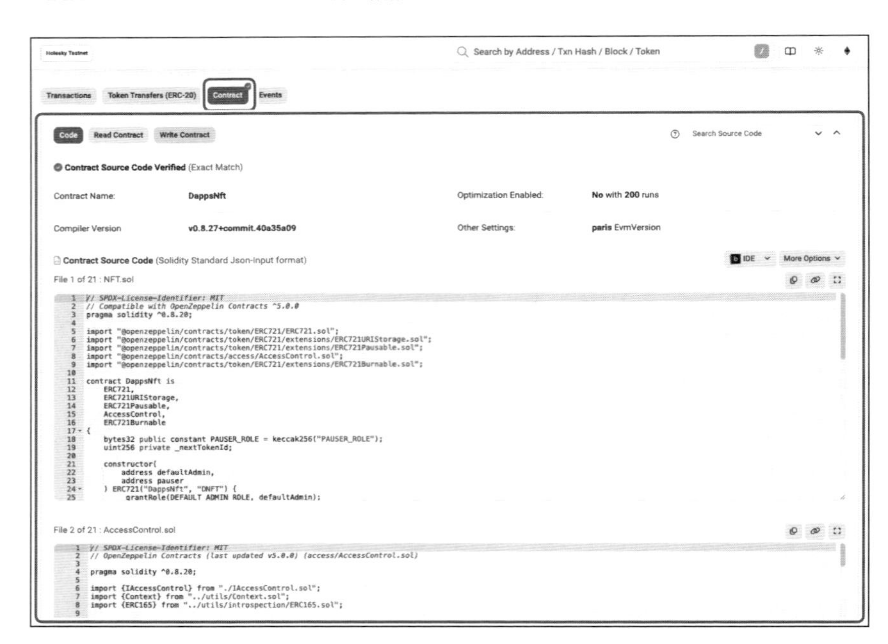

では、コントラクトから情報を取得したり、関数を実行してみましょう。

「Contract」タブの中の「Read Contract」タブをクリックしてください。読み取り系の関数が一覧で並んでいるので、「name」と「symbol」をクリックしてください。そうすると下図のようにコントラクトで設定した値が表示されます。

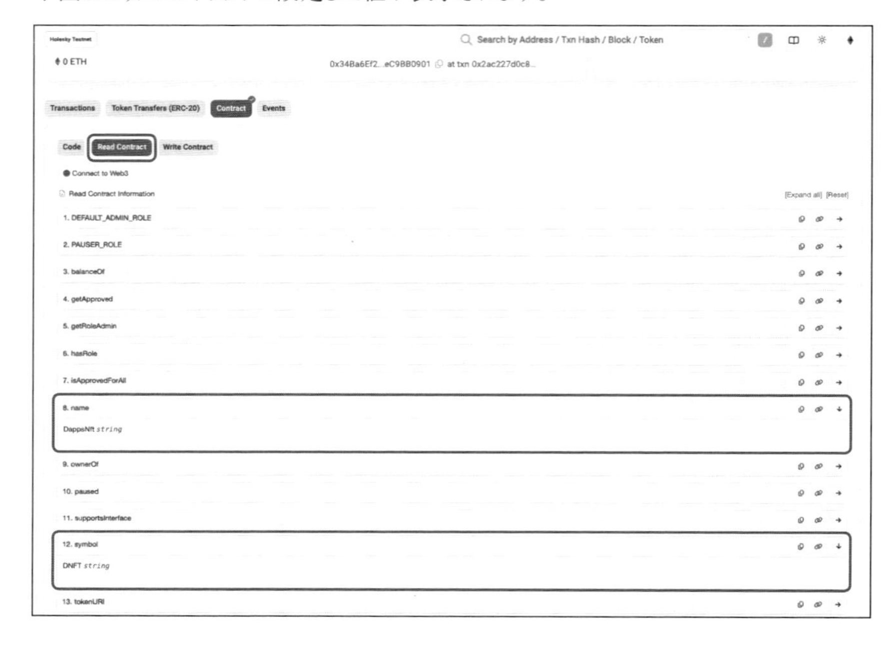

次に Mint 関数を試していきます。

「Contract」タブの「Write Contract」タブをクリックしてください。そうすると「Connect to Web3」というボタンが出てくるのでクリックし、モーダル内の「OK」ボタンをクリックしてください。このボタンはEtherscanとウォレットを接続するためのツールです。ウォレットを接続することで、Etherscan上からトランザクションを発行できるようになります。

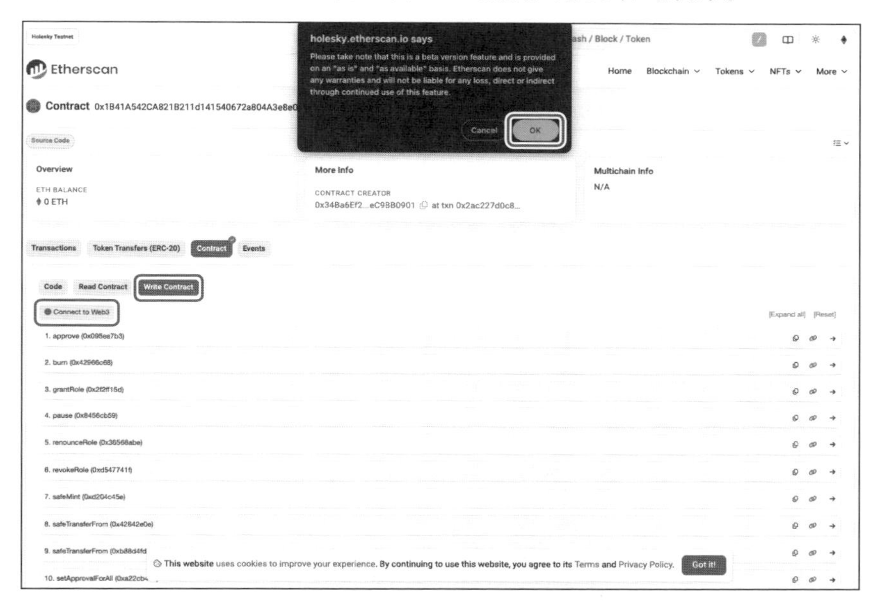

「OK」ボタンをクリックすると、接続するウォレットの選択モーダルが表示されるので、「MetaMask」をクリックしてください。

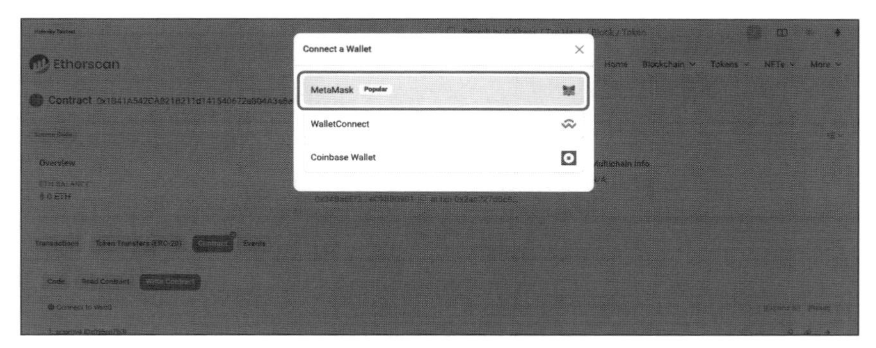

MetaMaskが起動するので、接続するウォレットを確認して「次へ」ボタンをクリックしてください。

01
02
03
04
05
06
07
DApps開発ハンズオン
08

接続の確認画面が表示されるので、「確認」ボタンをクリックしてください。

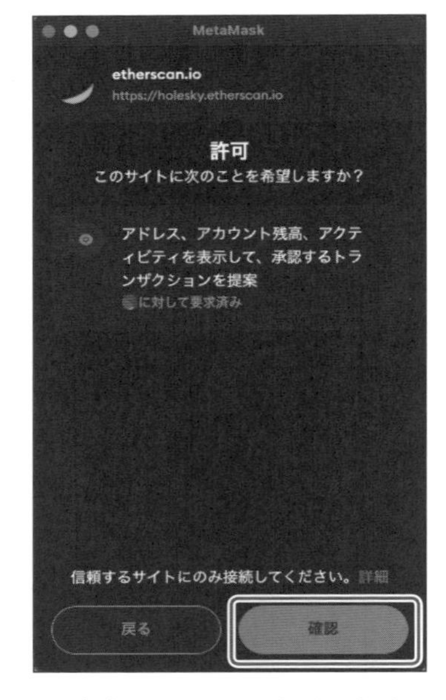

接続が完了すると、先ほど赤丸になっていた部分が緑色になり、接続したウォレットのアドレスの一部が表示されています。

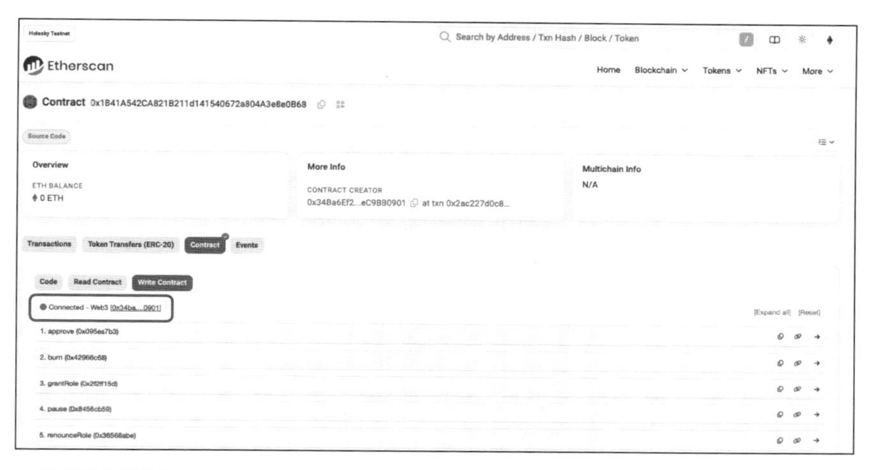

`safeMint` 関数の部分をクリックして、2つの引数を設定します。

`to` はNFTのmint先アドレスなので、先ほど接続したアドレスを入力してください。

`uri` には、`https://example.com` と適当な値を入れてください。

入力できたら「Write」というボタンをクリックしてください。

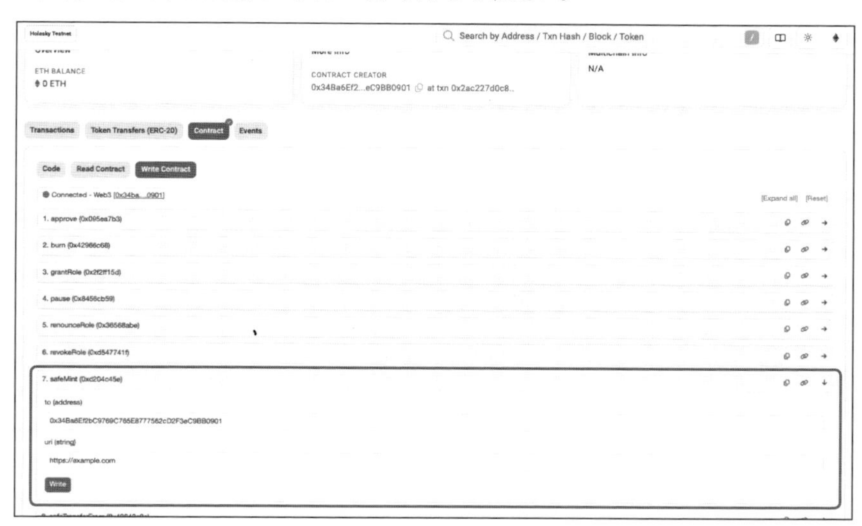

MetaMaskが起動して、ガス代やトランザクションの確認が求められるので「確認」ボタンをクリックしてください。

そうするとトランザクションが送られて、「View your transaction」というボタンが表示されるのでクリックしてください。

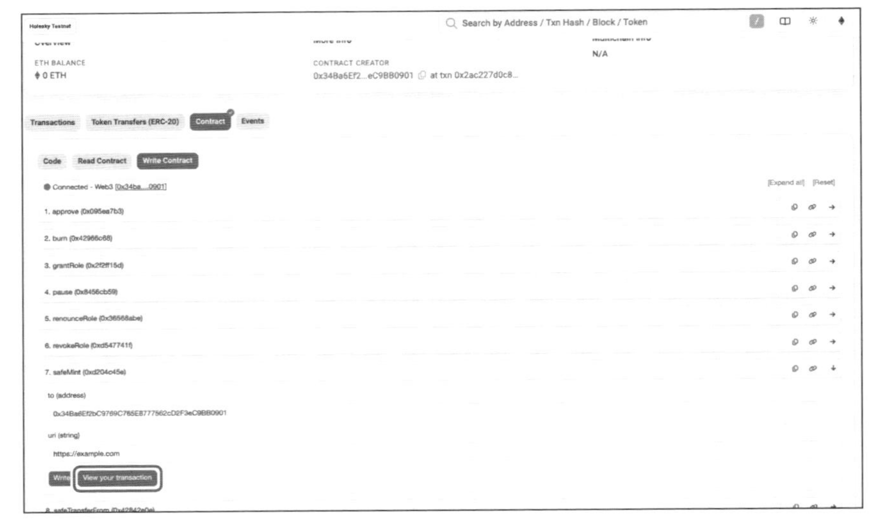

次ページの図のようにトランザクション情報の詳細が表示され、mintしたNFTの情報が表示されていれば実行が成功しています。

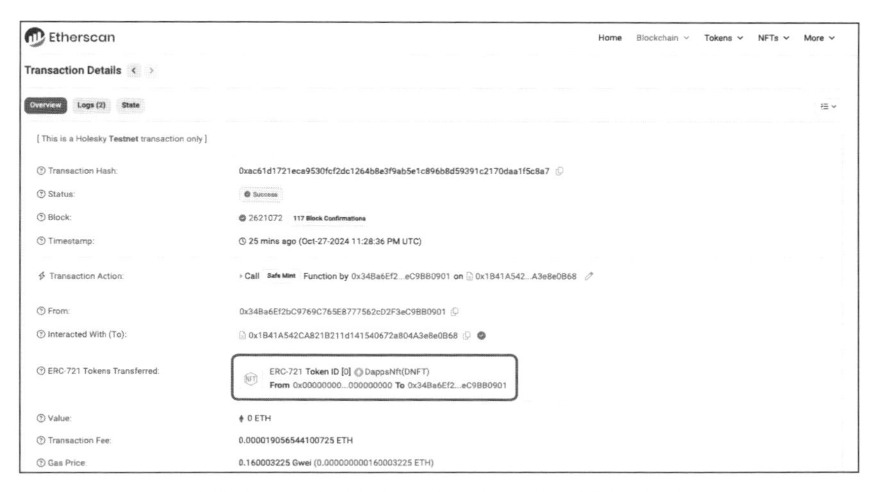

ここまでで、テストネットにデプロイしたコントラクトの動作確認は完了です。

コードはGitHubの `nft_mint_site/4_contract_deployt/src` ディレクトリを確認してください。

Mintサイトの作成

コントラクトのデプロイまでできたところで、DAppsに必要なフロントエンドを作成していきます。今回はNext.jsを使用していきます。DAppsで使用できるライブラリは、ReactやNext.jsに対応しているものが多いので、現在(2024年12月)はNext.jsなどを使用することが望ましいです。

`src` ディレクトリ内で下記のコマンドを実行して、Next.jsアプリケーションをセットアップしていきます。

```
$ npx create-next-app@14
```

いくつか確認が求められますが、`project name` 以外はEnterキーを押すだけで問題ありません。

```
Need to install the following packages:
create-next-app@14.2.16
Ok to proceed? (y)
✔ What is your project named? … web
✔ Would you like to use TypeScript? … No / Yes
✔ Would you like to use ESLint? … No / Yes
✔ Would you like to use Tailwind CSS? … No / Yes
✔ Would you like to use `src/` directory? … No / Yes
✔ Would you like to use App Router? (recommended) … No / Yes
✔ Would you like to customize the default import alias (@/*)? … No / Yes
```

```
Creating a new Next.js app in /Users/akira/Desktop/project/nft_mint_site/
src/web.
```

Next.jsアプリケーションのセットアップが完了したら、`web` ディレクトリで下記のコマンドを実行して `wagmi` ライブラリをインストールします。

```
$ npm install wagmi viem@2.x @tanstack/react-query
```

`wagmi` はウォレットの接続やコントラクトとの接続、トランザクションの実行などの機能を簡単にフロントエンドに導入できるライブラリです。

下記のコマンドを実行して他のライブラリもインストールしてください。

```
$ npm install tailwindcss-animate lucide-react
$ npm install -D lucide-react
```

次にファイルの作成と編集をしていきます。

▶ディレクトリ構成

ファイルを作成していくにあたり、先にディレクトリ構造をお見せします。

```
.
├── README.md
├── app
│   ├── components
│   │   ├── Header.tsx
│   │   ├── NFT.tsx
│   │   └── Provider.tsx
│   ├── config.ts
│   ├── favicon.ico
│   ├── fonts
│   │   ├── GeistMonoVF.woff
│   │   └── GeistVF.woff
│   ├── globals.css
│   ├── layout.tsx
│   └── page.tsx
├── next-env.d.ts
├── next.config.mjs
├── package-lock.json
├── package.json
├── postcss.config.mjs
├── public
│   └── img
│       └── dapps_nft.png
├── tailwind.config.ts
└── tsconfig.json
```

▶tailwind.config.ts

`tailwind.config.ts` はCSSフレームワークであるTailwind CSSの設定ファイルです。下記のように記載してください。

SAMPLE CODE tailwind.config.ts

```
import type { Config } from "tailwindcss";
import animate from "tailwindcss-animate";

export default {
 darkMode: ["class"],
 content: [
   "./components/**/*.{ts,tsx}",
   "./app/**/*.{ts,tsx}",
 ],
 prefix: "",
 theme: {
   container: {
     center: true,
     padding: "2rem",
     screens: {
       "2xl": "1400px",
     },
   },
   extend: {
     colors: {
       nft: {
         primary: "#1a1a1a",
         secondary: "#2a2a2a",
         accent: "#6366f1",
       },
     },
     keyframes: {
       "fade-in": {
         "0%": { opacity: "0" },
         "100%": { opacity: "1" },
       },
     },
     animation: {
       "fade-in": "fade-in 0.5s ease-out",
     },
   },
 },
 plugins: [animate],
```

```
} satisfies Config;
```

これでtailwindcssの設定は完了です。

▶config.ts

次に `wagmi` ライブラリの設定ファイルを作成していきます。

`web` ディレクトリ直下に `config.ts` というファイルを作成して、下記を内容を記載してください。

SAMPLE CODE config.ts

```
import { http, createConfig } from "wagmi";
import { holesky } from "wagmi/chains";

export const config = createConfig({
 chains: [holesky],
 transports: {
   [holesky.id]: http(),
 },
});
```

▶components/Header.tsx

`web` ディレクトリ配下に `components` というディレクトリを作成し、その中に `Header.tsx` というファイルを作成して下記の内容を記載してください。

SAMPLE CODE Header.tsx

```
"use client";

import { Wallet } from "lucide-react";
import { useConnect, useAccount } from "wagmi";
import { injected } from "wagmi/connectors";

const Header = () => {
 const { connect } = useConnect();
 const { address } = useAccount();

 return (
   <header
     className="
       fixed top-0 left-0 right-0 z-50 bg-nft-secondary backdrop-blur-sm
     "
   >
     <div
       className="
```

```
        container mx-auto px-12 py-4 flex justify-between items-center
        "
      >
        <div className="text-2xl font-bold text-white">
          NFT<span className="text-indigo-500">Mint</span>
        </div>
        {address ? (
          <p className="text-white">{address}</p>
        ) : (
          <button
            onClick={() => connect({ connector: injected() })}
            className="
              bg-gradient-to-r from-indigo-500 to-indigo-600
              hover:from-indigo-600 hover:to-indigo-700 text-white px-6 py-2
              rounded-full flex items-center gap-2 transition-all
              duration-300
            "
          >
            <Wallet className="w-5 h-5" />
            Connect Wallet
          </button>
        )}
      </div>
    </header>
  );
};

export default Header;
```

▶components/NFT.tsx

次に`components`ディレクトリ内に`NFT.tsx`というファイルを作成して、下記の内容を記載してください。

SAMPLE CODE NFT.tsx

```
"use client";

import Image from "next/image";
import { ShoppingCart } from "lucide-react";

const NFTCard = () => {
  const handleMint = () => {};

  return (
```

```
<div
  className="
    bg-nft-secondary rounded-2xl p-6 max-w-sm mx-auto
    animate-fade-in mt-16
  "
>
  <div className="aspect-square rounded-xl overflow-hidden mb-6">
    <Image
      src="/img/dapps_nft.png"
      alt="NFT Image"
      width={500}
      height={500}
      className="
        object-cover transform transition-transform
        duration-300 hover:scale-105
      "
    />
  </div>
  <div className="space-y-4">
    <h2 className="text-xl font-bold text-white">DApps NFT</h2>
    <p className="text-gray-400">
      DApps開発のサンプルNFT。
    </p>
    <div className="flex justify-between items-center">
      {/* <div>
        <p className="text-sm text-gray-400">価格</p>
        <p className="text-xl font-bold text-white">0.001 ETH</p>
      </div> */}
      <button
        onClick={handleMint}
        className="
          bg-gradient-to-r from-indigo-500 to-indigo-600
          hover:from-indigo-600 hover:to-indigo-700 text-white px-6 py-2
          rounded-full flex items-center gap-2 transition-all
          duration-300
        "
      >
        <ShoppingCart className="w-5 h-5" />
        Mint Now
      </button>
    </div>
  </div>
</div>
```

```
  );
};

export default NFTCard;
```

このファイルではNFTのmintなどの機能を実装していきます。

▶components/Provider.tsx

次に `components` ディレクトリ内に `Provider.tsx` というファイルを作成して、下記の内容を記載してください。

SAMPLE CODE Provider.tsx

```
"use client";

import { WagmiProvider } from "wagmi";
import { QueryClient, QueryClientProvider } from "@tanstack/react-query";
import { config } from "../config";

const queryClient = new QueryClient();

export function Provider({ children }: { children: React.ReactNode }) {
  return (
    <WagmiProvider config={config}>
      <QueryClientProvider client={queryClient}>
        {children}
      </QueryClientProvider>
    </WagmiProvider>
  );
}
```

このファイルでは、今回作成するアプリケーションで `wagmi` を使用できるような設定をしています。

▶layout.tsx

`layout.tsx` を下記のように編集してください。

SAMPLE CODE layout.tsx

```
import type { Metadata } from "next";
import localFont from "next/font/local";
import "./globals.css";
import { Provider } from "./components/Provider";

const geistSans = localFont({
  src: "./fonts/GeistVF.woff",
```

```
  variable: "--font-geist-sans",
  weight: "100 900",
});
const geistMono = localFont({
  src: "./fonts/GeistMonoVF.woff",
  variable: "--font-geist-mono",
  weight: "100 900",
});

export const metadata: Metadata = {
  title: "DApps NFT",
  description: "DApps NFT Collection",
};

export default function RootLayout({
  children,
}: Readonly<{
  children: React.ReactNode;
}>) {
  return (
    <html lang="en">
      <body
        className={`${geistSans.variable} ${geistMono.variable} antialiased`}
      >
        <Provider>{children}</Provider>
      </body>
    </html>
  );
}
```

▶ page.tsx

`page.tsx` を下記のように編集してください。

SAMPLE CODE page.tsx

```
"use client";

import Header from "./components/Header";
import NFTCard from "./components/NFT";

export default function Home() {
  return (
    <div className="min-h-screen bg-gradient-to-b from-nft-primary to-black">
      <Header />
```

```
      <main className="container mx-auto px-4 pt-40">
        <div className="max-w-3xl mx-auto text-center mb-12 animate-fade-in">
          <h1 className="text-4xl font-bold text-white mb-4">
            DApps NFT Collection
          </h1>
        </div>
        <NFTCard />
      </main>
    </div>
  );
}
```

▶ public/img/dapps_nft.png

最後に画像ファイルを `public` ディレクトリ内の `img` ディレクトリに配置してください。この画像ファイルは好きな画像で問題ありませんが、ファイル名は `dapps_nft.png` にしてください。

これでベースの環境の作成は完了です。

▶ 動作確認

最後にアプリケーションが起動するか確認します。まず、下記のコマンドを実行してください。

```
$ npm run dev
```

その後、ブラウザで `http://localhost:3000` を開いてください。下図のように表示されていれば実行成功です。

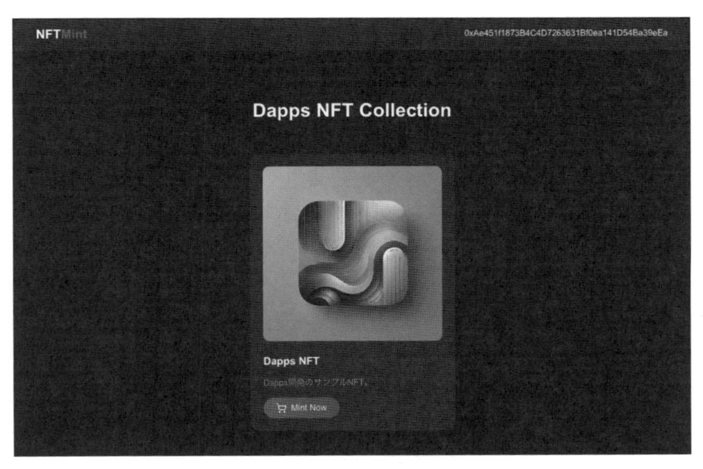

コードはGitHubの `nft_mint_site/5_create_dapps_frontend/src` ディレクトリを参照してください。

ウォレットの接続

本項では作成しているDAppsとウォレットの接続をしていきます。前項と同様に下記のコマンドを実行して、ローカルでアプリケーションを立ち上げてください。

```
$ npm run dev
```

起動したら`http://localhost:3000`を開いて、左上の「Connect Wallet」ボタンをクリックしてください。

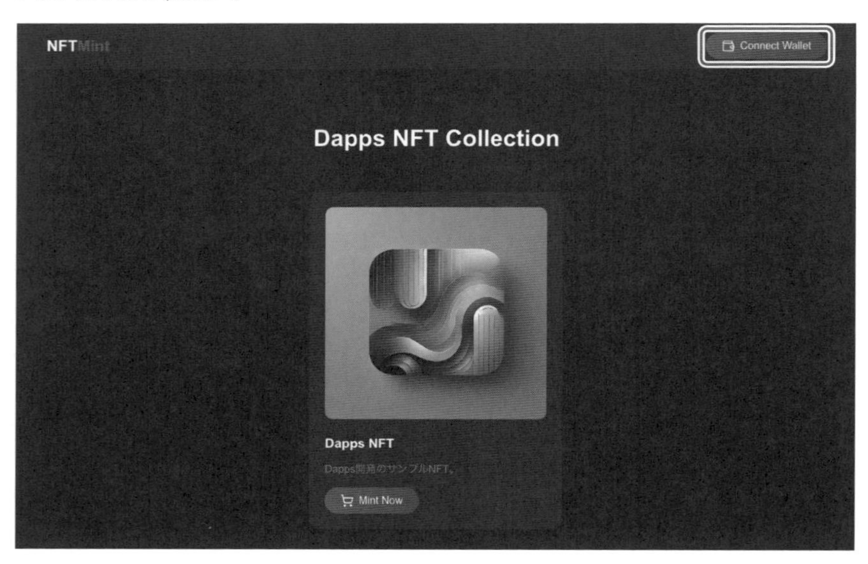

そうすると下図のようにMetaMaskが起動して、ウォレットの接続が求められるので「次へ」ボタンをクリックします。

確認を求められるので、「確認」ボタンをクリックします。

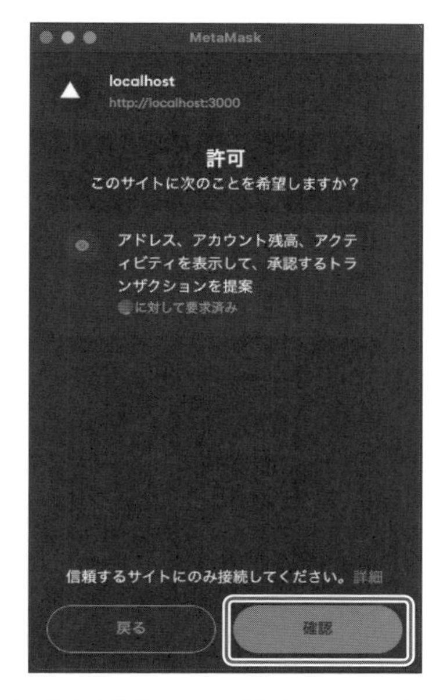

そうすると下図のように、先ほど「Connect Wallet」と表示されていた部分に接続したウォレットアドレスが表示されます。

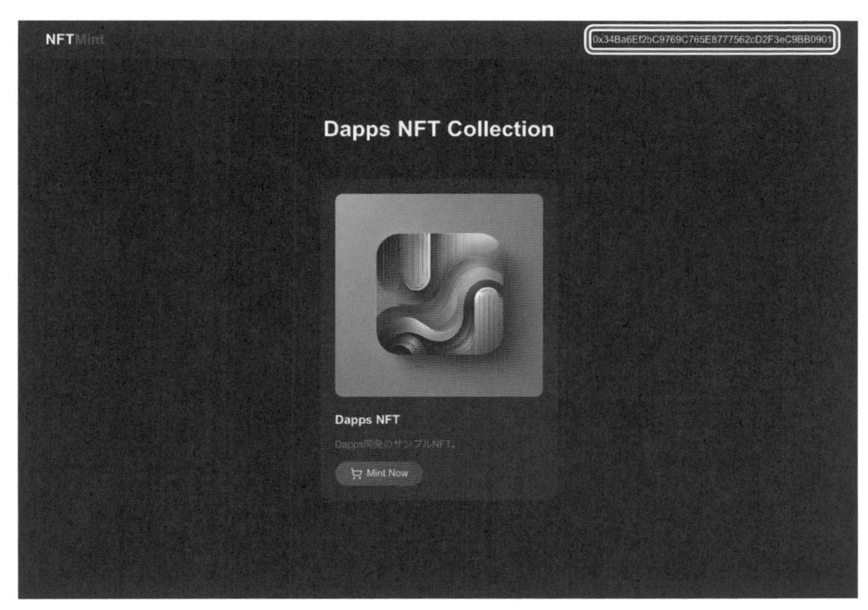

これでウォレットの接続は完了です。

コントラクトの接続

ウォレットの接続ができたところで、次にデプロイしたスマートコントラクトをフロントエンドアプリで使用できるようにしていきます。

まずは、`nft_mint_site/src/contract/artifacts/contracts/NFT.sol/DAppsNft.json`というファイルをコピーして、`nft_mint_site/src/web/app/abis/DAppsNft.json`に貼り付けてください。もし`nft_mint_site/src/contract/artifacts`ディレクトリがない場合は、`contract`ディレクトリ内で下記のコマンドを実行してコントラクトをコンパイルすることで作成されます。

```
$ npx hardhat compile
```

次に`NFT.tsx`を下記のように編集してください。

SAMPLE CODE NFT.tsx

```
"use client";

import { useState } from "react";
import Image from "next/image";
import { useWriteContract } from "wagmi";
import abi from "../abis/DAppsNFT.json";
import { ShoppingCart, Loader2 } from "lucide-react";

const NFTCard = () => {
 const [to, setTo] = useState("");
 const [uri, setUri] = useState("");
 const [txHash, setTxHash] = useState("");
 const [isLoading, setIsLoading] = useState(false);
 const { writeContractAsync } = useWriteContract();

 const handleMint = async () => {
   setIsLoading(true);
   setTxHash("");
   try {
     const tx = await writeContractAsync({
       abi: abi.abi,
       address: "<Contract Address>",
       functionName: "safeMint",
       args: [to, uri],
     });
     setTxHash(tx);
   } catch (error) {
     console.error("トランザクションエラー:", error);
   } finally {
```

▼

```
    setIsLoading(false);
  }
};

return (
  <div className="relative space-y-6">
    {isLoading && (
      <div
        className="
          fixed inset-0 bg-black bg-opacity-50 z-50 flex
          items-center justify-center
        "
      >
        <div className="flex flex-col items-center">
          <Loader2 className="animate-spin w-16 h-16 text-white" />
          <p className="mt-4 text-white text-lg">
            トランザクション処理中...
          </p>
        </div>
      </div>
    )}

    <div className="flex flex-col justify-center gap-4 w-full">
      <div className="w-1/2 self-center">
        <label
          htmlFor="to"
          className="block text-sm font-medium text-gray-300 mb-1"
        >
          To
        </label>
        <input
          id="to"
          type="text"
          value={to}
          onChange={(e) => setTo(e.target.value)}
          className="
            w-full bg-nft-secondary/50 border border-gray-600 rounded-lg
            px-4 py-2 text-white focus:outline-none focus:ring-2
            focus:ring-indigo-500
          "
          placeholder="送信先アドレス"
        />
      </div>
```

```
    <div className="w-1/2 self-center">
      <label
        htmlFor="uri"
        className="block text-sm font-medium text-gray-300 mb-1"
      >
        URI
      </label>
      <input
        id="uri"
        type="text"
        value={uri}
        onChange={(e) => setUri(e.target.value)}
        className="
          w-full bg-nft-secondary/50 border border-gray-600 rounded-lg
          px-4 py-2 text-white focus:outline-none focus:ring-2
          focus:ring-indigo-500
        "
        placeholder="Image URI"
      />
    </div>
  </div>

  {txHash && (
    <div className="mt-4 text-center">
      <a
        href={`https://holesky.etherscan.io/tx/${txHash}`}
        target="_blank"
        rel="noopener noreferrer"
        className="text-white underline"
      >
        トランザクションを確認する
      </a>
    </div>
  )}

  <div className="
    bg-nft-secondary rounded-2xl p-6 max-w-sm mx-auto animate-fade-in
    mt-16
    "
  >
    <div className="aspect-square rounded-xl overflow-hidden mb-6">
      <Image
        src="/img/dapps_nft.png"
```

```
          alt="NFT Image"
          width={500}
          height={500}
          className="
            object-cover transform transition-transform duration-300
            hover:scale-105
          "
        />
      </div>
      <div className="space-y-4">
        <h2 className="text-xl font-bold text-white">DApps NFT</h2>
        <p className="text-gray-400">DApps開発のサンプルNFT。</p>
        <div className="flex justify-between items-center">
          <button
            onClick={handleMint}
            disabled={isLoading}
            className={`${
              isLoading
                ? "bg-gray-500 cursor-not-allowed"
                : "
                    bg-gradient-to-r from-indigo-500 to-indigo-600
                    hover:from-indigo-600 hover:to-indigo-700
                  "
            } text-white px-6 py-2 rounded-full flex items-center gap-2
              transition-all duration-300`}
          >
            {isLoading ? (
              <Loader2 className="animate-spin w-5 h-5" />
            ) : (
              <>
                <ShoppingCart className="w-5 h-5" />
                Mint Now
              </>
            )}
          </button>
        </div>
      </div>
    </div>
  </div>
  );
};

export default NFTCard;
```

前項からの変更点としては下記になります。

- NFT送付先アドレスである「To」とNFTの画像URLである「Uri」を入力できるフィールドを作成
- 「safeMint」を実行できる関数である「handleMint」の追加
- mint時にローディングアニメーションが表示されるように追加
- mintが完了すると、HoleskyテストネットのExplorerへのリンクが表示されるように追加

`handleMint` 関数の中の `writeContractAsync` 内の引数である `address` 部分に、前項まででデプロイしたコントラクトアドレスを貼り付けてください。

ここまでの変更ができたら、下記のコマンドを実行してください。

```
$ npm run dev
```

起動したら `http://localhost:3000` を開き、下図のように表示されていれば完了です。

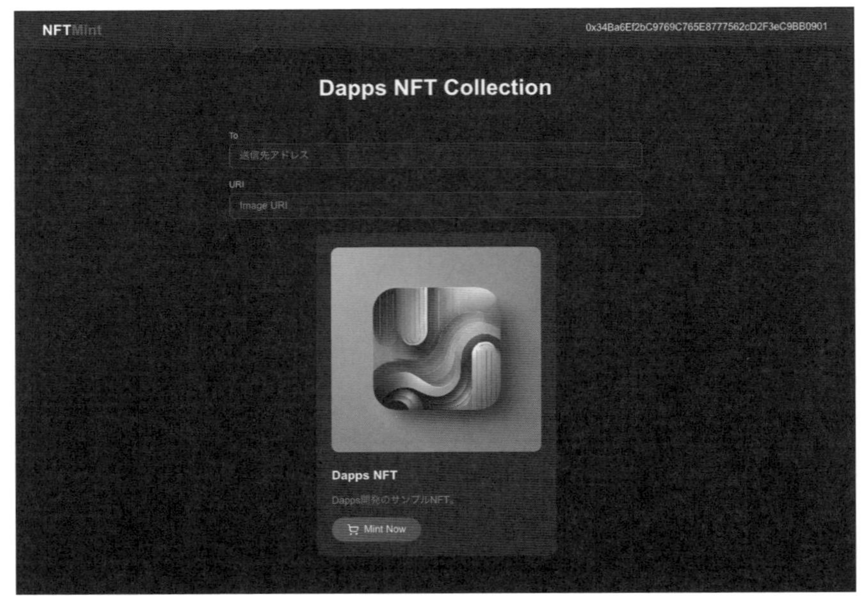

コードはGitHubの `nft_mint_site/6_connect_contract/src` ディレクトリを参照してください。

NFTをMintする

NFTをMintしていきます。

下記のコマンドを実行します。

```
$ npm run dev
```

その後、`http://localhost:3000` を開いてください。

まず下図のように「To」にNFTのMint先アドレスを入れて、URIには「https://example.com」などの適当な値を入れてください。「To」に入れるアドレスには、サイトに接続している右上に表示されているアドレスをコピーして貼り付けてください。

入力ができたら「Mint Now」というボタンをクリックしてください。

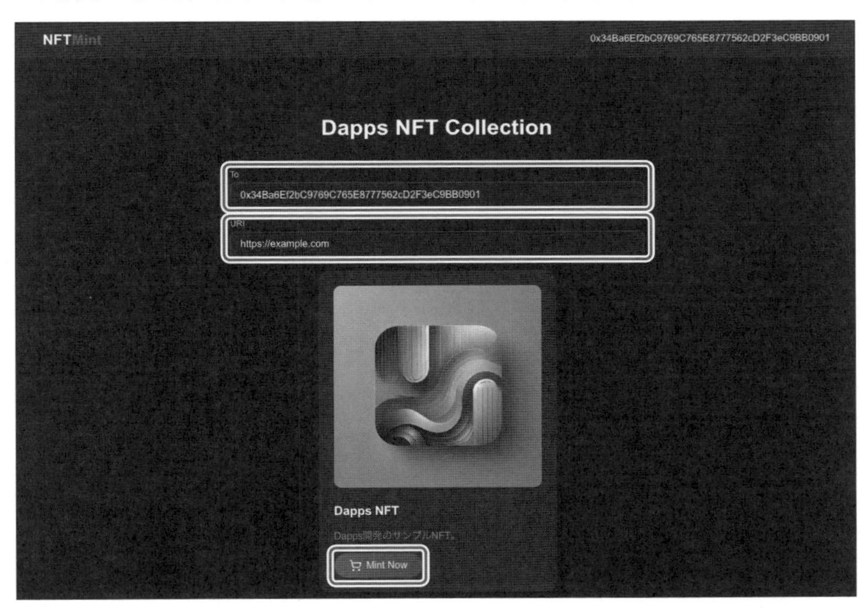

ローディングアニメーションが表示されてウォレットが起動し、次ページの図のようにガス代の確認が求められるので「確認」ボタンをクリックしてください。

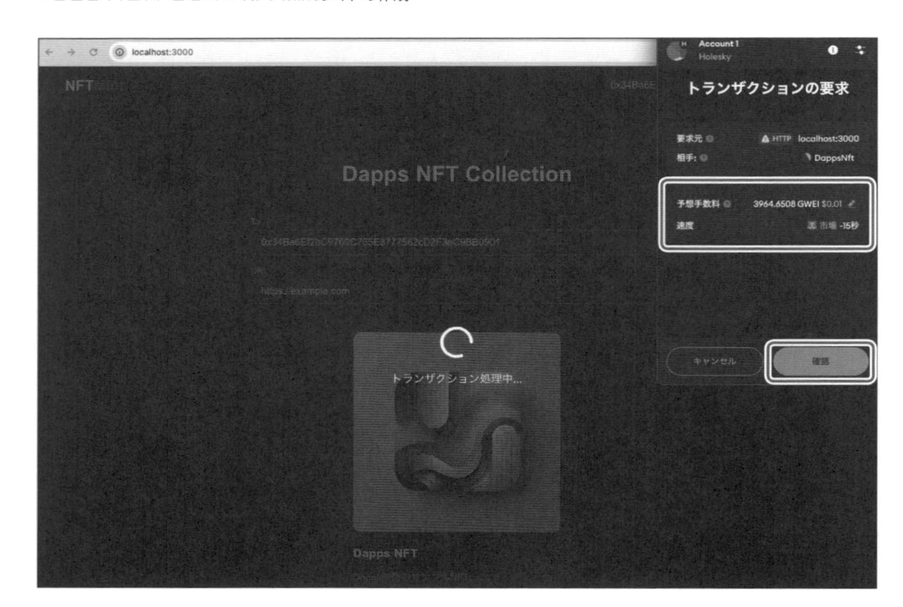

mintが実行され、実行が完了すると「トランザクションを確認する」というリンクが表示されます。このリンクをクリックしてください。

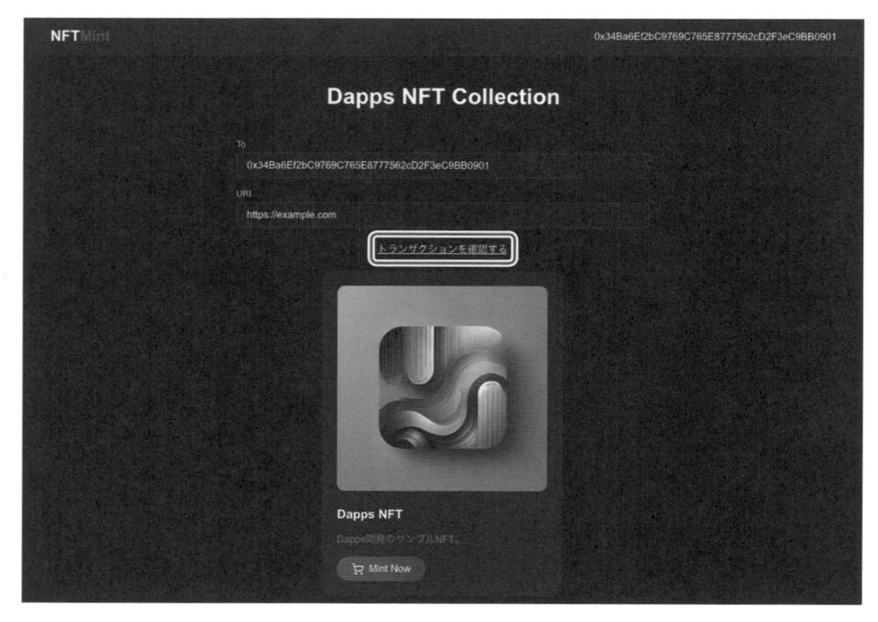

mint実行時のトランザクションハッシュの情報がExplorerで見れます。下図のようにStatusが「Success 」となっており、mintしたNFT情報が表示されていればmint成功です。

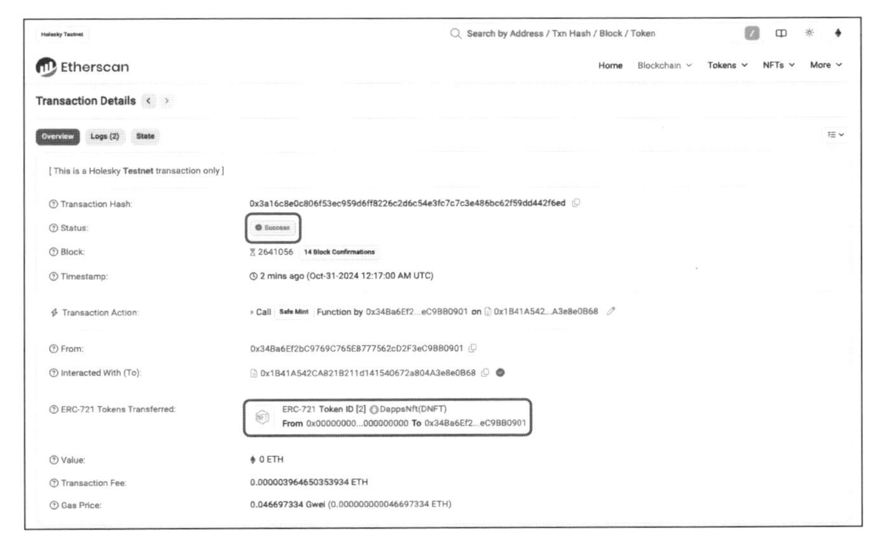

これでmintの実行まで完了です。

NFTのMetadata

このハンズオンでは、NFTのメタデータに焦点を当てませんでした。NFTのメタデータの管理方法は複数あるため、1つずつ紹介していきます。

▶URI指定

まず最初に紹介するのが、メタデータが保存されている場所のURIを指定するパターンです。mintを行うアドレスの保有者が、任意のメタデータを選択してNFTに設定するときなどに使用されます。

下記の `safeMint` 関数では、引数で `uri` という値を渡しています。 `_safeMint` 関数が実行されてNFTがmintされた後、`_setTokenURI` 関数を呼び出して `uri` を渡しています。

```
function safeMint(address to, string memory uri) public {
    uint256 tokenId = _nextTokenId++;
    _safeMint(to, tokenId);
    _setTokenURI(tokenId, uri);
}
```

`_setTokenURI` 関数は次のような処理が実行されており、`_tokenURIs` というmapping配列に `tokenId` をキーにして先ほど引数で受け取っていた `uri` を保存しています。これにより、`tokenId` ごとにメタデータのURIを設定することができます。

```
function _setTokenURI(
    uint256 tokenId,
    string memory _tokenURI
) internal virtual {
    _tokenURIs[tokenId] = _tokenURI;
    emit MetadataUpdate(tokenId);
}
```

`tokenURI` 関数を実行すると、親コントラクトの `tokenURI` 関数が実行され、先ほど設定した `tokenId` ごとのメタデータURIを取得して返しています。

```
function tokenURI(
    uint256 tokenId
) public view override(ERC721, ERC721URIStorage) returns (string memory) {
    return super.tokenURI(tokenId);
}
```

▶URI自動設定

次に紹介する方法は、先ほどとは異なり、URIが自動で決まるパターンです。これは多くのNFTプロジェクトで使用されている方法で、`tokenId` ごとに任意のメタデータをあらかじめ設定することができる方法です。

`safeMint` 関数の引数から `uri` がなくなり、`tokenId` ごとに `uri` を設定する機能も外しています。

```
function safeMint(address to) public {
    uint256 tokenId = _nextTokenId++;
    _safeMint(to, tokenId);
}
```

`tokenURI` 関数では、`string.concat` を使用して、`_baseURI` と `tokenId.toString()` を結合しています。`_baseURI` には `https://example.com/` のような値を格納し、`_extension` には `.json` などの値を格納することで、`https://example.com/1.json` のようになります。

```
string private _baseURI;
string private _extension;

function tokenURI(
    uint256 tokenId
) public view override(ERC721, ERC721URIStorage) returns (string memory) {
    return string.concat(_baseURI, tokenId.toString(), _extension);
}
```

▶APIエンドポイント

APIエンドポイントを指定して、サーバー内でメタデータを生成することができます。

`safeMint` は変わりません。

```
function safeMint(address to) public {
    uint256 tokenId = _nextTokenId++;
    _safeMint(to, tokenId);
}
```

`tokenURI` 関数では、APIエンドポイントを返すようにします。

```
function tokenURI(
    uint256 tokenId
) public view override(ERC721, ERC721URIStorage) returns (string memory) {
    return string.concat(_baseURI, "?tokenId=", tokenId.toString());
}
```

`_baseURI` に `https://example.com/api/metadata` のような値を格納すると、`https://example.com/api/metadata?tokenId=1` のようになります。ブラウザなどで開くと、APIエンドポイントにリクエストが飛びます。

これにより、オフチェーンアプリケーション内で任意のメタデータを生成することができるようになります。

▶フルオンチェーンNFT

外部にメタデータを保存せずに、スマートコントラクト内にメタデータを保存する方法です。

`safeMint` 関数実行時に、メタデータで使用するデータを引数で渡して保存しています。

```
function safeMint(
    address to,
    string memory name,
    string memory description,
    string memory imageData
) public {
    uint256 tokenId = _nextTokenId++;
    _safeMint(to, tokenId);

    // Store metadata on-chain
    _names[tokenId] = name;
    _descriptions[tokenId] = description;
    _imageData[tokenId] = imageData;
}
```

tokenURI 関数では、メタデータのURIではなくメタデータ自体を返しています。

```
function tokenURI(
    uint256 tokenId
) public view override returns (string memory) {
    require(
        _exists(tokenId),
        "ERC721Metadata: URI query for nonexistent token"
    );

    // Generate on-chain metadata JSON
    string memory json = string.concat(
        '{"name":"',
        _names[tokenId],
        '","description":"',
        _descriptions[tokenId],
        '","image":"data:image/svg+xml;base64,',
        _imageData[tokenId],
        '"}'
    );

    // Return base64-encoded JSON
    return string.concat(
        "data:application/json;base64,",
        _encodeBase64(bytes(json))
    );
}
```

このとき、safeMint 関数実行時に保存したデータを使用してメタデータを作成しています。これにより、外部サービスを使用してメタデータを保存する必要がなく、スマートコントラクトがあればメタデータを管理することができます。

ただし、一度にスマートコントラクト内に保存できるデータ量と、読み込むことができるデータ量には上限があるため、メタデータがあまりにも膨大なデータ量にならないように気を付けてください。

まとめ

ここまででNFTコントラクトの作成から、DAppsでのNFTのmint実行までハンズオン形式で行ってきました。NFT MintサイトはDAppsの中でもシンプルなものなので、このハンズオンをベースに色々なDAppsを作成してみてください。

1つアップデートするとなると、NFTに価格を付ける方法があります。読者特典(6ページ参照)のPDFで解説している「NFT Marketplace」のハンズオンで、コントラクト内でNFTに価格を付けるコードの紹介をしているので、そちらを参考にしつつ、ぜひ自分でも実装してみてください。

SECTION-065

Meta Transaction

本節では、ハンズオンとして「Meta Transaction」という仕組みを実装したコントラクトを作成していきます。「Meta Transaction」とは、ガス代を別のアドレスに負担してもらいながらトランザクションを実行できる仕組みです。

たとえば、ユーザーがNFTをMintするときに通常であればガス代が必要になりますが、「Meta Transaction」の仕組みを使用することで、NFTのMintサイトを提供している運営のアドレスがガス代を負担することができます。

これにより、ユーザーはNFTのMintのためにETHを用意する必要がなくなり、NFT取得のハードルが下がります。

「Meta Transaction」にもさまざまな仕組みがありますが、今回は「ERC2771」という規格を使用した方法で実装していきます。

コードは、下記のGitHub内にあります。

URL https://github.com/cardene777/dapps_book

`dapps_book` リポジトリの `meta_transaction` ディレクトリ内にまとめています。

ERC2771とは

実装に入る前に、ERC2771についての理解を深めていきます。

ERC2771を簡単に説明すると、「特定のトランザクション(例：NFTのMint)を実行したいユーザーのトランザクションを、他のアドレスが安全に実行する仕組み」となります。この仕組みについて説明していきます。

まずは、ERC2771の構成要素から説明していきます。

●ERC2771の構成要素

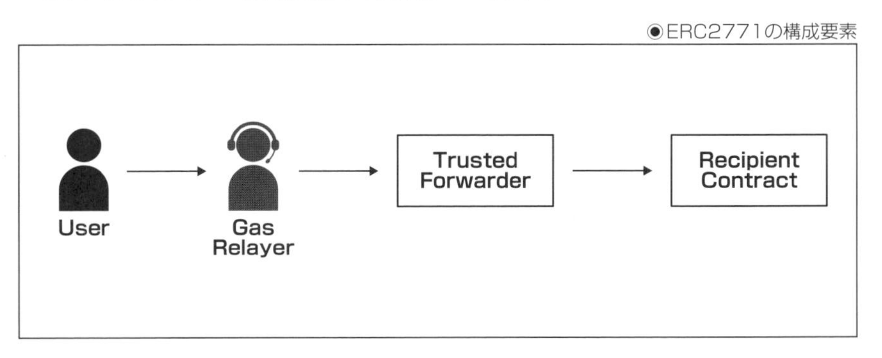

ERC2771に必要な要素は、前ページの図内の次の4つになります。

- User
  - 特定のトランザクション(例：NFTのMint)を実行したいユーザー
- Gas Relayer
  - ユーザーの代わりにガス代を負担するEOAアドレス
- Trusted Forwarder
  - トランザクションの検証や実行したいトランザクションの実行を中継するコントラクト
- Recipient Contract
  - ユーザーが実行したい機能が実装されているコントラクト。NFTコントラクトなど

NFT Mintサイトを例にとって、1つずつ要素を見ていきます。

▶User

下図では、実行したいトランザクションの署名を行うユーザーについて説明しています。

◉User

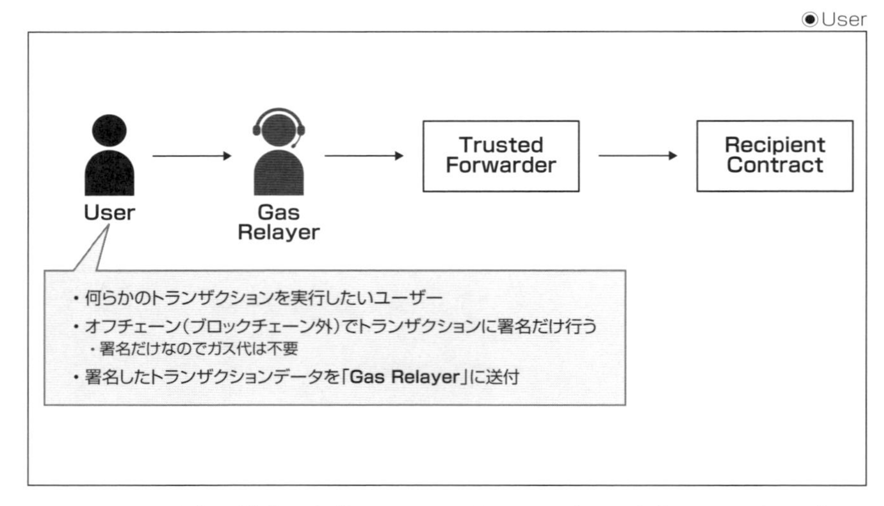

NFT Mintサイトの場合、サイトににアクセスしてNFTをMintしたいユーザーです。

トランザクションの実行をするためには、トランザクションを作成する必要があります。この作業が「トランザクションの署名」になります。トランザクションの署名を行うには、MetaMaskなどのウォレット内の秘密鍵を使用します。

このとき、トランザクションはまだ実行されないため、ガス代はかかりません。そのため、ユーザーはガス代分のネイティブトークンを保有していなくても署名を行い、「Gas Relayer」にトランザクションデータを送付することができます。

▶Gas Relayer

下図では、実行したいトランザクションデータをユーザーから受け取り、ガス代を負担してトランザクション実行を行う「Gas Relayer」について説明しています。

◉Gas Relayer

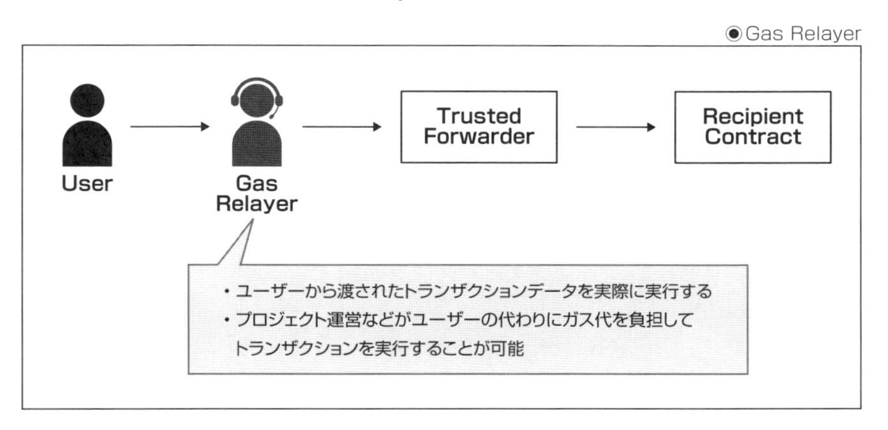

トランザクション実行時は、ユーザーから受け取ったトランザクションデータとともに「Trusted Forwarder」コントラクトを呼び出します。NFT Mintサイトの場合、サイトの管理を行いNFTコントラクトの管理を行っている運営にあたります。

主にアプリケーションのバックエンドでトランザクションデータを受け取りトランザクションを実行します。バックエンドで実行する理由としては、ガス代を負担するアドレスをアプリケーション内で使用する必要があり、ユーザーから見えないバックエンドでそのアドレスの秘密鍵を管理する必要があるためです。もし、フロントエンドで秘密鍵を管理してしまうと、ユーザーから見えてしまう可能性があるため危険です。

▶Trusted Forwarder

下図では、「Gas Relayer」から受け取ったトランザクションデータの検証と実行を行う、「Trusted Forwarder」コントラクトについて説明しています。

◉Trusted Forwarder

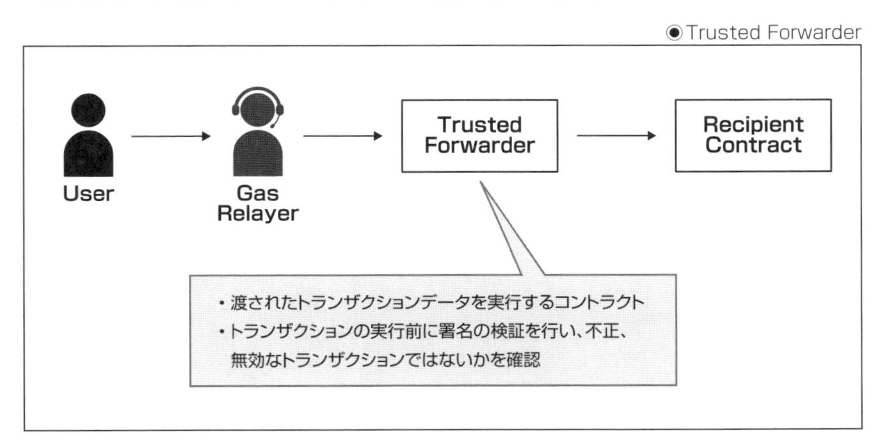

検証を行い、問題なければ実行したい処理（例：NFTのMint）の実行を行うコントラクト（Recipient Contract）を呼び出します。NFT Mintサイトの場合、ユーザーから受け取ったトランザクションデータが正常なものかを確認する処理を行ってくれています。

トランザクションの検証は下記のようなことを行っています。

- 信頼されているForwarderか
  - 実行したい処理（例：NFTのMint）の実行を行うコントラクト（Recipient Contract）を呼び出して、「Trusted Forwarder」に設定されているかを確認する。もし「Trusted Forwarder」に設定されていない場合はエラーを返す。
- リクエストが期限切れ
  - トランザクションのデータに設定されている期限が、現在のブロックタイムスタンプを超えていないか確認する。もし期限を超えていた場合はエラーを返す。
- 署名が正しいか
  - トランザクションの署名データが正しいかを検証して正しいかを確認する。もし署名データの検証に失敗した場合はエラーを返す。
- リクエストのnonceが無効
  - トランザクションのリクエストをするたびに、トランザクションのデータに署名したアドレス（ユーザー）ごとにnonceというユニーク値が管理されている。このnonce値はインクリメントされる値で、2回同じトランザクションが実行されないための制御に使用される。もし、すでに使用されたnonce値の場合はエラーを返す。

このようにNFTのMintなどの実行したいトランザクションの実行前に、いくつかの確認を行ってからトランザクションの実行を行うコントラクトです。

▶Recipient Contract

下図では、「Trusted Forwarder」から呼び出されて、具体的な処理（例：NFTのMint）を実行するコントラクトについて説明しています。

●Recipient Contract

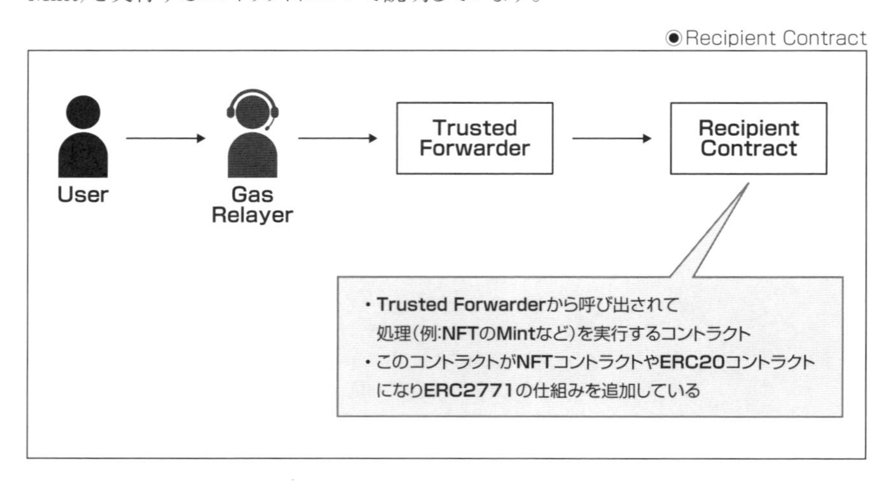

このコントラクトがNFTやERC20などのコントラクトになります。NFT Mintサイトの場合、NFTの管理を行っているコントラクトにあたります。

「Recipient Contract」のデプロイ時に、信頼できるコントラクトとして「Trusted Forwarder」コントラクトのアドレスを設定します。

「Trusted Forwarder」コントラクトでは、「Recipient Contract」を呼び出すときに「Trusted Forwarder」コントラクトが信頼できるコントラクトに設定できているかを確認します。

これにより、同じトランザクションを2回実行されるなどの不正を防止しています。

▶コントラクトの解説

ERC2771の仕組みをざっくりと説明してきたので、実際にコントラクトの実装を見ながら説明していきます。Openzeppelinが提供しているコントラクトをもとに説明していきます。

まずは `ERC2771Context` コントラクトについて見ていきます。今回の場合は「Recipient Contract」にあたります。

URL https://github.com/OpenZeppelin/openzeppelin-contracts/blob/master/contracts/metatx/ERC2771Context.sol

コントラクトのデプロイ時に一度だけ実行される関数である `constructor` では、`_trustedForwarder` という値を設定しています。

```
constructor(address trustedForwarder_) {
    _trustedForwarder = trustedForwarder_;
}
```

`ERC2771Context` コントラクトで1つだけ設定することができ、ユーザーからのトランザクションの検証と実行を行う信頼できるコントラクト(今回の場合は `Trusted Forwarder` コントラクト)として定義しています。

`ERC2771Context` コントラクト内の各関数について簡単に説明します。

- trustedForwarder
  - 「_trustedForwarder」の値を返す関数
- isTrustedForwarder
  - 引数で渡されたアドレスが「_trustedForwarder」に設定された関数
- _msgSender
  - コントラクトの実行アドレスを取得する関数
- _msgData
  - コントラクト実行時に渡されるデータを取得する関数

`_msgSender` と `_msgData` だけ詳しく説明します。

その前にERC2771の独特な仕様について説明します。ERC2771では、`_trustedForwarder` に設定したコントラクトから `msg.data`（トランザクション実行時に渡されるデータ）を渡されるとき、`msg.data` の末尾にトランザクションに署名したアドレス（今回の倍はユーザー）を付けています。これにより、信頼できるアドレス（今回の場合は「Trusted Forwarder」コントラクト」からトランザクションに署名したアドレスを安全に受け取ることができます。

このときに使用する関数が `_contextSuffixLength` 関数で、`20 bytes` というデータを返します。 `20 bytes` は `address` 型のデータを表しており、`msg.data` からデータを切り取るために使用されます。たとえば、`msg.data` からトランザクションに署名したアドレスを取得したい場合は、末尾の20 bytesにアクセスします。

このことを踏まえて `_msgSender` と `_msgData` について説明していきます。

● _msgSender

`_msgSender` はトランザクションを実行したアドレスを取得する関数です。もし `msg.sender`（コントラクト内の関数を実行したアドレス）が `_trustedForwarder` に設定したアドレスの場合、トランザクションに署名したアドレス（今回の場合ユーザーのアドレス）を取得できるようにしています。

これにより、`ERC2771` コントラクト内でトランザクションに署名したアドレスに対して、何らかのアクション（例：NFTのMint）を起こすことができます。トランザクションに署名したアドレスを取得する場合は、`msg.data` の末尾20bytesを取得します。

`msg.sender` が `_trustedForwarder` に設定したアドレス以外の場合は、継承している `Context` コントラクトの `_msgSender` 関数を呼び出します（デフォルトでは、`msg.sender` を返しています。

● _msgData

`_msgData` はトランザクション実行時に渡されたデータを取得する関数です。もし `msg.sender`（コントラクト内の関数を実行したアドレス）が `_trustedForwarder` に設定したアドレスの場合、`msg.data`（トランザクション実行時に渡されるデータ）の末尾にトランザクションに署名したアドレスが付与されているため、そのアドレス以外のデータを返すようにしています。トランザクションに署名したアドレスを取得する場合は、`msg.data` の末尾20bytesを取得します。

`msg.sender` が `_trustedForwarder` に設定したアドレス以外の場合は、継承している `Context` コントラクトの `_msgData` 関数を呼び出します（デフォルトでは、`msg.data` を返しています。

次に`ERC2771Forwarder`コントラクトについて見ていきます。今回の場合は「Trusted Forwarder」コントラクトにあたります。

URL https://github.com/OpenZeppelin/openzeppelin-contracts/blob/master/contracts/metatx/ERC2771Forwarder.sol

```
struct ForwardRequestData {
    address from;
    address to;
    uint256 value;
    uint256 gas;
    uint48 deadline;
    bytes data;
    bytes signature;
}
```

「Gas Relayer」から渡される、実行したいトランザクションデータです。それぞれのパラメータは下記のようなデータです。

パラメータ	説明
from	トランザクションに署名したアドレス。今回の場合はユーザーのアドレス
to	実行したいコントラクトやETHの送付先アドレス。今回の場合は「Recipient Contract」のアドレス
value	「to」に指定したアドレスへ送付したいETHの値
gas	トランザクション実行時に指定したガスの上限値
deadline	トランザクションリクエストの有効期限
data	実行したいコントラクトに渡すデータ
signature	「from」アドレスがトランザクションに署名したデータ

各関数について説明していきます。

● verify

`verify`はトランザクションリクエストが有効かどうかを検証する関数です。

```
function verify(
    ForwardRequestData calldata request
) public view virtual returns (bool) {
    (bool isTrustedForwarder, bool active, bool signerMatch, ) =
        _validate(request);
    return isTrustedForwarder && active && signerMatch;
}
```

下記の項目で検証を行っています。

- 実行対象のコントラクト（今回の場合は「Recipient Contract」）がこのコントラクト（今回の場合は「Trustes Forwarder」）を「_trustedForwarder」に設定しているか確認。
- 「request.deadline」に設定した値が、現在のブロックタイム（「block.timestamp」）より前かを確認。
- 署名データから署名アドレスを取得して、「from」アドレスと一致しているかを確認。

01 02 03 04 05 06 07 DApps開発ハンズオン 08

● execute

`execute` はリクエストしているトランザクションを実行する関数です。

```
function execute(
    ForwardRequestData calldata request
) public payable virtual {
    // We make sure that msg.value and request.value match exactly.
    // If the request is invalid or the call reverts, this whole function
    // will revert, ensuring value isn't stuck.
    if (msg.value != request.value) {
        revert ERC2771ForwarderMismatchedValue(request.value, msg.value);
    }

    if (!_execute(request, true)) {
        revert Errors.FailedCall();
    }
}
```

`verify` 関数と同じ確認を行い、下記のデータを渡しつつリクエストされているトランザクションを実行していきます。

- reqGas
    - リクエストしているトランザクション実行時に使用するガス量
- to
    - 実行したいコントラクトやETHの送付先アドレス。今回の場合は「Recipient Contract」のアドレス
- value
    - 「to」に指定したアドレスへ送付したいETHの値
- data
    - 実行したいコントラクトに渡すデータ

トランザクションに署名しているアドレス(今回の場合はユーザー)ごとに管理されている、`nonce` という連番値をインクリメントしています。これにより、リクエストされたトランザクション実行のたびに異なる `nonce` が使用されて、同じトランザクションが実行されなくなります。

● executeBatch

`executeBatch` はリクエストされている複数のトランザクションを実行する関数です。

```
function executeBatch(
    ForwardRequestData[] calldata requests,
    address payable refundReceiver
```

```
) public payable virtual {
    bool atomic = refundReceiver == address(0);

    uint256 requestsValue;
    uint256 refundValue;

    for (uint256 i; i < requests.length; ++i) {
        requestsValue += requests[i].value;
        bool success = _execute(requests[i], atomic);
        if (!success) {
            refundValue += requests[i].value;
        }
    }

    // The batch should revert if there's a mismatched msg.value provided
    // to avoid request value tampering
    if (requestsValue != msg.value) {
        revert ERC2771ForwarderMismatchedValue(requestsValue, msg.value);
    }

    // Some requests with value were invalid
    // (possibly due to frontrunning).
    // To avoid leaving ETH in the contract this value is refunded.
    if (refundValue != 0) {
        // We know refundReceiver != address(0) &&
        // requestsValue == msg.value
        // meaning we can ensure refundValue is not taken from
        // the original contract's balance
        // and refundReceiver is a known account.
        Address.sendValue(refundReceiver, refundValue);
    }
}
```

`execute` 関数の場合は1つのトランザクションしか実行できませんが、`executeBatch` 関数では複数回 `execute` 関数を実行することで、複数のトランザクションの実行を行うことができます。

関数の後半では、「Gas Relayer」から余分に資金を受け取っていないかを確認して、もし余分に受け取っていたら返金するようにしています。

▶まとめ

以上がERC2771についての説明になります。ERC2771について、コントラクトも含め解説してきたので理解が深まったと思います。コントラクトを見ることで、さらに深い理解につながると思うのでぜひ試してみてください。

Hardhat環境構築

今回は「Scaffold-ETH」というツールを使用してHardhat環境を作成していきます。

URL https://scaffoldeth.io/

「Scaffold-ETH」は、HardhatやFoundryの環境を作成できることに加えて、トランザクションの実行テストができるフロントエンドも作成してくれます。そのため、ローカルノードやテストネットにデプロイしたコントラクトに対してコマンドで実行してきたことを、フロントエンドのGUI上で操作ができるようになります。

下記のコマンドを実行して、Hardhat環境を作成していきます。

```
$ npx create-eth@latest
```

プロジェクト名を聞かれるので、`meta_transaction`と入力してください。次にどのSolidityフレームワークを使用するか聞かれるので、`hardhat`を選択してください。下記のように出力されていれば実行成功です。

```
create-eth@0.0.61
Ok to proceed? (y)


 +-+-+-+-+-+-+-+-+-+-+-+-+-+-+-+
 | Create Scaffold-ETH 2 app |
 +-+-+-+-+-+-+-+-+-+-+-+-+-+-+-+


? Your project name: meta_transaction
? What solidity framework do you want to use? hardhat

✔ 📁 Create project directory /…/dapps_book/meta_transaction/meta_transaction
✔ 🚀 Creating a new Scaffold-ETH 2 app in meta_transaction
✔ 📦 Installing dependencies with yarn, this could take a while
✔ 🪄 Formatting files
✔ 📡 Initializing Git repository



  Congratulations! Your project has been scaffolded! 🎉

  Next steps:

  cd meta_transaction

        Start the local development node
        yarn chain

        In a new terminal window, deploy your contracts
        yarn deploy
```

```
      In a new terminal window, start the frontend
      yarn start

  Thanks for using Scaffold-ETH 2 🏗, Happy Building!
```

下記のコマンドを実行して作成した `meta_transaction` ディレクトリに移動します。

```
$ cd meta_transaction
```

`meta_transaction` ディレクトリは下記のような構成になっています。

```
.
├── .github
├── .gitignore
├── .husky
├── .lintstagedrc.js
├── .yarn
├── .yarnrc.yml
├── CONTRIBUTING.md
├── LICENCE
├── README.md
├── package.json
├── packages
│   ├── hardhat
│   │   ├── .env.example
│   │   ├── .eslintignore
│   │   ├── .eslintrc.json
│   │   ├── .gitignore
│   │   ├── .prettierrc.json
│   │   ├── contracts
│   │   │   └── YourContract.sol
│   │   ├── deploy
│   │   │   ├── 00_deploy_your_contract.ts
│   │   │   └── 99_generateTsAbis.ts
│   │   ├── hardhat.config.ts
│   │   ├── package.json
│   │   ├── scripts
│   │   │   ├── generateAccount.ts
│   │   │   └── listAccount.ts
│   │   ├── test
│   │   │   └── YourContract.ts
│   │   └── tsconfig.json
│   └── nextjs
└── yarn.lock
```

`packages/hardhat` ディレクトリ内でコントラクトの開発をします。`packages/nextjs` ディレクトリ内には、Next.jsで作成されているフロントエンドに関するコードが含まれています。

コントラクトの開発に入る前に、下記のコマンドを実行して不要なファイルを削除しておきます。

```
$ rm packages/hardhat/contracts/YourContract.sol
$ rm packages/hardhat/test/YourContract.ts
```

Solidityのバージョンも設定していきます。

`packages/hardhat/hardhat.config.ts` を開いて、`config` 内の `solidity` → `compilers` → `version` を下記のように変更してください。

SAMPLE CODE hardhat.config.ts

```
...
const config: HardhatUserConfig = {
  solidity: {
    compilers: [
      {
        version: "0.8.27",  // 0.8.27に変更
        settings: {
          optimizer: {
            enabled: true,
            // https://docs.soliditylang.org/en/latest/using-the-compiler.
html#optimizer-options
            runs: 200,
          },
        },
      },
    ],
  },
...
```

これで開発準備は完了です。

コントラクトの作成

環境構築ができたのでコントラクトの作成をしていきます。
まずは下記のコマンドを実行してSolidityファイルを作成していきます。

```
$ touch packages/hardhat/contracts/MetaTransactionNFT.sol
$ touch packages/hardhat/contracts/TrustedForwarder.sol
```

`MetaTransactionNFT.sol` ファイルに下記のコードを記載してください。

SAMPLE CODE MetaTransactionNFT.sol

```
// SPDX-License-Identifier: MIT
pragma solidity 0.8.27;

import { ERC721 } from "@openzeppelin/contracts/token/ERC721/ERC721.sol";
import { ERC2771Context }
    from "@openzeppelin/contracts/metatx/ERC2771Context.sol";
import { Context } from "@openzeppelin/contracts/utils/Context.sol";

contract MetaTransactionNFT is ERC721, ERC2771Context {
  uint256 private _currentTokenId;

  constructor(address trustedForwarder)
    ERC721("MetaTransactionNFT", "MTNFT")
    ERC2771Context(trustedForwarder)
  {}

  function mint() external {
    uint256 newTokenId = _currentTokenId++;
    _mint(_msgSender(), newTokenId);
  }

  // Override ERC2771Context
  function _msgSender()
    internal
    view
    override(Context, ERC2771Context)
    returns (address sender)
  {
    return ERC2771Context._msgSender();
  }

  function _msgData()
    internal
```

▼

```
    view
    override(Context, ERC2771Context)
    returns (bytes calldata)
  {
    return ERC2771Context._msgData();
  }

  function _contextSuffixLength()
    internal
    view
    override(Context, ERC2771Context)
    returns (uint256)
  {
    return ERC2771Context._contextSuffixLength();
  }
}
```


`MetaTransactionNFT` コントラクトでは、NFTのmintができるように `ERC721` コントラクトを継承しています。また、`constructor` では継承している `ERC2771Context` に信頼できるコントラクト(Trusted Forwarderコントラクト)のアドレスを渡しています。

`mint` 関数では、`ERC2771Context` の仕組みでトランザクションの署名者のアドレスを `_msgSender` 関数から取得できるようになっているので、`_msgSender` 関数から取得したアドレスにNFTをmintしています。

`_msgData` と `_msgData` 、`_contextSuffixLength` は、`Context` コントラクトと定義が重複しているため、`override` して `ERC2771Context` に定義されている関数が優先的に使用されるようにしています。

次に `TrustedForwarder.sol` ファイルに下記のコードを記載してください。

SAMPLE CODE TrustedForwarder.sol

```
// SPDX-License-Identifier: MIT
pragma solidity 0.8.27;

import { ERC2771Forwarder }
    from "@openzeppelin/contracts/metatx/ERC2771Forwarder.sol";

contract TrustedForwarder is ERC2771Forwarder {
    constructor(string memory name) ERC2771Forwarder(name) {}
}
```

`ERC2771Forwarder` コントラクトは非常にシンプルで、そのまま `ERC2771Forwarder` コントラクトを使用しています。引数に受け取っている `name` は、次のコントラクトのテストの章で説明するEIP712の仕組みで必要になる値です。

コントラクトの作成は完了です。コントラクトをコンパイルしていきましょう。
下記のコマンドを `meta_transaction` ディレクトリで実行してください。

```
$ yarn compile
```

下記のように出力されればコンパイル成功です。

```
Generating typings for: 25 artifacts in dir: typechain-types for target:
ethers-v6
Successfully generated 72 typings!
```

コントラクトのテスト

では、コントラクトの作成ができたのでテストを実行していきます。

Meta Transactionは、アプリケーション側でも仕組みの実装が必要なため、テストコードを使用することでその流れが理解できると思います。

まずは、下記のコマンドを実行してテストファイルから作成していきます。

```
$ touch packages/hardhat/test/MetaTransaction.test.ts
```

テストファイルの作成ができたら、`MetaTransaction.test.ts` に下記のテストコードを記載してください。

SAMPLE CODE MetaTransaction.test.ts

```
import { SignerWithAddress } from "@nomicfoundation/hardhat-ethers/signers";
import { expect } from "chai";
import { ethers } from "hardhat";
import type { MetaTransactionNFT, TrustedForwarder }
    from "../typechain-types";

export type EIP712Domain = {
  name: string;
  version: string;
  chainId: bigint;
  verifyingContract: string;
};

describe("MetaTransactionNFT and TrustedForwarder", function () {
  let metaTransactionNFT: MetaTransactionNFT;
  let trustedForwarder: TrustedForwarder;
  let functionData: string;
  let domain: EIP712Domain;
  let types: Record<string, any>;
  let user: SignerWithAddress, otherUser: SignerWithAddress;
```

```
before(async function () {
  [user, otherUser] = await ethers.getSigners();

  // Deploy TrustedForwarder contract
  const TrustedForwarderFactory =
      await ethers.getContractFactory("TrustedForwarder");
  trustedForwarder =
      await TrustedForwarderFactory.deploy("TrustedForwarder");
  await trustedForwarder.waitForDeployment();

  // Deploy MetaTransactionNFT contract with TrustedForwarder address
  const MetaTransactionNFTFactory =
      await ethers.getContractFactory("MetaTransactionNFT");
  metaTransactionNFT =
      await MetaTransactionNFTFactory.deploy(
          await trustedForwarder.getAddress()
      );
  await metaTransactionNFT.waitForDeployment();

  // Prepare function data for mint
  functionData = metaTransactionNFT.interface.encodeFunctionData("mint");

  // set eip712 domain and types
  const _domain = await trustedForwarder.eip712Domain();
  domain = {
    name: _domain.name,
    version: _domain.version,
    chainId: _domain.chainId,
    verifyingContract: _domain.verifyingContract,
  };
  types = {
    ForwardRequest: [
      { name: "from", type: "address" },
      { name: "to", type: "address" },
      { name: "value", type: "uint256" },
      { name: "gas", type: "uint256" },
      { name: "nonce", type: "uint256" },
      { name: "deadline", type: "uint48" },
      { name: "data", type: "bytes" },
    ],
  };
});
```

```
it("Should mint NFT correctly", async function () {
  // Mint an NFT as `user`
  await metaTransactionNFT.connect(user).mint();

  // Check the NFT ownership
  const owner = await metaTransactionNFT.ownerOf(0);
  expect(owner).to.equal(user.address);
});

it("Should handle meta-transactions correctly", async function () {
  // Sign the meta-transaction
  const request = {
    from: await user.getAddress(),
    to: await metaTransactionNFT.getAddress(),
    value: 0,
    gas: 100000,
    nonce: await trustedForwarder.nonces(await user.getAddress()),
    deadline: Math.floor(Date.now() / 1000) + 3600, // 1 hour in the future
    data: functionData,
  };

  const signature = await user.signTypedData(domain, types, request);

  const forwardRequest = {
    ...request,
    signature,
  };

  // verify signature
  const verified = await trustedForwarder.verify(forwardRequest);
  expect(verified).to.equal(true);

  // Execute the forward request
  await trustedForwarder.connect(otherUser).execute(forwardRequest);

  // Check the NFT ownership
  const owner = await metaTransactionNFT.ownerOf(1);
  expect(owner).to.equal(await user.getAddress());
});

it("Should revert invalid forward request", async function () {
  // Create an invalid forward request
```

```
    const request = {
      from: await otherUser.getAddress(),
      to: await metaTransactionNFT.getAddress(),
      value: 0,
      gas: 100000,
      nonce: await trustedForwarder.nonces(await otherUser.getAddress()),
      deadline: Math.floor(Date.now() / 1000) + 3600, // 1 hour in the future
      data: functionData,
    };

    const signature = await user.signTypedData(domain, types, request);

    console.log(`signature: ${signature}`);

    const invalidRequest = {
      ...request,
      signature,
    };

    // verify signature
    const verified = await trustedForwarder.verify(invalidRequest);
    expect(verified).to.equal(false);
  });
});
```

今回はテストファイルが若干複雑なので1つずつ説明をしていきます。

▶typechain-types

下記の部分では、コントラクトの型情報を取得しています。

```
import type { MetaTransactionNFT, TrustedForwarder }
    from "../typechain-types";
```

`typechain-types` は、コントラクトのコンパイル時にコントラクトの型情報を取得してディレクトリにまとめてくれるライブラリです。

URL https://www.npmjs.com/package/@typechain/hardhat

▶EIP712

トランザクションの署名をするときに、署名するデータを特定の形式に変換する仕様を提供しているEIP712という規格があります。これにより、どのようなデータに署名しているのかが確認しやすくなりました。MetaMaskなどのウォレットでも、署名時にこのEIP712の仕組みを使用しているため、テストでトランザクションの署名を再現するためにEIP712のデータ型を定義しています。

```
export type EIP712Domain = {
  name: string;
  version: string;
  chainId: bigint;
  verifyingContract: string;
};
```

EIP712のデータ型は下記の手順で作成されています。

1. EIP712Domainの作成
2. Domain Separatorの作成
3. メッセージの型ハッシュの生成
4. メッセージデータのハッシュの生成
5. 署名のためのハッシュ値の生成

1つずつ説明します。

● EIP712Domainの作成

まずは、`ERC712Domain`という構造体を定義します。`ERC712Domain`には次のような情報が含まれています。

情報	説明
name	アプリケーション名。「TrustedForwarder」の「constructor」の引数で受け取っていた「name」はここで使用している
version	アプリのバージョン
chainId	チェーンID(Ethereumなら「1」)
verifyingContract	関連するコントラクトのアドレス

たとえば、次のようになります。

```
{
  "name": "TrustedForwarder",
  "version": "1.0",
  "chainId": 1,
  "verifyingContract": "0x1234567890abcdef1234567890abcdef12345678"
}
```

● Domain Separatorの作成

まず、先ほどの`EIP712Domain`の型情報をエンコードして`typeHash`という値を計算します。

たとえば、次のようになります。

```
typeHash = keccak256(
    "EIP712Domain(
        string name,
        string version,
        uint256 chainId,
        address verifyingContract
    )"
)
```

そして、EIP712Domain の構造体の各フィールドをエンコードして、エンコード結果を結合してハッシュ化しています。このとき、すべてのデータを32bytesにパディングしています。たとえば、次のようになります。

```
domainSeparator = keccak256(
    typeHash ‖ keccak256("TrustedForwarder") ‖ keccak256("1.0") ‖
    0x000...001 ‖ 0x000...5678
)
```

● メッセージの型ハッシュの生成

次に、署名対象のメッセージの型情報を定義します。これにより、どのようなデータが署名に含まれるのかがわかります。NFTのtransferの場合の例は次のようになります。

```
{
  "Transfer": [
    { "name": "sender", "type": "address" },
    { "name": "recipient", "type": "address" },
    { "name": "amount", "type": "uint256" }
  ]
}
```

そしてこのデータをエンコードします。

```
typeHash = keccak256(
    "Transfer(address sender,address recipient,uint256 amount)"
)
```

● メッセージデータのハッシュの生成

次に署名対象の具体的なデータをハッシュ化していきます。NFTのtransferの場合の例は次のようになります。

```
{
  "sender": "0xAaAaAaAaAaAaAaAaAaAaAaAaAaAaAaAaAaAaAaAa",
  "recipient": "0xBbBbBbBbBbBbBbBbBbBbBbBbBbBbBbBbBbBbBbBb",
  "amount": 100
}
```

先ほど同様、各データを32bytesにパディングしてからデータを結合してハッシュ化します。たとえば、次のようになります。

```
messageHash = keccak256(typeHash ‖ encodeData(message))
```

● 署名のためのハッシュ値の生成

最後に、署名するためにすべてのデータをまとめてハッシュ値を生成します。たとえば、次のようになります。

```
digest = keccak256("\x19\x01" ‖ domainSeparator ‖ messageHash)
```

このように、EIP712では署名するデータを構造的にまとめています。これにより、最初に述べたようにウォレットで署名するデータを表示して、ユーザーが理解しやすくなります。

EIP712をもとに、テストファイルを見ていきます。

▶コントラクトのデプロイと変数設定

下記の部分では、テスト全体で使用する変数を設定しています。

```
let metaTransactionNFT: MetaTransactionNFT;
let trustedForwarder: TrustedForwarder;
let functionData: string;
let domain: EIP712Domain;
let types: Record<string, any>;
let user: SignerWithAddress, otherUser: SignerWithAddress;

before(async function () {
  [user, otherUser] = await ethers.getSigners();

  // Deploy TrustedForwarder contract
  const TrustedForwarderFactory =
      await ethers.getContractFactory("TrustedForwarder");
  trustedForwarder =
      await TrustedForwarderFactory.deploy("TrustedForwarder");
  await trustedForwarder.waitForDeployment();

  // Deploy MetaTransactionNFT contract with TrustedForwarder address
  const MetaTransactionNFTFactory =
      await ethers.getContractFactory("MetaTransactionNFT");
  metaTransactionNFT =
      await MetaTransactionNFTFactory.deploy(
          await trustedForwarder.getAddress()
      );
  await metaTransactionNFT.waitForDeployment();
```

```
    // Prepare function data for mint
    functionData = metaTransactionNFT.interface.encodeFunctionData("mint");

    // set eip712 domain and types
    const _domain = await trustedForwarder.eip712Domain();
    domain = {
      name: _domain.name,
      version: _domain.version,
      chainId: _domain.chainId,
      verifyingContract: _domain.verifyingContract,
    };
    types = {
      ForwardRequest: [
        { name: "from", type: "address" },
        { name: "to", type: "address" },
        { name: "value", type: "uint256" },
        { name: "gas", type: "uint256" },
        { name: "nonce", type: "uint256" },
        { name: "deadline", type: "uint48" },
        { name: "data", type: "bytes" },
      ],
    };
  });
```


署名者である `user` と署名者ではない `otherUser` というアドレスを用意しています。その後、`TrustedForwarder` コントラクトと `MetaTransactionNFT` コントラクトをデプロイしています。このとき、`MetaTransactionNFT` コントラクトの信頼できるコントラクトとして `TrustedForwarder` コントラクトを設定しています。

`functionData` というのは、NFTのmintをするための実行データを取得しています。このデータが実際に `execute` 関数から実行されます。

`_domain` は、先ほど説明したEIP712のデータです。 `types` は、EIP712で定義されていた署名するデータの型情報です。

▶NFTのMint

次のようにNFTのMintを行い、正常にNFTコントラクトが動作しているかを確認しています。

```
  it("Should mint NFT correctly", async function () {
    // Mint an NFT as `user`
    await metaTransactionNFT.connect(user).mint();
```

```
    // Check the NFT ownership
    const owner = await metaTransactionNFT.ownerOf(0);
    expect(owner).to.equal(user.address);
  });
```

▶Meta Transactionの実行

まずは、`TrustedForwader` コントラクトに渡すためのデータである `request` を作成しています。

```
  it("Should handle meta-transactions correctly", async function () {
    // Sign the meta-transaction
    const request = {
      from: await user.getAddress(),
      to: await metaTransactionNFT.getAddress(),
      value: 0,
      gas: 100000,
      nonce: await trustedForwarder.nonces(await user.getAddress()),
      deadline: Math.floor(Date.now() / 1000) + 3600, // 1 hour in the future
      data: functionData,
    };

    const signature = await user.signTypedData(domain, types, request);

    const forwardRequest = {
      ...request,
      signature,
    };

    // verify signature
    const verified = await trustedForwarder.verify(forwardRequest);
    expect(verified).to.equal(true);

    // Execute the forward request
    await trustedForwarder.connect(otherUser).execute(forwardRequest);

    // Check the NFT ownership
    const owner = await metaTransactionNFT.ownerOf(1);
    expect(owner).to.equal(await user.getAddress());
  });
```

`request` 内のデータを確認します。

データ	説明
from	トランザクションに署名するユーザーのアドレス。今回は「user」のアドレスを設定している
to	トランザクション実行対象のコントラクトのアドレス。今回は「MetaTransaction NFT」コントラクトのアドレスを設定している
value	送金額。今回はNFTは無料でMintで送付するETHがないため、「0」に設定している
gas	トランザクション実行時のガスの最大消費量を設定している
nonce	トランザクションに署名したアドレスごとに管理されている「nonce」を指定している。今回は「user」アドレスに署名をするため、現在の「nonce」の値を取得して設定している
deadline	トランザクションの有効期限を指定している。1時間の間に実行しないとトランザクションが無効になるように有効期限を設定している
data	トランザクション実行データを指定している。今回は先ほど説明した、mintトランザクションの実行データを設定している

`signTypedData` を使用して、EIP712の仕組みを利用した署名データを取得して `signature` に格納しています。

最後に `request` の末尾に `signature` を追加して `verify` 関数を実行しています。検証が行われて問題がなければ `true` が返され、最後に `execute` 関数を実行してmint処理を実行しています。

実行が完了したのち、本当にmintできているかの確認のために `ownerOf` 関数を実行しています。mintしたNFTの `tokenId` は `1` であるため、所有者情報を確認して `user` であることが確認できました。

▶署名検証の失敗

最後に、署名検証がちゃんと失敗するかをテストしています。

`request` データの `from` のアドレスを `otherUser` に変えます。それ以外の処理は先ほどの成功パターンと同じにしているので、`verify` 関数実行時に検証が失敗して `false` が返されるかを確認しています。

```
it("Should revert invalid forward request", async function () {
  // Create an invalid forward request
  const request = {
    from: await otherUser.getAddress(),
    to: await metaTransactionNFT.getAddress(),
    value: 0,
    gas: 100000,
    nonce: await trustedForwarder.nonces(await otherUser.getAddress()),
    deadline: Math.floor(Date.now() / 1000) + 3600, // 1 hour in the future
    data: functionData,
  };

  const signature = await user.signTypedData(domain, types, request);
```

```
    console.log(`signature: ${signature}`);

    const invalidRequest = {
      ...request,
      signature,
    };

    // verify signature
    const verified = await trustedForwarder.verify(invalidRequest);
    expect(verified).to.equal(false);
  });
```

▶テストの実行

ここまでテストファイルの解説をしてきました。

最後に下記のコマンドを実行して、コントラクトのテスト結果を確認します。

```
$ yarn test
```

下記のようにチェックマークが3つついていれば実行成功です。

```
  MetaTransactionNFT and TrustedForwarder
    ✔ Should mint NFT correctly
    ✔ Should handle meta-transactions correctly
signature: 0x163dfd07b5e63a486dbb1c41d8fd5ec8d27b8b0a8910df192e825753f7ac95
12526d845a08c7a1b9d4c39737e7ce6a324e98dca47dc942364e27577244319dff1c
    ✔ Should revert invalid forward request


  3 passing (143ms)
```

ローカルノードにデプロイ

コントラクトのテストが完了したので、ローカルノードを起動してコントラクトをデプロイしていきます。

まずは、コントラクトのデプロイスクリプトを書き換えていきます。 `meta_transaction/packages/hardhat/deploy/00_deploy_your_contract.ts` を開いて、下記のように編集してください。

SAMPLE CODE 00_deploy_your_contract.ts

```
import { HardhatRuntimeEnvironment } from "hardhat/types";
import { DeployFunction } from "hardhat-deploy/types";

const metaTransactionContract: DeployFunction =
```

```
  async function (hre: HardhatRuntimeEnvironment) {
  const { deployer } = await hre.getNamedAccounts();
  const { deploy } = hre.deployments;

  // Deploy TrustedForwarder
  const trustedForwarder = await deploy("TrustedForwarder", {
    from: deployer,
    args: ["TrustedForwarder"],
    log: true,
    autoMine: true,
  });

  // Deploy MetaTransactionNFT

  await deploy("MetaTransactionNFT", {
    from: deployer,
    args: [trustedForwarder.address],
    log: true,
    autoMine: true,
  });
};

export default metaTransactionContract;

metaTransactionContract.tags = ["MetaTransactionNFT"];
```

`TrustedForwarder` コントラクトと `MetaTransactionNFT` コントラクトをデプロイしている、シンプルなスクリプトです。

では、ローカルノードを起動してコントラクトをデプロイしていきます。まずは、`meta_transaction` ディレクトリで下記のコマンドを実行してください。

```
$ yarn chain
```

次に別のターミナルのタブを開いて、`meta_transaction` ディレクトリで下記のコマンドを実行してください。

```
$ yarn deploy
```

下記のように出力されていればデプロイ成功です。

```
deploying "TrustedForwarder" (tx: 0x9b83b85d1b3c975c54748a9de475fa1e1cb033f
2ddf10990f19bb04b01ac3d8b)...: deployed at 0x5FbDB2315678afecb367f032d93F64
2f64180aa3 with 923687 gas
```

```
deploying "MetaTransactionNFT" (tx: 0xf9a527985e976d77d9a1d00f23cd791e6a119
47fea83900cd4df948f00a0d442)...: deployed at 0xe7f1725E7734CE288F8367e1Bb14
3E90bb3F0512 with 1069951 gas
📝 Updated TypeScript contract definition file on ../nextjs/contracts/
deployedContracts.ts
```

Ⅲ フロントエンドの起動

Scaffold-ETHの強みは、フロントエンドアプリケーションがデフォルトで実装されている点です。実装したコントラクトをフロントエンドで試すことができるので、今回はNFTのmintだけですが実行していきます。

ローカルノードへのデプロイを実行したターミナルのタブを使用して、下記のコマンドを実行してください。

```
$ yarn start
```

下記のように出力されるので、`http://localhost:3000` をブラウザで開いてください。開くまで少し時間がかかりますが、下図のような画面が表示されます。

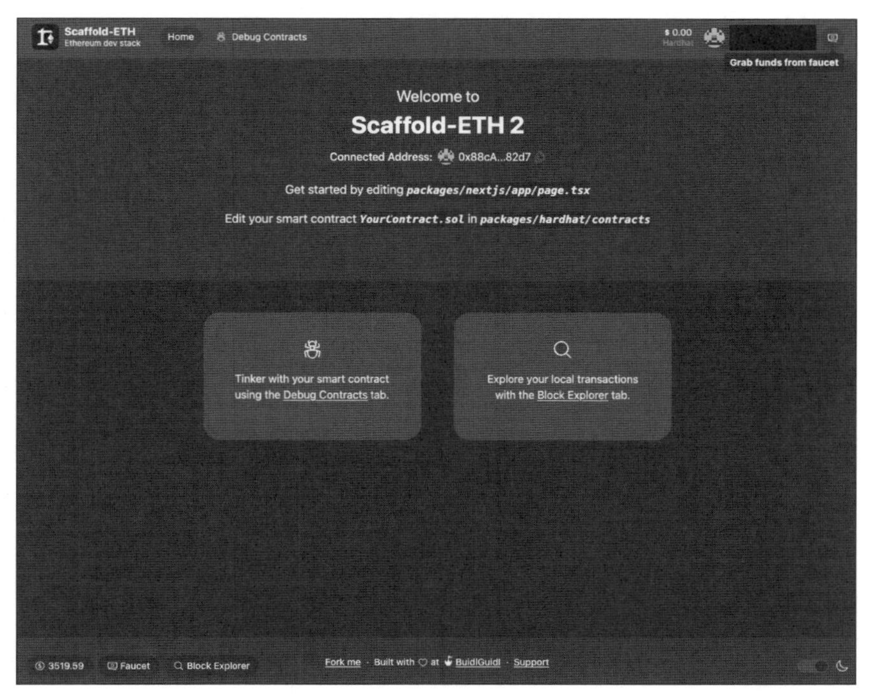

下図のように、右上に「Wrong network」と表示されている場合は、ローカルノード(Hardhatを使用しているHardhatネットワーク)がMetaMaskに追加されていません。

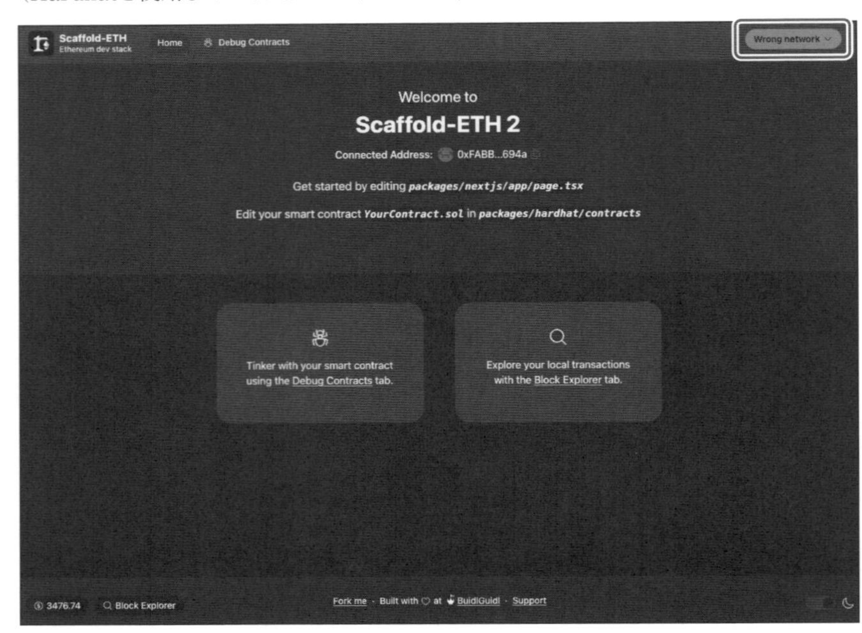

下図のように、「Wrong network」をクリックして、「Switch to Hardhat」をクリックしてください。

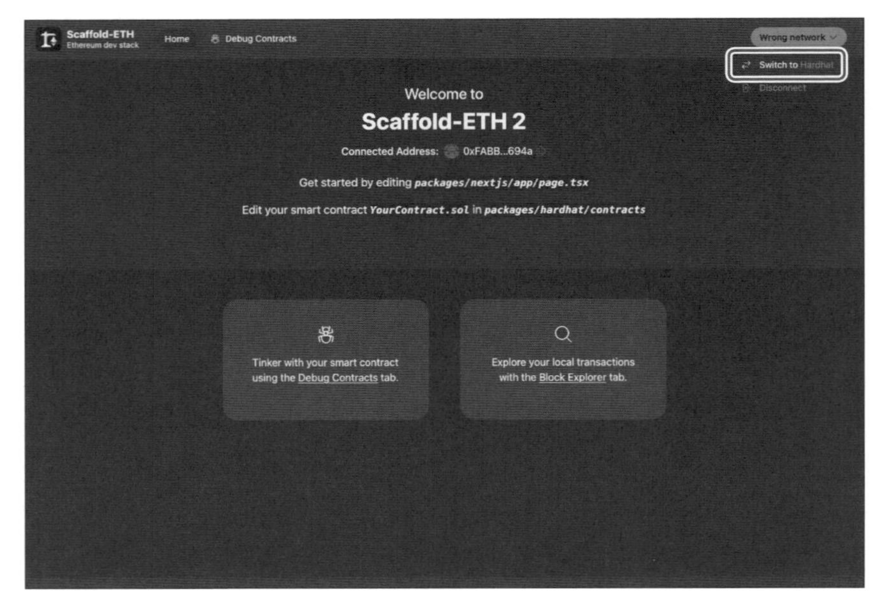

下図のようにMetaMaskの確認画面が表示されるので「Approve」をクリックしてください。

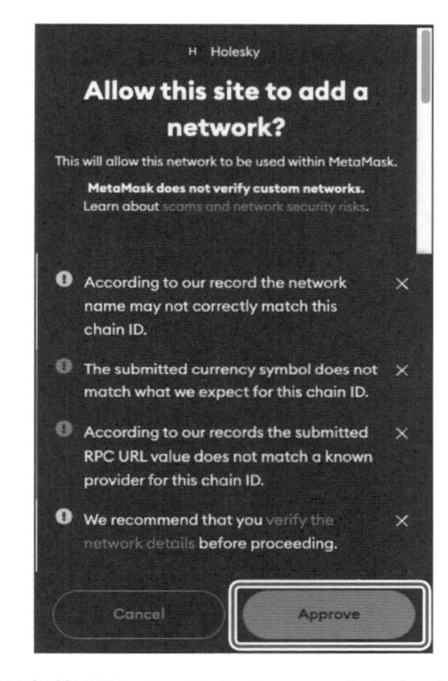

今回はローカルノードを使用しているため、ローカルノードで使用できるアドレスをMetaMaskに追加する必要があります。

まずは、下図のようにアドレス名の部分をクリックしてください。

すると下図のような画面が開くので、一番下にある「アカウントまたはハードウェアウォレットを追加」をクリックしてください。

次に下図のようにアカウントの追加方法の確認を求められるので、「アカウントをインポート」をクリックしてください。

下図のようなアカウントインポート画面が開きます。たとえば、他の端末で使用しているMetaMaskや他ウォレットのアカウントを追加するとき、この部分に秘密鍵を入力します（秘密鍵は誰にも知られないようにしてください）。

今回はローカルノードのアドレスを使用していくため、先ほど `$ yarn chain` コマンドでローカルノードを起動したターミナルの画面に戻ってください。実行してすぐに `Accounts` という項目と19個ほどアドレスと秘密鍵のペアが出力されているのが確認できるはずです。

`Accounts` 内の一覧上のアドレス（ `Account #0` ）の秘密鍵（ `Private Key` ）をコピーして、下図の「秘密鍵の文字列をここに貼り付けます」という部分に貼り付けて、「インポート」をクリックしてください。

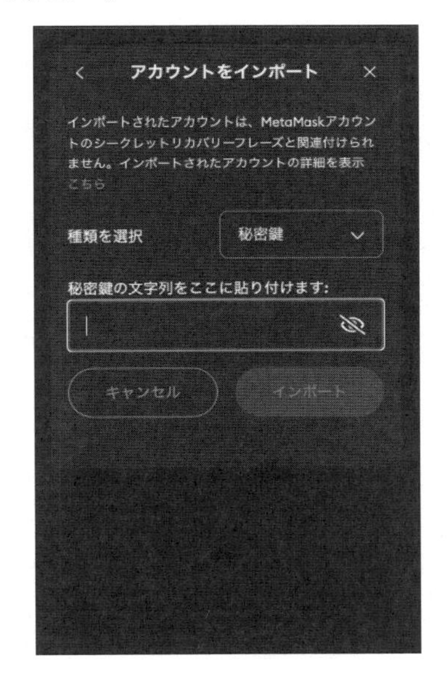

そうすると、MetaMaskに `Account #0` のアドレスが追加されます。

MetaMaskで表示されているアドレスは、ローカルノードで使用できるアドレスに切り替わりましたが、右上に表示されているアドレスがことなったり、「Connect Wallet」になっていると思います。

そのため、まずはサイトとMetaMaskの接続を行っていきます。すでに何らかのアドレスが右上に表示されている場合は、下図のようにアドレス部分をクリックして、「Disconnect」を選択してください。

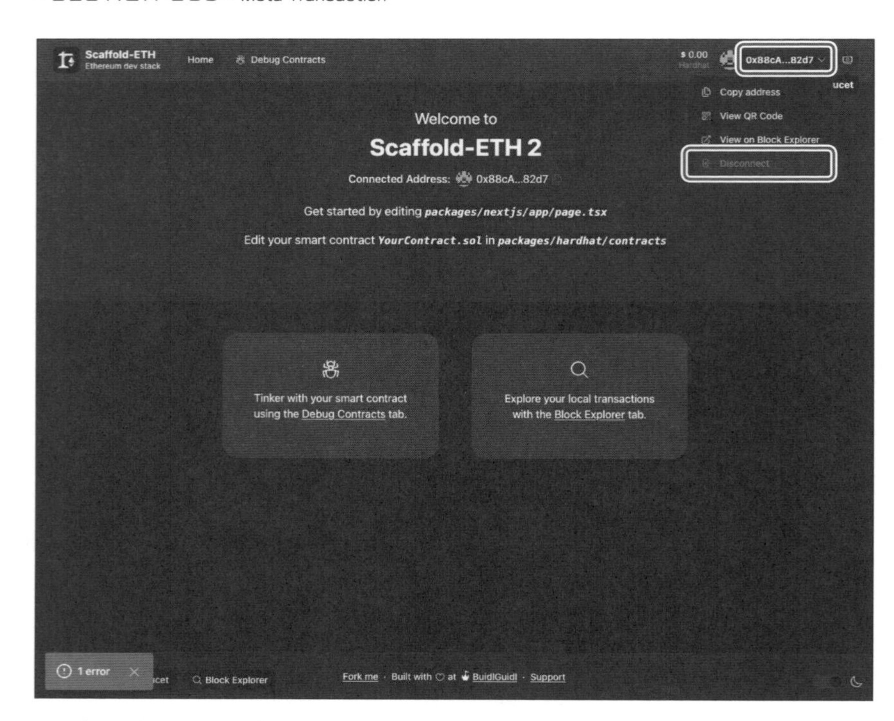

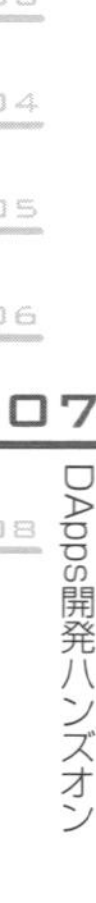

そうすると、下図のように「Connect Wallet」に切り替わります。

ここからは、すでにウォレットが接続されている人もいない人も同様の手順になります。

下図の右上にある「Connect Wallet」をクリックすると、接続するウォレットの一覧がモーダルで表示されます。「MetaMask」をクリックしてください。

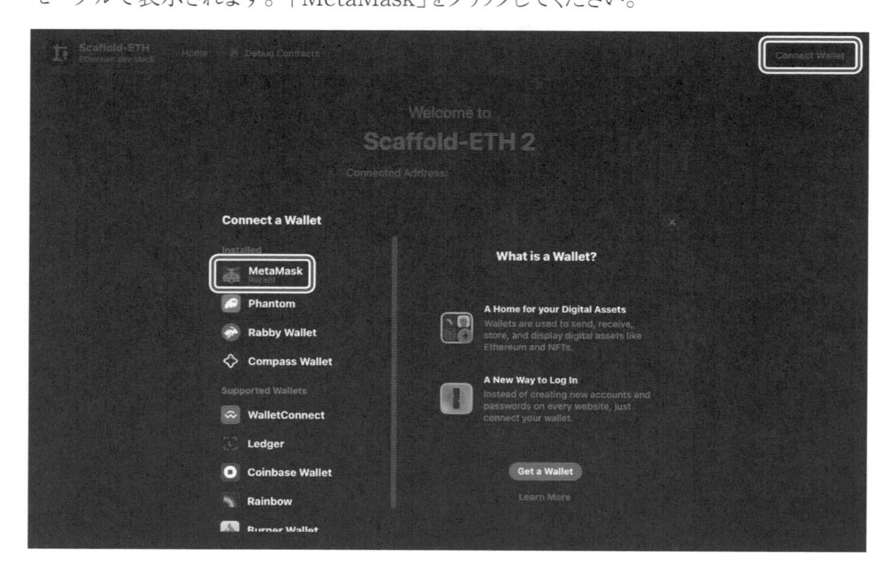

そうすると、下図のように右上にアドレスが表示されて、保有ETHが「10000 ETH」前後になっているはずです。ローカルノードなので、ETHが十分に割り当てられています。

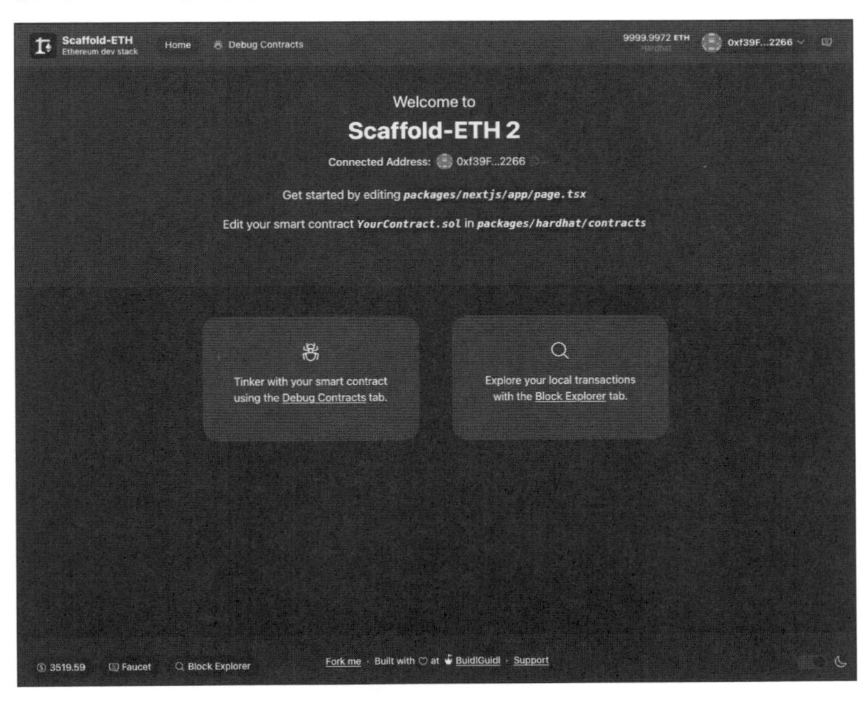

「Debug Contracts」をクリックすると、下図のような画面が表示されます。

ここには、先ほどローカルノードにデプロイしたコントラクトの各関数が表示されています。Scaffold-ETHでは、この画面からトランザクションを実行することができるようになっています。「MetaTrsanctionNFT」が選択されていることを確認して、下の方にスクロールしてください。

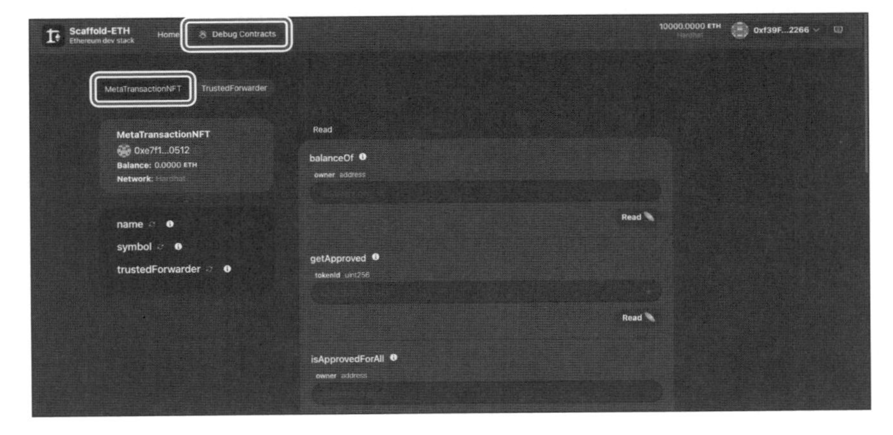

そうすると、「mint」関数が見つかるので、右にある「Send」ボタンをクリックしてください。下図のようにMetaMaskが起動して署名モーダルが表示されます。

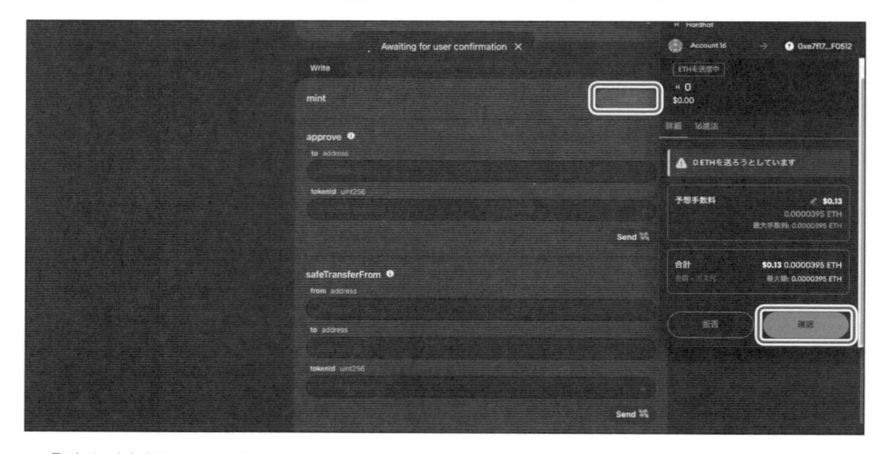

「確認」を押してしばらくするとトランザクションが完了して、下図のように「Transaction Receipt」が表示されます。

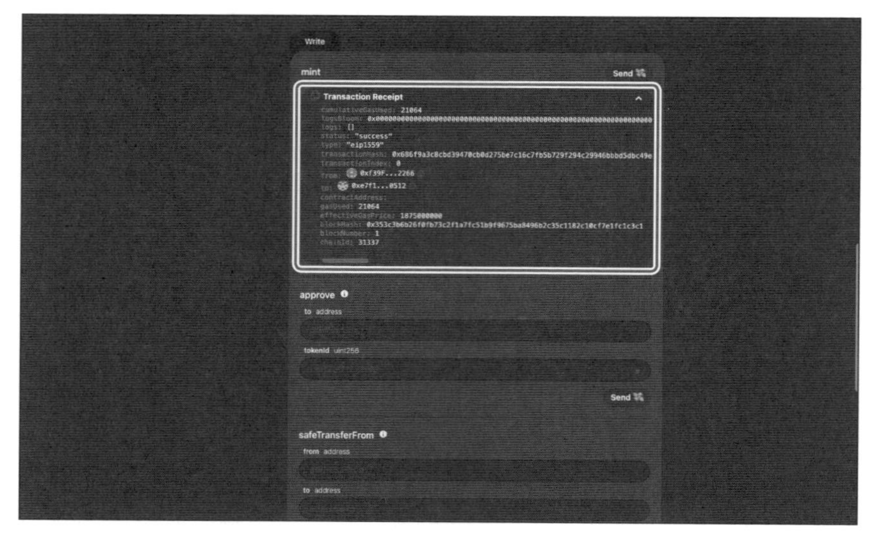

これでMeta Transactionのハンズオンは完了です。

まとめ

このハンズオンでは、Meta Transactionのコントラクトの実装や仕組みを理解してきました。仕組みが複雑ですが、よく使用される機能なので知っておいて損はないです。

また、Scaffold-ETHを使用すると、Explorerやローカルノードに対してコマンドを実行することなくトランザクションの実行や関数の挙動を確認できるので非常におすすめです。

SECTION-066

Upgradeable

本節では、ハンズオンとしてコントラクトのUpgradeの実装をしていきます。コントラクトをUpgradeできるようにすると、ロジックを変更したくなった時に呼び出すコントラクトのアドレスを変更せずにロジックを更新することができます(99ページをまだ読んでいない方はそちらを読んでからのほうが理解が深まります)。

コードは、下記のGitHub内にあります。

URL https://github.com/cardene777/dapps_book

上記の `dapps_book` リポジトリの `upgradeable` ディレクトリ内にまとめています。

準備

今回はHardhatを使用してコントラクトを作成していきます。まずは、Hardhat環境を作成していくので、下記のコマンドを実行してください。

```
$ mkdir upgradeable
$ cd upgradeable
$ npx hardhat init
```

選択が求められるので、下記のように選択してください。

```
Need to install the following packages:
hardhat@2.22.17
Ok to proceed? (y) y
888    888                      888 888               888
888    888                      888 888               888
888    888                      888 888               888
8888888888  8888b.  888d888 .d88888 88888b.   8888b.  888888
888    888     "88b 888P"  d88" 888 888 "88b     "88b 888
888    888 .d888888 888    888  888 888  888 .d888888 888
888    888 888  888 888    Y88b 888 888  888 888  888 Y88b.
888    888 "Y888888 888     "Y88888 888  888 "Y888888  "Y888

👷 Welcome to Hardhat v2.22.17 👷

✔ What do you want to do? · Create a TypeScript project (with Viem)
✔ Hardhat project root: · /Users/akira/Desktop/project/dapps_book/
upgradeable
✔ Do you want to add a .gitignore? (Y/n) · y
✔ Do you want to install this sample project's dependencies with npm (hardhat
@nomicfoundation/hardhat-toolbox-viem)? (Y/n) · y
```

不要なコントラクトを削除します。

```
$ rm contracts/Lock.sol
```

次に`Openzeppelin`が提供している`Upgrade`ライブラリをインストールしています。

```
$ npm install --save-dev @openzeppelin/hardhat-upgrades
$ npm install @openzeppelin/contracts-upgradeable
```

インストールが完了したら、`hardhat.config.ts`ファイルを下記のようにしてください。

SAMPLE CODE hardhat.config.ts

```
import type { HardhatUserConfig } from "hardhat/config";
import "@nomicfoundation/hardhat-toolbox-viem";
import "@openzeppelin/hardhat-upgrades";

const config: HardhatUserConfig = {
  solidity: "0.8.28",
};

export default config;
```

コントラクトの作成

準備が完了したので、次にコントラクトを作成していきます。
まずは下記のコマンドを実行してコントラクトのファイルを作成します。

```
$ touch contracts/UpgradeERC721.sol
```

Solidityファイルを作成できたら、下記のコントラクトコードを記載してください。

SAMPLE CODE UpgradeERC721.sol

```
// SPDX-License-Identifier: UNLICENSED
pragma solidity 0.8.28;

import {ERC721Upgradeable} from
    "@openzeppelin/contracts-upgradeable/token/ERC721/ERC721Upgradeable.sol";
import {OwnableUpgradeable} from
    "@openzeppelin/contracts-upgradeable/access/OwnableUpgradeable.sol";
import {Initializable} from
    "@openzeppelin/contracts-upgradeable/proxy/utils/Initializable.sol";

contract UpgradeERC721 is
    Initializable,
     ERC721Upgradeable,
```

```
    OwnableUpgradeable
{
    string private _baseTokenURI;
    uint256 private _nextTokenId;
    /// @custom:oz-upgrades-unsafe-allow constructor
    constructor() {
        _disableInitializers();
    }

    /// @notice 初期化関数
    function initialize(
        string memory name,
        string memory symbol,
        string memory baseTokenURI
    ) public initializer {
        __ERC721_init(name, symbol);
        __Ownable_init(msg.sender);

        _baseTokenURI = baseTokenURI;
    }

    /// @notice トークンをミント
    function mint(address to) external onlyOwner {
        _mint(to, _nextTokenId);
        _nextTokenId++;
    }

    /// @notice ベースURIを設定
    function setBaseTokenURI(string memory baseTokenURI) external onlyOwner {
        _baseTokenURI = baseTokenURI;
    }

    /// @notice トークンURIを取得
    function _baseURI() internal view override returns (string memory) {
        return _baseTokenURI;
    }

    /// @notice 新しいロジックを追加できる例
    function burn(uint256 tokenId) external onlyOwner {
        _burn(tokenId);
    }

    function getNextTokenId() external view returns (uint256) {
```

```
        return _nextTokenId;
    }
}
```

コントラクトの解説

これまで作成してきたERC721形式のNFTコントラクトとは異なる部分を中心に解説していきます。

まずは下記の部分で他のコントラクトをインポートして継承しています。

```
import {ERC721Upgradeable} from
    "@openzeppelin/contracts-upgradeable/token/ERC721/ERC721Upgradeable.sol";
import {OwnableUpgradeable} from
    "@openzeppelin/contracts-upgradeable/access/OwnableUpgradeable.sol";
import {Initializable} from
    "@openzeppelin/contracts-upgradeable/proxy/utils/Initializable.sol";

contract UpgradeERC721 is
    Initializable,
    ERC721Upgradeable,
    OwnableUpgradeable
{
```

今回は `ERC721Upgradeable` 、`OwnableUpgradeable` 、`Initializable` の3つのコントラクトを読み込んでい継承をしています。

`ERC721` と `Ownable` コントラクトとは機能はほとんど同じです。明確に異なる点としては、`__ERC721_init` や `__Ownable_init` などの初期化関数が存在することです。

初期化関数とは、簡単にいうと一度だけ実行される関数です。 `constructor` と似ている関数ですが、Upgradeableなコントラクトでは `constructor` を使用することができません。

理由としては、`constructor` がコントラクトのデプロイ時に実行されてしまうためです。もし `constructor` が実行されてしまうと、本来データを持たない `Impementation` コントラクトの方にデータが保存されてしまい、`Proxy` コントラクトに保存されません。

そのため、下記のように `Implemantation` コントラクトのほうでは、`constructor` を実行できないようにします。

```
/// @custom:oz-upgrades-unsafe-allow constructor
constructor() {
    _disableInitializers();
}

function initialize(
```

```
    string memory name,
    string memory symbol,
    string memory baseTokenURI
) public initializer {
    __ERC721_init(name, symbol);
    __Ownable_init(msg.sender);

    _baseTokenURI = baseTokenURI;
}
```

`initialize`という初期化関数が作成されています。この関数は`initializer`修飾子により、一度だけ実行されるように制御されています。

`_disableInitializers`関数は下記のように定義されています。

```
function _disableInitializers() internal virtual {
    // solhint-disable-next-line var-name-mixedcase
    InitializableStorage storage $ = _getInitializableStorage();

    if ($._initializing) {
        revert InvalidInitialization();
    }
    if ($._initialized != type(uint64).max) {
        $._initialized = type(uint64).max;
        emit Initialized(type(uint64).max);
    }
}
```

これは、まず`Implementation`コントラクトからデプロイされるため、このとき、`construcor`が実行されるが`initialize`関数は実行されないようにしています。

これはデータがどこに保存されているかがポイントです。最初にImplementationコントラクトをデプロイしたときは、データは`Implementation`コントラクトに保存されています。次に`Proxy`コントラクト経由で`initialize`関数を実行するときは、`Proxy`コントラクトのデータが使用されます。

これにより下記のように`construcor`と`initialize`関数を制御しています。

1. Implementationコントラクトをデプロイする。
    - Implementationコントラクトにデータが保存される。
    - 「construcor」は実行されて、「initialize」関数は実行できない。
2. Proxyコントラクトをデプロイする。
    - Proxyコントラクトにデータが保存される。
    - Proxyコントラクト内では、まだ初期化が行われていないため「initialize」関数を実行する。

ここが主な変更点で、他は今までのコントラクトと同じです。

コントラクトのコンパイル

コントラクトの内容を確認できたところで、次にコントラクトをコンパイルしていきます。
`upgradeable` ディレクトリで下記のコマンドを実行してください。

```
$ npx hardhat compile
```

下記のように出力されればコンパイル成功です。

```
Compiled 17 Solidity files successfully (evm target: paris).
```

デプロイスクリプトの作成

コンパイルができたので、次にデプロイスクリプトを作成していきます。
まずは、下記のコマンドを実行してデプロイスクリプトを作成していきます。

```
$ touch ignition/modules/UpgradeERC721.ts
```

ファイルの作成が成功したら、下記のコードを記載してください。

SAMPLE CODE UpgradeERC721.ts

```
import { ethers, upgrades } from "hardhat";

export const UpgradeERC721Module = async () => {
  const UpgradeERC721Factory =
    await ethers.getContractFactory("UpgradeERC721");

  const proxy = await upgrades.deployProxy(UpgradeERC721Factory, [
    "UpgradeERC721",
    "UGE",
    "https://example.com/api/metadata/",
  ], {
    initializer: "initialize",
      kind: "transparent",
    }
  );

    console.log("proxy", proxy.target);

  await proxy.mint("0xf39Fd6e51aad88F6F4ce6aB8827279cffFb92266");
  const balance =
    await proxy.balanceOf("0xf39Fd6e51aad88F6F4ce6aB8827279cffFb92266");
  console.log("balance", balance);
  const owner = await proxy.ownerOf(0);
  console.log("owner", owner);
```

```
  return { proxy };
};

UpgradeERC721Module().then((result) => {
  console.log("result", result);
});
```

`getContractFactory` の部分でデプロイするコントラクトを取得して、Openzeppelinが提供しているライブラリである `upgrades.deployProxy` を使用してデプロイしています。Updradeの方式は `kind: "transparent"` とあるようにTransparentを使用しています。

コントラクトがデプロイできたら、`mint` 関数を実行して `balanceOf` と `ownerOf` を実行することでちゃんとmintされたかを確認しています。`balance` 変数の値が `1` で、`owner` の値が `"0xf39Fd6e51aad88F6F4ce6aB8827279cffFb92266"` となっていればOKです。

ローカルノードにデプロイ

今回はローカルノードを起動して、コントラクトのデプロイと「mint」の実行の検証をしていきます。まずは、下記のコマンドを実行してローカルノードを起動します。

```
$ npx hardhat node
```

下記のように出力されていれば実行は成功です。

```
Accounts
========

WARNING: These accounts, and their private keys, are publicly known.
Any funds sent to them on Mainnet or any other live network WILL BE LOST.

Account #0: 0xf39Fd6e51aad88F6F4ce6aB8827279cffFb92266 (10000 ETH)
```

そして、別タブでターミナルを起動して下記のコマンドを実行してください。

```
$ npx hardhat run ./ignition/modules/UpgradeERC721.ts
```

下記のように出力されていれば実行成功です。

```
proxy 0xe7f1725E7734CE288F8367e1Bb143E90bb3F0512
balance 1n
owner 0xf39Fd6e51aad88F6F4ce6aB8827279cffFb92266
```

まとめ

このハンズオンでは、コントラクトのアップグレードの実装について見てきました。アップグレードの方法は複数あるので、ぜひ他のアップグレードの方法も試して見てください。

SECTION-067

本章のまとめ

本章では3つのハンズオンを行ってきました。

複数の開発ツールを使用したり、さまざまなコントラクトの開発を行ってきたのでSolidityやDAppsへの理解度は深まっていると思います。

ただ、本書のハンズオンに沿うだけでなく、自身でコントラクトをアップデートしたりフロントエンドが内ハンズオンでフロントエンドも作成してみたり、1からまったく新しいコントラクトを作成してみてください。

自身で実装することが一番SolidityやDAppsの理解度を深めるため、より早く確実にスキルアップできるようになります。

CHAPTER 08

DAppsで使用されているさまざまな技術

Account Abstraction

本節では、Account Abstraction(AA)と呼ばれる技術について説明していきます。

Ethereumのアカウント

24ページで説明しているように、Ethereumには、「EOA(Externally Owned Account)」と「CA(Contract Account)」の2つのアカウントが存在します。

それぞれ次のような特徴があります。

▶EOA

ユーザーがMetaMaskなどのウォレットで使用するアカウントです。秘密鍵を使用してトランザクションに署名を行い送信することができます。

EOAには次のような制約があります。

●秘密鍵を失うとアカウントのアクセス権を完全に失ってしまう

EOAにはそれぞれユニークな秘密鍵が紐付いています。この秘密鍵を使用してトランザクションを送信したり、アカウントの管理を行うことができます。しかし、秘密鍵を紛失してしまうと2度とそのアカウントを復元できなくなってしまいます。

●署名方式が決まっている

Ethereumでは、ECDSAという署名アルゴリズムを使用しています。EOAでは、ECDSA署名を作成してトランザクションを送信しています。そのため、ECDSA以外の署名方式を使用することができません。

●トランザクションのガス代にネイティブトークンであるETHしか使用できない

トランザクションを送信するときに、ネイティブトークンであるETHを支払う必要があります。このとき、任意のERC20トークンを支払うことはできず、ETHのみしか支払いに使用できません。

●複数人による署名や条件付きの処理を組み込めない

トランザクションを送信するとき、複数の秘密鍵による署名をもとにトランザクションを送信したり、特定の条件(一定期間後にトランザクションを送信など)をもとにトランザクションを実行することができません(もちろんオフチェーンアプリケーションと組み合わせることで実行はできますが、EOA単体ではこれらのことの実現は難しいです)。

▶CA

スマートコントラクトによって制御されているアカウントです。さまざまな処理を実装することができますが、秘密鍵を保有していないためトランザクションに署名ができず、トランザクションを送信することができません。

Account Abstraction(AA)とは

Account Abstraction(AA)とは、この2つのアカウントの差をなくして抽象化する仕組みです。これにより、次のようなことができるようになります。

▶任意の署名方式

ECDSA以外の署名方式を使用することができます。

▶ソーシャルリカバリー

ソーシャルリカバリーとは、ユーザーが管理している秘密鍵を紛失してしまったり漏洩してしまった際に、別の秘密鍵を使用できるようにする仕組みのことです。

▶複数トランザクション実行

複数のトランザクションを1つにまとめて、1つのトランザクションとして実行することができます。

▶セッションキー

毎回トランザクションに署名せずに、設定した条件の範囲内で署名が不要になります。セッションの有効期限やトランザクションでのガス消費の最大量などを設定します。これにより、たとえばゲームなどにおいて署名をせずにトランザクションを実行することができます。

▶複数署名

複数の署名がないとトランザクションを送信することができない仕組みを実装できます。また、これは署名に限らず指紋認証や顔認証・Google認証などを使用することもできます。

EthereumのAA

AAを使用するにはブロックチェーンのアップデートが必要です。ただし、ブロックチェーンのアップデートは入念な検証やコミュニティでの議論をもとに行われるため頻繁に行われません。そのため、早くても数年先の導入になってしまいます。

そこで、ERC4337という、ブロックチェーンのアップデートを行わずにAAを実装する方法が提案されました。これにより、完全なAAではないですが、コントラクトアカウントを使用してトランザクションを送付できるような仕組みの実現が可能になりました。

ERC4337

ここでは、ERC4337について簡単に説明していきます。

▶リクエストの作成

まずは、各ユーザーが実行したい内容を、`UserOperation`という形式で提出します。`UserOperation`には次ページの表の情報が格納されています。

●UserOperationに格納されている情報

フィールド名	型	説明
sender	address	トランザクション実行アドレス
nonce	uint256	同じ処理が2回以上実行されないようにするアドレスごとのユニーク値
factory	address	CAを作成するコントラクトのアドレス。CAを新規作成したい場合に必要。
factoryData	bytes	CAを新規作成時に必要な追加データ。CAを新規作成したい場合に必要。
callData	bytes	senderに渡すデータ
callGasLimit	uint256	使用できるガスの最大量
verificationGasLimit	uint256	トランザクション検証時のガスの最大量
preVerificationGas	uint256	実際にトランザクションを実行するバンドラーに支払うガス
maxFeePerGas	uint256	1ガスあたりの最大手数料
maxPriorityFeePerGas	uint256	1ガスあたりの最大優先手数料
paymaster	address	ガス代を負担してくれるアドレス
paymasterVerificationGasLimit	uint256	Paymasterによって、リクエストが有効かどうかを検証時するために使用されるガスの最大量
paymasterPostOpGasLimit	uint256	Paymasterによって、トランザクション実行後に行われる処理時に使用されるガスの最大量
paymasterData	bytes	Paymasterに渡す追加データ
signature	bytes	署名データ

▶リクエストの収集

それぞれの `UserOperation` は、`UserOperation mempool` と呼ばれる場所に格納されます。そして、`Bundler` と呼ばれるEOAが、`UserOperation mempool` から実行する `UserOperation` を複数取得します。

`Bundler` はEOAであるため、トランザクションの送付を行うことができます。

ERC4337では、トランザクションのリクエストを特定のEOAに送付して、そのEOAからまとめてトランザクションを実行するような仕組みをとっています。

▶トランザクションの検証

実行したい複数の `UserOperation` に対して、1つずつ検証を行います。たとえば、署名の検証や送金額が正しいか、ガス代が足りているかなどです。

このとき、`Entry point contract` というコントラクトが利用され、このコントラクトから検証の処理を実行しています。

▶トランザクションの実行

トランザクションの検証が完了したら、実際にトランザクションを実行していきます。このとき、複数の処理を1つのトランザクションにまとめて実行しています。

また、実行するガス代を負担してくれる `PayMaster` という存在がいます。あらかじめ `Entry point contract` にガス代を預けておき、預けたガス代まで負担してくれます。 `UserOperation` でも、`PayMaster` 関連のフィールドがいくつかあったと思います。

この一連の流れがERC4337の仕組みになります。意外とシンプルな仕組みとなっていますが、実装するとなるとより深い理解が必要になります。ぜひ興味を持った方は調べて実装までしてみてください。

EIP7702

ERC4337を使用した場合、これまで使用していたEOAを使用せず、新しくCAを作成する必要があります。そのため、これまで使用していたEOAが使用できなくなるため、移行のハードルがある程度存在します。

そこでEOAをCAに変換する提案がされました。その中の1つがEIP7002です。

EIP7702は、新たにオペコードを追加して、トランザクション実行中のみコードをEOA内に入れ込むことで一時的にコントラクトアカウントに変更させる提案です。

EOAアドレスはコードを保有していません。一方、CAはコードを保有しており、さまざまな処理を実行することができます。

そこで、一時的にEOAに特定の処理を実行するコードを入れ込むことで、バッチ処理や権限の制限といった機能を持つことができるようになります。

EIP7702は、2025年に実行予定のPectraアップデート内容に含まれています。

Bridge

Ethereumブロックチェーン上で、ERC721形式のNFTやERC20形式のFTを送付することは、これまで説明してきたことをもとに実行できます。

では、異なるブロックチェーン同士でトークンのやり取りを行うとなるとどうでしょうか。ブロックチェーン同士は直接接続することができないため、Bridgeという仕組みを使用してやり取りする必要があります。

本節では、Bridgeについて説明していきます。

Bridgeの構成要素

まずは、Bridgeに必要な構成要素を1つずつ簡単に説明していきます。ここではERC20トークンの送付を想定しています。

▶FTコントラクト

各チェーンで使用することができるERC20形式のFTコントラクトです。2つのブロックチェーン上に同じFTコントラクトをデプロイする必要があります。

▶Bridgeコントラクト

BridgeしたいERC20トークンを受け取って別のブロックチェーンに送付するリクエストを送信したり、ERC20トークンを別のブロックチェーンから受け取るコントラクトです。2つのブロックチェーン上にデプロイする必要があります。他のブロックチェーンとやり取りする窓口となるコントラクトになります。

▶Oracle

オフチェーン(ブロックチェーン外)で管理されていて、各ブロックチェーン上のBridgeコントラクトからリクエストを受け取ったり、リクエストを送付してブロックチェーン間でリクエストを中継します。

▶EOA

ERC20トークンを送りたいアドレスとERC20トークンを受け取るアドレスです。

Bridgeのパターン

たとえば、EthereumからAvalancheと呼ばれるブロックチェーンにERC20トークンを送付したいとします。

このとき、代表的なパターンとして次の2つの方法が考えられます。

▶Burn & Mint

1つ目のパターンは、送付元チェーンでNFTをBurnして、送付先チェーンでNFTをMintするパターンです。

◉Burn & Mint形式のBridgeのイメージ

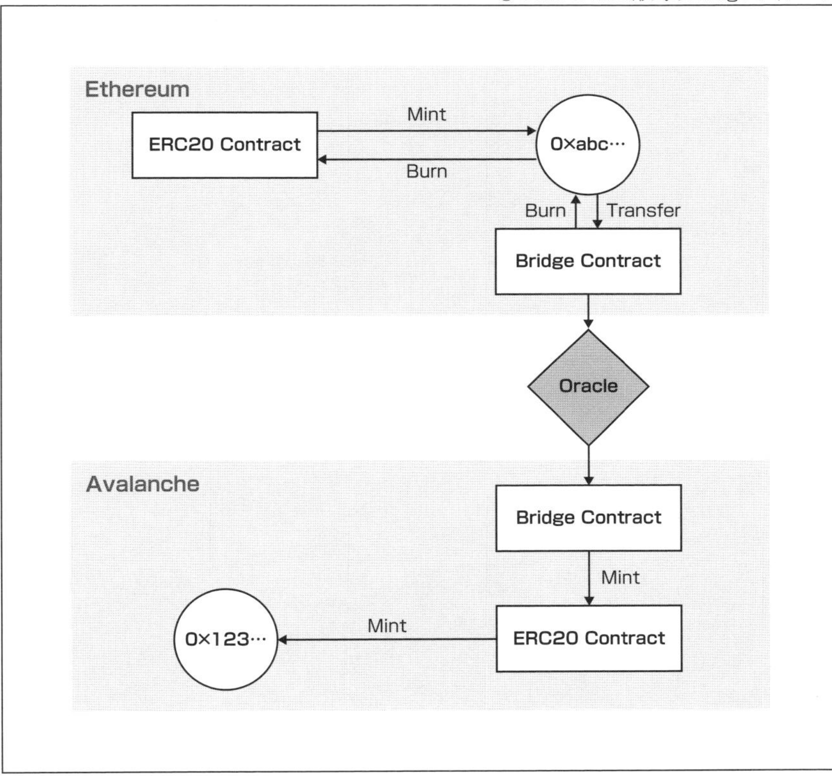

このパターンでは下記の手順で処理を実行しています。

1 FTの送付を行うブロックチェーン(Ethereum)でFTをMintする。

2 MintしたFTをBridgeコントラクトに送付するとともに、送り先ブロックチェーンやFTの送り先アドレス(0x123…)を指定する。

3 FTをBurnしてFTの送付を行うブロックチェーン(Ethereum)からFTの総発行数を減らす。

4 OracleがBridgeコントラクトからのリクエストを受け取り、FTの送付先ブロックチェーン(Avalanche)のBridgeコントラクトを呼び出す。

5 FTの送付先ブロックチェーン(Avalanche)のBridgeコントラクトは、新たにFTを発行(Mint)する。

6 指定されたアドレス(0x123…)にFTを送付する。

▶Lock & Mint

2つ目のパターンは、送付元チェーンでNFTをLockして、送付先チェーンでNFTをMintするパターンです。

●Lock & Mint形式のBridgeのイメージ

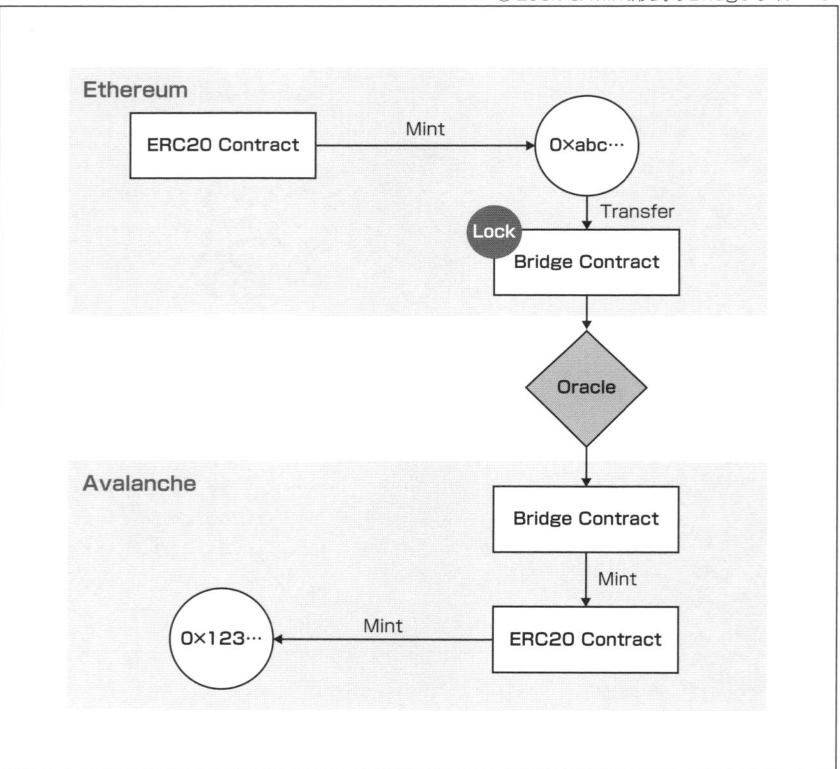

このパターンでは下記の手順で処理を実行しています。

1. FTの送付を行うブロックチェーン(Ethereum)でFTをMintする。
2. MintしたFTをBridgeコントラクトに送付するとともに、送り先ブロックチェーンやFTの送り先アドレス(0x123…)を指定する。
3. FTをLockしてどこにもFTを送付できないようにする。
4. OracleがBridgeコントラクトからのリクエストを受け取り、FTの送付先ブロックチェーン(Avalanche)のBridgeコントラクトを呼び出す。
5. 5FTの送付先ブロックチェーン(Avalanche)のBridgeコントラクトは、新たにFTを発行(Mint)する。
6. 指定されたアドレス(0x123…)にNFTを送付する。

Bridgeパターンの比較

2つのBridgeパターンについて説明しましたが、違いとしては送付元のブロックチェーン上のFTをBurnするかLockするかになります。

Burn & Mintのパターンでは、トークンの総供給量を厳密に管理する必要がある場合に使用されます。

一方、Lock & Mintのパターンでは、FTをBurnしないため送り先チェーンから送付したFTが戻ってくることを想定する場合に使用されます。Lockをすることで送付できなくして、再度トークンが戻ってきた時にUnlockして送付できるようにします。

▌▌▌EPILOGUE

本書の執筆にあたり、多くの方々の協力と助言をいただきました。特に、レビュワーとしてご尽力いただいた下記の皆さまに心より感謝申し上げます。

- Yuki（高橋 祐貴）
  - Superteam Japan Metaplex Japan
  - https://x.com/stand_english
- HARUKI
  - Web3エンジニアコミュニティ「UNCHAIN」運営メンバー
  - https://github.com/mashharuki
- 山口夏生
  - Komlock lab CTO
  - https://x.com/0x_natto
- 鶴岡 聖
  - CryptoGames株式会社 VPoE
  - https://x.com/_akira19
- 白井寛之
  - CryptoGames株式会社 oasys事業部 NFTWars リードエンジニア
  - https://twitter.com/girafferz

また、本書を手に取ってくださった読者の皆さまにも感謝いたします。この本が、Dapps開発の道を歩む上での一助となり、新しい発見や挑戦へのきっかけとなることを願っています。

2025年1月

かるでね

INDEX

記号・数字

A

B

C

H

I

J

K

L

M

N

O

P

Y

あ行

か行

さ行

た行

な行

は行

ま行

や行

ら行

参考文献

イーサリアム - Wikipedia〔https://ja.wikipedia.org/wiki/イーサリアム〕

ブロック〔https://ethereum.org/ja/developers/docs/blocks/〕

トランザクション〔https://ethereum.org/ja/developers/docs/transactions/〕

合意メカニズム〔https://ethereum.org/ja/developers/docs/consensus-mechanisms/〕

プルーフ・オブ・ステーク(PoS)
〔https://ethereum.org/ja/developers/docs/consensus-mechanisms/pos/〕

【完全保存版】EVM(Ethereum Virtual Machine)とは?
〔https://zenn.dev/thirdweb_jp/articles/5da79dd330df51〕

The Ethereum Virtual Machine
〔https://github.com/ethereumbook/ethereumbook/blob/develop/13evm.asciidoc〕

The Ethereum Virtual Machine
〔https://docs.soliditylang.org/en/latest/introduction-to-smart-contracts.html#index-6〕

イーサリアム仮想マシン(EVM)〔https://ethereum.org/ja/developers/docs/evm/〕

NFTコレクション「Bored Ape Yacht Club(BAYC)」とは
〔https://jp.cointelegraph.com/news/bored-ape-yacht-club〕

Metadata Standards〔https://docs.opensea.io/docs/metadata-standards〕

フルオンチェーンNFTの新時代を切り拓くか | dom氏が作成した「ROSES」について徹底解説
〔https://ethereumnavi.com/2022/10/01/what-are-roses/〕

EIP-1: EIP Purpose and Guidelines〔https://eips.ethereum.org/EIPS/eip-1〕

ハードフォーク〔https://bitflyer.com/ja-jp/s/glossary/hard-fork〕

初心者でもわかる仮想通貨のハードフォークとは?特徴を徹底解説
〔https://coincheck.com/ja/article/144〕

EIPs〔https://eips.ethereum.org/〕

Introduction to Ethereum Improvement Proposals(EIPs)
〔https://www.cyfrin.io/blog/introduction-to-ethereum-improvement-proposals-eips〕

EIP・ERC〔https://cardene.notion.site/EIP-2a03fa3ea33d43baa9ed82288f98d4a9〕

ERC-20: Token Standard〔https://eips.ethereum.org/EIPS/eip-20〕

ERC-721: Non-Fungible Token Standard〔https://eips.ethereum.org/EIPS/eip-721〕

ERC721の拡張機能である『ERC721A』について理解しよう!
〔https://qiita.com/cardene/items/4aaed6f3022b84963c0e〕

chiru-labs/ERC721A: https://ERC721A.org〔https://github.com/chiru-labs/ERC721A〕

creator-token-contracts/contracts/erc721c/ERC721C.sol
〔https://github.com/limitbreakinc/creator-token-contracts/blob/main/contracts/erc721c/ERC721C.sol〕

[ERC721C]オンチェーンロイヤリティを強制化する仕組みを理解しよう!
〔https://qiita.com/cardene/items/771c0250f86b09d54f30〕

ERC-3525: Semi-Fungible Token〔https://eips.ethereum.org/EIPS/eip-3525〕

[ERC3525]ERC721とERC20の特徴を併せ持つ半代替性トークンの仕組みを理解しよう!
〔https://qiita.com/cardene/items/9dc7bad8211af65fa285〕

ERC-2981: NFT Royalty Standard〔https://eips.ethereum.org/EIPS/eip-2981〕

[[ERC2981]NFTのロイヤリティ強制化!? ERC2981の仕組みについて理解しよう!
〔https://qiita.com/cardene/items/456ccacca080fd72e3ec〕

ERC-3525: Semi-Fungible Token〔https://eips.ethereum.org/EIPS/eip-3525〕

ERC-6551: Non-fungible Token Bound Accounts
〔https://eips.ethereum.org/EIPS/eip-6551〕

[ERC6551]NFTにスマートコントラクトアカウントを与えるトークンバウンドアカウントの仕組みについて理解しよう!
〔https://qiita.com/cardene/items/8a0e50b939e0c95f3592〕

ERC404〔https://github.com/0xacme/ERC404〕

ERC404とは?〔https://zenn.dev/heku/books/ae7f350cca6e46〕

ERC-4907: Rental NFT, an Extension of EIP-721
〔https://eips.ethereum.org/EIPS/eip-4907〕

[ERC4907]NFTを使用できる期限付きのロールを付与する仕組みを理解しよう!
〔https://qiita.com/cardene/items/253672c18241edcc57eb〕

ERC-5006: Rental NFT, NFT User Extension
〔https://eips.ethereum.org/EIPS/eip-5006〕

[ERC5006]ERC1155のNFTの所有権と使用権を分離した仕組みを理解しよう!
〔https://qiita.com/cardene/items/7c3520f068d7888aa692〕

ERC-5192: Minimal Soulbound NFTs〔https://eips.ethereum.org/EIPS/eip-5192〕

[ERC5192]NFTを送付できなくする『SBT』について理解しよう!
〔https://qiita.com/cardene/items/01b2463cb87f391498a8〕

Solidity Programming Language〔https://soliditylang.org/〕

Solidity 0.8.27 Release Announcement
〔https://soliditylang.org/blog/2024/09/04/solidity-0.8.27-release-announcement/〕

Multi-Sig Wallet〔https://solidity-by-example.org/app/multi-sig-wallet/〕

ERC-2771: Secure Protocol for Native Meta Transactions
〔https://eips.ethereum.org/EIPS/eip-2771〕

[ERC2771]ガス代を他のアドレスに負担させるメタトランザクションの仕組みを理解しよう!
〔https://qiita.com/cardene/items/e84f53471b7a79240f33〕

EIP-712: Typed structured data hashing and signing
〔https://eips.ethereum.org/EIPS/eip-712〕

ERC4337
〔https://mirror.xyz/0xcE77b9fCd390847627c84359fC1Bc02fC78f0e58/-qoixMc413uT4FFM61uhXYUiL05Hw-wahq9hV_JtjJs〕

Account Abstraction(ERC4337)を、具体的な処理を追ってしっかりと理解してみましょう。
〔https://zenn.dev/yuki2020/articles/00242351b3b3aa〕

ERC-4337: Account Abstraction Using Alt Mempool
〔https://eips.ethereum.org/EIPS/eip-4337〕

ERC 4337: account abstraction without Ethereum protocol changes
〔https://medium.com/infinitism/erc-4337-account-abstraction-without-ethereum-protocol-changes-d75c9d94dc4a〕

Account Abstraction(アカウント抽象化)とは?
〔https://medium.com/@bluesky-aozora/account-abstraction-アカウント抽象化-とは-9fa34a5de876〕

eip-7702.md〔https://github.com/ethereum/EIPs/blob/master/EIPS/eip-7702.md

Bridgeのあれこれ
〔https://mirror.xyz/0xcE77b9fCd390847627c84359fC1Bc02fC78f0e58/gbosrKn50cpkZr0o7kjPyLu1k9sxy44DRA_PVHaQ1Cc〕

■著者紹介

かるでね（梅野 晶良（うめの あきら））

スマートコントラクトエンジニア。これまでに約400のブロックチェーンに関する記事を執筆し、その中で基礎知識から応用技術まで幅広く解説。実務やハッカソンを通じて、多数のスマートコントラクトの設計・開発に携わる。さらに、スマートコントラクトやブロックチェーンをテーマとした勉強会で講師を務める。

CryptoGames株式会社 SmartContract Engineer
Ava Labs Inc. Web3 Solution Engineer

編集担当：吉成明久 / カバーデザイン：秋田勘助（オフィス・エドモント）
写真：©Claudia Nass - stock.foto

DApps開発入門

2025年2月21日　初版発行

著　者　かるでね
発行者　池田武人
発行所　株式会社　シーアンドアール研究所
新潟県新潟市北区西名目所4083-6（〒950-3122）
電話　025-259-4293　FAX　025-258-2801
印刷所　株式会社　ルナテック

ISBN978-4-86354-466-6 C3055